BBC earth × 学研の図鑑 LIVE

この図鑑のDVDでは、
植物が命をつないできたくふうと
地球の変化との関係を
解き明かしていきます。
植物の世界を見てみましょう。

DVDの名場面

植物の世界を案内してくれる、イアン博士。

おもしろい形をした背の高い木、ナンヨウスギは、大昔に栄えた植物のなかまの生き残りです。

地球で最初の花、アムボレラ・トリコポダは、小さな白い花でした。

オルフィウムの花には、命をつなぐためのおどろきのくふうがあります。

花を咲かせる植物は、熱帯雨林をつくりだし、たくさんの水を循環させます。

DVDについては、2～7ページでも紹介しています。

FRASER RICE ©BBC 2011 NIGEL WALK ©BBC 2011 ©2014
BBC Worldwide ltd. BBC and the BBC logos are trademarks of the British Broadcasting Corporation and are used under licence.BBC Logo ©BBC 1996. All rights Resrved.

http://bbcearthjapan.jp/

スマートフォンで動画を見よう！

「見てみよう」マークがあるページで、植物のようすが見られるよ。
おうちの人がスマートフォンをもっていたら、おうちの人といっしょに見てみよう！

おうちの方へ

① 動画再生アプリ「ARAPPLI（アラプリ）」をダウンロードします。

「Google Play（Play ストア）」・「App Store」で、「ARAPPLI」を検索し、ダウンロードしてください。

※Android™ OS 4.4未満の端末では、検索にかかりません。ご注意ください。

◀これが「ARAPPLI（アラプリ）」のアイコンです。

② 「ARAPPLI（アラプリ）」を起動し、スマートフォンをページにかざしましょう。

「見てみよう」マークのあるページに、スマートフォンを縦にしてかざすと、自動で動画が再生されます。
かざす際は、ページ全体が画面内に入るようにかざしてください。複数の動画があるページでは、最初の動画再生後、そのページにある動画のリストが表示されますので、そこから見たい動画を選んでください。

このマークが目印！

動画が再生されると横向き表示になります。

再生後、「お気に入りに追加」ボタンをおしておくと、次回からは「ARAPPLI」を起動した後、ページにかざすことなく「お気に入り一覧」から動画を再生することができます。

動画をうまく再生するには
- かざすページが暗すぎたり、明るすぎると動画が表示しにくい場合があります。照明などで調節してください。
- かざすページに光が反射していたり、影がかぶっていたりするとうまく再生されません。
- 複数のアプリを同時に使用していると、うまく再生されない場合があります。ご確認ください。
- 3G環境ではなく、安定したLTEやWi-Fi環境でご利用ください。
- うまく再生できない場合は、一度画面からページをはずして、再度かざし直すとうまく再生できる場合があります。
- 「見てみよう」マークのまわりを中心にかざすと、うまく再生できる場合があります。

※「ARAPPLI（アラプリ）」はiOS7,8以降のiPhone、Android OS4.0以降のスマートフォン専用となります。
※タブレット端末動作保証外です。
※Android™端末では、お客様のスマートフォンでの他のアプリの利用状況、メモリーの利用状況等によりアプリが正常に作動しない場合がございます。また、アプリのバージョンアップにより、仕様が変更になる場合があります。詳しい解決法は、http://www.arappli.com/faq/privateをご覧下さい。
※Android™はGoogle Inc.の商標です。
※iPhone®は、Apple Inc.の商標です。　※iPhone®商標は、アイホン株式会社のライセンスに基づき使用されています。
※記載されている会社名及び商品名/サービス名は、各社の商標または登録商標です。

③ スマートフォンやタブレットをお持ちでない方は…。

パソコンで見られるサイトでも、動画を公開しています。下記URLからアクセスしてください。
※一部、ご覧になれない動画がございます。

＜動画公開ページ＞　http://zukan.gakken.jp/live/movie/
※現在のサービスは、2021年6月30日までです。その後は、「学研の図鑑LIVE」のホームページをご覧ください。

＜学研の図鑑LIVEホームページ＞　http://zukan.gakken.jp/live/

学研の図鑑 LIVE（ライブ）
植物

[監修]
樋口正信
国立科学博物館　植物研究部長

植物の世界へようこそ

地球を形づくってきたものは何でしょうか。その答えのひとつが植物です。植物は酸素を生み出し、花を咲かせ、地球を命あふれる美しい惑星に変えてきました。いろいろな方法で命をつなぎ、地球をいろどってきた植物の世界を、のぞいてみましょう。

命をつなぐ植物 ①

受粉するためのくふう

植物がふえるためには、花粉が花のめしべにつくこと（受粉）が必要です。きれいな花で昆虫や鳥をひきつけたり、風や水にのせて花粉を運んだり、命をつなぐためのいろいろな受粉の方法を、それぞれもっています。

DVDで見てみよう

花を咲かせる植物のはじまりは、大昔の緑一色だった地球に咲いた、小さな花でした。花を咲かせる植物は、受粉をするためのいろいろなくふうで、昆虫をはじめとしたほかの生き物たちと深い関係をきずいてきたのです。

最初の花、アムボレラ・トリコポダ。地球をいろどってきた花の歴史はここからはじまります。

ハルジオンの花にやってきたコハナバチのなかま
花粉やみつを目当てに花にやってきた昆虫は、からだに花粉がついたまま、別の花に移動します。花はこうして昆虫に受粉を手伝ってもらうのです。

風にのせて花粉を飛ばすスギ
風にのせて花粉を遠くまで運んでもらう植物もいます。

顔を花粉で黄色くして花のみつを吸うメジロ
鳥も花粉を運びます。メジロは花のみつを吸う時に顔に花粉がつきます。そのまま別の花のみつを吸いに行き、受粉を手伝います。

昆虫から見た花の色は人間とはちがっています。

オルフィウムの花粉はクマバチでないと集められません。

The BBC Earth logo is a trademark of the BBC and is used under licence.*

命をつなぐ植物 ②

たねで耐える

植物は、たね（種子）によって命を次の世代につなぎます。たねは、発芽して成長するのに適した環境になるまで休眠することができます。

大賀ハスのたね

水面に咲く大賀ハス
大賀ハスというハスは、2000年もの間たねの状態で眠っていましたが、現代で発芽し花を咲かせました。

DVDで見てみよう

花を咲かせる植物は、いろいろなくふうで受粉をするようになりました。しかし、受粉に成功しても、翌年も花を咲かせなければなりません。そこでつくりだされたのがたねです。きびしい環境のなかで、翌年も花を咲かせるためのすごいしくみが、植物のたねにはあるのです。

植物のたねは、すごい力をもっています。

はじけるゲンノショウコ
ゲンノショウコの果実は熟してかんそうすると、茎に近いほうからさけて、たねを投げ飛ばし散布します。

風にのって飛ぶ イロハモミジのたね
イロハモミジのたねには翼と呼ばれるまくがついています。この翼を使って風にのり、飛んでいきます。

命をつなぐ植物 ③
たねで広がる

植物は自分で動くことができません。そのため、たねを遠くへ送ることで生育場所を広げます。はじけてたねを飛ばしたり、動物に別の場所へ運んでもらったりと、植物はいろいろな方法を使います。

アリに運ばれる カタクリのたね
カタクリのたねにはアリが好きな成分がついているので、アリの巣がある遠くまで運ばれます。

水に流される ミズバショウのたね
ミズバショウのたねは、水面に落ちて流されることで広がります。

強い衝撃を受けても発芽するダンドクのたね。

植物は、たねの力で大絶滅をのりこえて荒れ地に広がっていきました。

The BBC Earth logo is a trademark of the BBC and is used under licence.*

DVDも見よう

命をつなぐ植物 ❹
果実をつける

果実の中にはたねがあります。動物はあまい果実を食べ、たねはふんなどといっしょに外に出されます。果実を食べてもらうことで、たねを遠くにはこんでもらうのです。植物はたねを運んでもらうために、果実によっていろいろな動物と関係を結んでいるのです。

果実を食べるオランウータン
サルのなかまは、よく果実を食べる哺乳類です。

©BBC MMXII

DVDで見てみよう

花を咲かせる植物は繁栄していきました。しかし、巨大ないん石の衝突で地球の生命の危機がやってきます。大絶滅を生き残った植物が、新たに深い関係をきずいたのは哺乳類でした。果実をつけ、哺乳類に食べてもらうことでたねを運ぶようになったのです。そんな果実には、食べてもらうためのおどろきのしくみがあります。

植物が生み出したさまざまな果実がならぶ、タイの水上マーケット。

ヤドリギの果実を食べるヒレンジャク
ヒレンジャクの好物はヤドリギの果実。たねごと食べて別の場所に飛んでいきます。

ふんをするヒレンジャク
別の場所でふんといっしょに消化されないたねを出します。

ヤドリギの果実

どんぐりを食べるエゾシマリス
どんぐりはブナ科の植物の果実です。リスはどんぐりを土にうめてかくしますが、かくし場所をわすれてしまうことがあります。わすれられたどんぐりが、発芽して成長するのです。

哺乳類とともに生きることを選んだ植物は、果実を利用します。

果実がおいしそうに赤く熟すには、あるひみつがあります。

The BBC Earth logo is a trademark of the BBC and is used under licence.*

学研の図鑑 LIVE 植物 もくじ

表紙：ヒマワリ
うら表紙：ハルニレ
背表紙：チューリップ
とびら：タンポポ

スマートフォンで動画を見よう！
動画再生のやり方 ——— 前見返し

DVD関連ページ
植物の世界へようこそ ——— 2

この図鑑の見方と使い方 ——— 10
植物ってなんだろう ——— 12
　植物の分類 ——— 12
　花 ——— 14
　葉 ——— 16
　茎 ——— 18
　根 ——— 19

ミズナラ
（166ページ）

セイヨウアブラナ
（70ページ）

身近な植物 ——— 25

キクのなかま ——— 26
　もっと知りたい　タンポポ ——— 26
　もっと知りたい　ヒマワリ ——— 30
　もっと知りたい　キク ——— 36
　もっと知りたい　アサガオ ——— 49
　もっと知りたい　トマト ——— 52
　もっと知りたい　アジサイ ——— 56
ナデシコのなかま ——— 58
バラのなかま ——— 62
　もっと知りたい　バラ ——— 62
　もっと知りたい　サクラ ——— 66
ユキノシタのなかま ——— 89
キンポウゲのなかま ——— 90
イネのなかま ——— 92
　もっと知りたい　イネ ——— 92
モクレンのなかま ——— 102
マツのなかま ——— 106
カビ・変形菌 ——— 107

花だんや室内、温室の植物 ——— 109

春～夏 ——— 110
夏～秋 ——— 119
秋～冬 ——— 125
サボテン・多肉植物 ——— 127
室内・温室 ——— 128
観葉植物 ——— 130
野菜など ——— 132
くだものなど ——— 140

イイギリ（79ページ）

キヅタ（146ページ）

雑木林や山の植物 ——— 143

キクのなかま ——— 144
ナデシコのなかま ——— 155
バラのなかま ——— 158

コムラサキ（150ページ）

ウラシマソウ（183ページ）

本当の大きさです

いろいろな植物を本当の大きさでくらべよう
- 本当の大きさ　桜島大根 ——— 136
- 本当の大きさ　どんぐりの背くらべ ——— 168
- 本当の大きさ　果実と種子 ——— 190

ユキノシタのなかま	171
キンポウゲのなかま	172
イネのなかま	176
もっと知りたい　タケ・ササ	176
もっと知りたい　ユリ	180
モクレンのなかま	184
マツのなかま	188
シダ植物	193
コケ植物	197
キノコのなかま	200

トマト（52ページ）

水辺の植物 ——— 207
- キクのなかま ——— 208
- ナデシコのなかま ——— 211
- バラのなかま ——— 212
- ユキノシタ・キンポウゲのなかま ——— 214
- マツモ・イネのなかま ——— 215
- モクレン・スイレン・マツのなかま ——— 219
- 藻類 ——— 224
- 微小藻 ——— 226
- さくいん ——— 236

コナラ（166ページ）

LIVE情報
植物にもっとくわしくなれる、おもしろい情報がいっぱい
- 世界のびっくり植物　大きさ編 ——— 20
- 世界のびっくり植物　形・生態編 ——— 22
- 草花遊び ——— 44
- つる植物のいろいろ ——— 57
- 植物名前クイズ ——— 76
- 冬の植物 ——— 104
- 夜の植物 ——— 108
- 山菜 ——— 148
- 赤い実図鑑 ——— 156
- 特定外来生物とは ——— 161
- 紅葉図鑑 ——— 186
- 寄生植物と腐生植物 ——— 192
- 種子の運ばれ方 ——— 204
- 植物と行事 ——— 206
- 亜熱帯の植物 ——— 220
- 食虫植物 ——— 222
- 都道府県の花 ——— 227
- 熱帯雨林の植物 ——— 228
- 砂ばくの植物 ——— 230
- 寒帯の植物 ——— 232
- 草原の植物 ——— 233
- 植物園へ行こう ——— 234

アジサイ（56ページ）

この図鑑の見方と使い方

この図鑑では、約1300種の植物や藻類、菌類などを紹介しています。
また、DVDでは地球の進化と植物の関係を学ぶことができ、
スマートフォンなどを使うと、植物のくらしを動画で見ることができる種もあります。

■ 大きななかま分け

この本では陸上植物を12のグループに分けています。そのほか、藻類、キノコ、カビなどの菌類もあわせて掲載しています。

■ 引き出し情報

からだの特徴などを説明しています。

DVDマーク

このマークがある植物はDVDにも登場します。DVDとあわせて見てみましょう。

見てみようマーク

このマークがあるページは、スマートフォンを使って植物の動画を見られます。使い方は見返しうら（1ページ目の左）で説明してます。

■ 豆知識

知って得する、おもしろ情報をのせています。

もっと知りたい

よく見かける植物をくわしく紹介しています。

DVD関連ページ

植物の命をつなぐくふうや役割などを紹介しています。DVDとあわせて読んでください。

■ 植物のデータ

植物のくわしい情報や特徴がわかります。

名前 日本でよく使われている名前のあとに、漢字と英語の名前があるものはのせています。

分類 APG分類体系にもとづいて、目、科を示しています。

♠ **高さ** 植物の高さまたは長さを示しています。

◆ **生活のすがた** 草本は一年草（発芽して成長し、種子ができるとかれる草本）か多年草か、木本は常緑か落葉か、高い木（高木）か低い木（低木）かなどを示しています。この本ではおよそ5m以上の木を高木としています。

✿ **花の咲く時期**

♥ **原産地** 外来種や帰化植物など古くから日本にないものの多くは原産地をのせています。

🍎 **実のなる時期**

★ **特徴** くらしの様子や人との関わり、名前の由来などを説明しています。

※ページによって別の情報を掲載していることもあります。

■ コラム

テーマにそって、もっと植物にくわしくなれる情報を紹介しています。

■ 発見

その種についてさらにくわしい情報を紹介しています。

本当の大きさページ

植物の果実や種子、野菜などを実物大で紹介しています。

■ 育つ場所

この図鑑では、まず植物がおもに育つ場所を大きく4つに分け、その中でなかまごとに並べています。

身近な植物 家のまわりや公園、田畑、野原など

花だんや室内、温室の植物

雑木林や山の植物

水辺の植物 川や湖沼、湿地、海辺など

植物の育つ場所はこの4つにはっきり分けられません。2つ以上のところで育つものもあります。見つからないときはほかの場所もさがしてみてください。

植物ってなんだろう

植物の分類

植物とはどんな生きものでしょう。「動物以外のすべての生きもの」、「光合成ができる生きもの」などいろいろな考え方がありますが、現在では藻類の一部の祖先から陸上で多様に進化した生きもの、すなわち、コケ植物、シダ植物、種子植物のことを植物と呼んでいます。

この図鑑ではコケ植物とシダ植物、種子植物は右の図のように10のグループに分けました。植物をおもな生育場所ごとに分けた上でこのグループごとに解説しています。

たとえば表紙の「ヒマワリ」は、陸上植物─維管束植物─種子植物─被子植物─双子葉植物のキク目に分類されています。

```
陸上植物 ─┬─ コケ植物
          └─ 維管束植物 ─┬─ シダ植物
                          └─ 種子植物
```

維管束植物：維管束という水や栄養分を運んだりする組織の束をもつ植物

種子植物：種子をつくって増える植物

ＡＰＧ分類体系

生き物はなかまごとに分類されています。この図鑑では、花をつける植物を遺伝子の情報をもとにしたＡＰＧ分類体系によって分類しています。

この図鑑でのグループ

- コケ植物
- シダ植物

裸子植物
子房がなく、種子となる胚珠がむきだしになっている種子植物

- マツのなかま：ソテツ目、グネツム目、ナンヨウスギ目、イチョウ目、マツ目、ヒノキ目

アムボレラ・トリコポダ
アムボレラ目にはアムボレラ・トリコポダ1種だけが属しています。アムボレラ・トリコポダは、ニューカレドニアにだけ生育する植物で、世界で最初に花をつけた植物の子孫だといわれています。

DVDも見よう

基部被子植物
- アムボレラ目
- スイレンのなかま：スイレン目、シキミ目
- モクレンのなかま：モクレン目、クスノキ目、コショウ目、センリョウ目

被子植物
種子となる胚珠が子房の中にある種子植物

単子葉植物
子葉が1枚の被子植物
- イネのなかま：ショウブ目、キジカクシ(クサスギカズラ)目、オモダカ目、ヤシ目、サクライソウ目、ツユクサ目、ヤマノイモ目、ショウガ目、タコノキ目、イネ目、ユリ目
- マツモのなかま：マツモ目

真正双子葉植物
子葉が2枚以上の被子植物
- キンポウゲのなかま：キンポウゲ目、ヤマグルマ目、アワブキ目、ツゲ目、ヤマモガシ目、グンネラ目
- ユキノシタのなかま：ユキノシタ目
- バラのなかま：ブドウ目、ニシキギ目、ムクロジ目、ハマビシ目、カタバミ目、アオイ目、マメ目、キントラノオ目、アブラナ目、バラ目、フウロソウ目、ブナ目、フトモモ目、ウリ目、クロッソソマ目
- ビャクダン目
- ナデシコのなかま：ナデシコ目
- キクのなかま：ミズキ目、ナス目、セリ目、ツツジ目、シソ目、マツムシソウ目、ガリア目、モチノキ目、ムラサキ科、リンドウ目、キク目←ヒマワリ

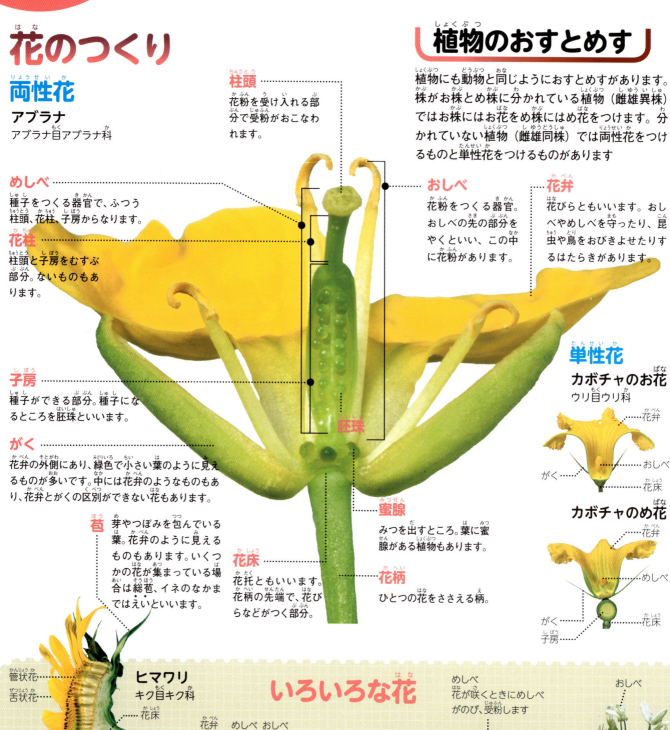

花（はな）

花はふつう被子植物の生殖器官をさします。花は葉が変化したもので、種子をつくって子孫を残す役割があります。ひとつの花の中におしべとめしべがある花を両性花といい、おしべだけがある花（お花）やめしべだけがある花（め花）を単性花といいます。花は花弁、おしべ、めしべなどからできていますが、そのつくりはさまざまです。

花のつくり

両性花
アブラナ
アブラナ目アブラナ科

柱頭：花粉を受け入れる部分で受粉がおこなわれます。

めしべ：種子をつくる器官で、ふつう柱頭、花柱、子房からなります。

花柱：柱頭と子房をむすぶ部分。ないものもあります。

おしべ：花粉をつくる器官。おしべの先の部分をやくといい、この中に花粉があります。

花弁：花びらともいいます。おしべやめしべを守ったり、昆虫や鳥をおびきよせたりするはたらきがあります。

子房：種子ができる部分。種子になるところを胚珠といいます。

がく：花弁の外側にあり、緑色で小さい葉のように見えるものが多いです。中には花弁のようなものもあり、花弁とがくの区別ができない花もあります。

苞：芽やつぼみを包んでいる葉。花弁のように見えるものもあります。いくつかの花が集まっている場合は総苞、イネのなかまではえいといいます。

蜜腺：みつを出すところ。葉に蜜腺がある植物もあります。

花床：花托ともいいます。花柄の先端で、花びらなどがつく部分。

花柄：ひとつの花をささえる柄。

胚珠

植物のおすとめす

植物にも動物と同じようにおすとめすがあります。株がお株とめ株に分かれている植物（雌雄異株）ではお株にはお花をめ株にはめ花をつけます。分かれていない植物（雌雄同株）では両性花をつけるものと単性花をつけるものがあります。

単性花
カボチャのお花
ウリ目ウリ科
（花弁、がく、おしべ、花床）

カボチャのめ花
（花弁、めしべ、がく、花床、子房）

いろいろな花

ヒマワリ　キク目キク科
（管状花、舌状花、花床）

イチゴ　バラ目バラ科
（花弁、めしべ、おしべ、花床）

エンドウ　マメ目マメ科
（胚珠）

アサガオ　ナス目ヒルガオ科
めしべ：花が咲くときにめしべがのび、受粉します
（おしべ）

イネ　イネ目イネ科
（おしべ、めしべ、えい：イネ科の植物で花の外側にある苞のこと）

受粉と受精

花粉がめしべの柱頭につくことを受粉（2ページ）といいます。受粉した花粉は花粉管を子房の中の胚珠までのばします。すると受精がおこなわれ、胚珠は種子に成長していきます。

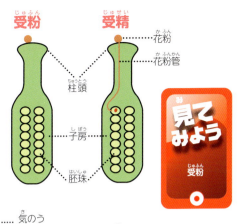
受粉／受精／花粉／花粉管／柱頭／子房／胚珠

見てみよう　受粉

アブラナのやくと花粉／花粉／やく

いろいろな花粉

気のう…ふくろのようなもので、風にのりやすくなります。

※写真の倍率はそれぞれちがいます。

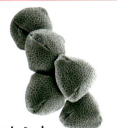
キンレンカ　アブラナ目ノウゼンハレン科

マツのなかま　マツ目マツ科

テッポウユリ　ユリ目ユリ科

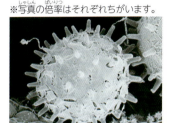
ハイビスカス　アオイ目アオイ科

種子

受精後に胚珠が成熟したもの。ある期間休んで、新たな個体をつくります。

種子のつくり

- **種皮**：種子の外側をおおう部分。
- **胚**：芽や根になる部分。
- **胚乳**：発芽のための養分をためている部分。

カキノキ　ツツジ目カキノキ科

インゲンマメ　マメ目マメ科

- **幼根**：発芽したあと根になる。
- **子葉**：胚乳がなく、子葉に養分をためている。

果実

子房などが発達したもの。中に種子が入っています。まれに、種子ができずに果実ができることもあります。リンゴのように花床など子房以外の部分が発達した果実もあります。

- **果皮**：果実をおおう部分。くだものの多くは果皮が大きくなったところを果肉として食べます。3層からなるものも多くあります。
- **種子**
- **胎座**：子房の中で胚珠がついているところ。
- **果皮**
- **花床**

カボチャ　ウリ目ウリ科

リンゴ　バラ目バラ科

いろいろな果実

種子

ドラゴンフルーツ（ピタヤ）　ナデシコ目サボテン科

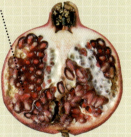
仮種皮…種子のまわりの赤い部分で、ここを食べます／種子

スミレ　キントラノオ目スミレ科

ザクロ　フトモモ目ミソハギ科

種子

アブラナ　アブラナ目アブラナ科

15

葉(は)

植物が呼吸したり、養分をつくったりする部分です。ふつう茎につき、平らな形をしています。

いろいろな葉

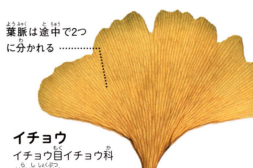

イチョウ
イチョウ目イチョウ科
（裸子植物）

葉脈は途中で2つに分かれる

葉脈（ようみゃく）
葉に見えるすじで、中には維管束が通っています。双子葉植物の多くは網目のようになっています。

維管束（いかんそく）
水分や糖分を植物のからだ全体に運ぶ管です。植物のからだをささえる役目もしています。

鋸歯（きょし）
葉のへりにある切れこみ。

葉柄（ようへい）
葉と茎をつなぎます。ないものもあります。

アジサイ
ミズキ目アジサイ科
（双子葉植物）

ササのなかま
イネ目イネ科
（単子葉植物）

葉脈は平行線
単子葉植物の多くは平行になっています。

葉のはたらき

葉の断面

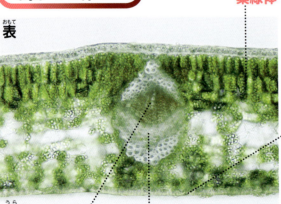

表
葉緑体（ようりょくたい）
裏
道管（どうかん）
根から吸い上げた水を運びます。
師管（しかん）
葉などでつくった糖分を運びます。

光合成（こうごうせい）

太陽光のエネルギーを使って、水と二酸化炭素から糖分（でんぷんなど）と酸素をつくり出すはたらきです。細胞の中にある葉緑体で行います。

気孔（きこう）
酸素を取り入れたり、二酸化炭素や水分を放出するところ。おもに葉の裏にあり、開けたり閉めたりして体内の水分量を調整します。

呼吸（こきゅう）

動物と同じように酸素を取り入れ、二酸化炭素を放出します。

蒸散（じょうさん）

からだの中の余分な水分を放出するはたらきです。

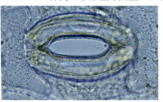
気孔が開いたところ

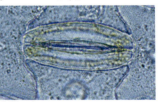
気孔が閉じたところ

複葉
1枚の葉（単葉）がいくつかの葉に分かれたものがあります。これを複葉といいます。

子葉
最初に出る葉です。種子の中の胚にすでにできています。単子葉植物の多くは1枚、双子葉植物の多くは2枚、裸子植物は決まっていません。

バナナ（単子葉植物）

オオオナモミ（双子葉植物）

クロマツ（裸子植物）

小葉
複葉のひとつひとつを小葉といいます。この葉の小葉は11枚です。

鱗片葉
植物のからだの表面にできる、うろこのようなもの。光合成は行いません。

ナナカマド
バラ目バラ科

分裂葉
深くさけていますが、複葉になっていません。ふつう奇数にさけます。

ヤツデ
セリ目ウコギ科

アスパラガス
キジカクシ目キジカクシ科

見てみよう 気孔

落葉
落葉樹はある時期葉を落とします。日本などでは環境がきびしくなる冬の前に落とすものが多いです。一方、常緑樹は、冬でも落ちにくい小さめであつい葉を持つものが多く、1〜5年くらいついています。

むかご
葉のつけ根にある芽が栄養分をたくわえて大きくなったものをむかごといいます。むかごが落ちると、そこから新しいからだが成長します。葉になる部分が大きくなったものと茎になる部分が大きくなったものがあります。

ヤマノイモ

ムカゴから育ったヤマノイモ

葉が変形したもの

巻きひげ
巻きひげには葉が変化したものと、茎が変化したものがあります。ニガウリは葉が変化したもの、カボチャは茎が変化したものです。

とげ
とげも葉が変化したものと茎が変化したものがあります。サボテンは葉が変化したもの、カラタチは茎が変化したものです。バラは茎の毛が大きくなったものです。

茎（くき）

茎は葉や花などをつけ、多くの植物ではからだをささえる役目があります。つる状になってほかのものに巻きついたり、地面をはうものもあります。内部には維管束が通り、水や糖分を運びます。

トネアザミ
キク目キク科

枝（えだ）
主軸から分かれた茎を枝といいます。

節（ふし）
葉や枝がついているところを節といいます。

主軸（しゅじく）
中心となる茎です。木本では幹といいます。

草本、タケ、木本の茎のちがい

きちんと分けられるものではなく、中間的なものも多くありますが、おもな特徴は次の通りです。

草本（そうほん）
やわらかく、あまり太くなりません。

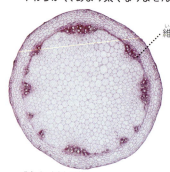

双子葉植物
維管束は輪のようにならんでいます。

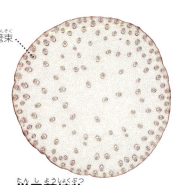

単子葉植物
維管束は散らばっています。

中空

タケ
かたくなりますが、一定以上には太くなりません。

年輪

木本（もくほん）
かたく、長期にわたって成長し太くなります。温帯や寒帯の木には、幹の成長速度が季節によってちがうので、年輪ができます。

地下茎（ちかけい）

地面より下にある茎を地下茎といいます。養分をたくわえていることが多いです。

根茎（こんけい）
茎は横にはい、長期にわたって成長し太くなります。

ハス
ヤマモガシ目ハス科

塊茎（かいけい）
根茎の先などが塊状に大きくなったものです。

ジャガイモ
ナス目ナス科

球茎（きゅうけい）
地下茎の元の部分が球状に大きくなったものです。

サトイモ
オモダカ目サトイモ科

鱗茎（りんけい）
地下茎の元の部分に鱗片葉が集まって丸くなったものです。

ラッパズイセン
キジカクシ目ヒガンバナ科

根（ね）

土の中で植物のからだの土台となります。また、水分や養分を吸い上げるはたらきもあります。

主根、側根
双子葉植物や裸子植物の多くは、最初の根がまっすぐ下に向かってのび（主根）、そこから細い根（側根）がのびます。

ひげ根
単子葉植物の多くは、主根がなく、茎の下から細い根が広がります。

根毛、根冠
根毛は根のまわりに生えている細い毛で、水分や養分を吸収します。根冠は根の先端にあり、成長のいちばんさかんな部分を守っています。

特しゅな根

塊根 大きくなって養分をたくわえます。
サツマイモ ナス目ヒルガオ科

気根 空気中にある根。地上の茎からのびるものと地中から空中に出るものがあります。呼吸や水分の吸収と排出を行います。
ラクウショウ ヒノキ目ヒノキ科

板根 板のような形で地面に垂直に立ち、幹をささえます。
サキシマスオウ アオイ目アオイ科

支柱根 地上の茎から出た気根が地面までとどき、茎をささえます。
モウソウチク イネ目イネ科

見てみよう　根毛

LIVE情報 世界のびっくり植物（大きさ編）

ここでは世界最大といわれている植物たちを紹介します。

世界最大の花！

◀ ラフレシアのつぼみ

ショクダイオオコンニャク
オモダカ目サトイモ科
高さが3m以上になることがある世界最大の花を咲かせる植物です。花は小さな花が集まったものです。くさいにおいで昆虫を呼び寄せ、花粉を運ばせます。

ラフレシア・アーノルディ
キントラノオ目ラフレシア科
1つの花として世界最大の花をつける植物です。花の直径は1m以上になることもあります。ブドウ科の植物に寄生する寄生植物です。くさいにおいでハエなどの昆虫を集め、花粉を運ばせます。

世界最大の木！

メキシコラクウショウ（トゥーレの木）
ヒノキ目ヒノキ科
写真のメキシコラクウショウは「トゥーレの木」と呼ばれ、世界一幹が太い木とされています。幹の周りの長さは30m以上もあります。

セコイアデンドロン（シャーマン将軍の木）
ヒノキ目ヒノキ科
世界でいちばん大きくなる生物だといわれています。写真の木は「シャーマン将軍の木」と呼ばれ、世界でいちばん体積が大きな木とされています。高さは約84mもあります。

世界最長の海藻！

ジャイアントケルプ（オオウキモ） コンブ目コンブ科
全長が50mにもなる、世界でいちばん長い海藻です。とても成長が早く、1日に50cm以上も成長することがあります。ラッコが流されないようにからだにまきつけてねむります。

LIVE情報 世界のびっくり植物（形・生態編）

世界には不思議な形をした植物や、おどろくような生活をしている植物があります。その一部を紹介します。

不思議な色・形

レインボーユーカリ
フトモモ目フトモモ科
ペンキで塗ったようなカラフルな幹をしたユーカリです。樹皮がはがれたところから色が変わっていき、虹のように色あざやかな幹になります。

リュウケツジュ
キジカクシ目キジカクシ科
上のほうに枝が密集した形をしています。密集した枝から生える葉で水分を集め、根で吸収します。樹液が赤く、竜の血のようだということからこの名前がつきました。

タビビトノキ（オウギバショウ）
ショウガ目ゴクラクチョウカ科
茎に水がたまり、穴をあけるとその水が噴き出します。その水を旅人が飲んでのどをうるおしたことから名づけられたといわれています。

バオバブ
アオイ目アオイ科
「悪魔が引きぬいて、逆さまにさした」といい伝えられているように、かわった形をしています。太い幹の中に、たくさんの水分をたくわえています。

飛ぶ種子！転がる果実！

アルソミトラ・マクロカルパの種子
ウリ目ウリ科
種子の横に広がるまくでグライダーのように滑空し、遠くへ飛んでいきます。

アルソミトラの果実

見てみよう　転がるタンブルウィード

タンブルウィード
ナデシコ目ヒユ科
球状に成長し、果実が成熟すると風によって茎が折れて、転がりながらたねをまきます。

何千年も生きる木！

縄文杉　ヒノキ目ヒノキ科
鹿児島県の屋久島に育つ、日本で最大のスギです。とても長生きで、正確なことは分かっていませんが2500年から3000年、もしくはそれ以上の年月を生きているといわれています。

しずまない葉！

オオオニバス
スイレン目スイレン科
アマゾン川流域に分布します。葉は大きいだけではなくとても丈夫で、子どもが乗ってもしずみません。世界最大の葉をつける植物でもあります。

何に似てる？

世界には、何かに似ているおもしろい形をした花がたくさんあります。その中の一部を紹介しましょう。あなたには何に見えますか？

ソアマウス・ブッシュ
くちびるが花をくわえているようにみえます。くちびるに見えるのは、花ではなく葉です。

エンジェルオーキッド
天使のような形をした花をつけます。

モンキーフェイス・オーキッド
サルの顔のように見える花をつけます。

この図鑑では、植物がおもに見られる場所を4つに分けています。

身近な植物　25ページ

花だんや室内、温室の植物　109ページ

雑木林や山の植物　143ページ

水辺の植物　207ページ

身近な植物

おもに家のまわりや田畑、公園、野原などで見られる植物です。

カワラナデシコ

もっと！知りたい

▲高さ ◆生活のすがた ✿花の咲く時期
♥原産地 ★特徴など 🍎実のなる時期

タンポポ

タンポポはキク科の植物で、ひとつに見える花は小さな花がいくつも集まったものです。ひとつひとつは舌のような形の舌状花で、数は200あまりになります。タンポポは多年草で、根は太く地中深くまでのびます。長いものは10年以上生きます。

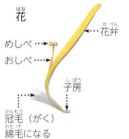

花
花弁
めしべ
おしべ
子房
冠毛（がく）
綿毛になる

果実
果実
綿毛

花は外側から咲いていきます。明るくなると全体が開き、暗くなると閉じます。2～3日で全部の花が咲き終わると、次の日はもう開きません。

夜のタンポポ

日本のタンポポとセイヨウタンポポ

タンポポには昔から日本にあるカントウタンポポやシロバナタンポポと、明治時代になって日本にやってきたセイヨウタンポポがあります。セイヨウタンポポは繁殖力が強く、もともと日本にあった種が減少したり、雑種ができたりしています。

日本のタンポポが咲くのは春だけですが、セイヨウタンポポは秋まで、条件が良ければ冬でも咲きます。

セイヨウタンポポと日本のタンポポを見分けるには花の下の総苞を見ます。一番外側の苞がそりかえっているのがセイヨウタンポポ、そりかえっていないのが日本のタンポポです。最近は雑種も現れているため、区別しにくいものもあります。

日本のタンポポ

そりかえらない

カントウタンポポ
関東蒲公英
キク目キク科
Japanese dandelion
♠10～30cm ◆多年草
✿3～5月
★おもに関東地方で見られます。

日本のタンポポ

そりかえらない

シロバナタンポポ
白花蒲公英
キク目キク科
white-flowering Japanese dandelion
♠15～25cm ◆多年草
✿3～5月
★おもに西日本で見られます。

セイヨウタンポポ

そりかえる

セイヨウタンポポ
西洋蒲公英
キク目キク科 dandelion
♠10～20cm ◆多年草
✿春～秋 ♥ヨーロッパ
★各地で勢力を広げています。

タンポポの生活

⑤ 果実が飛ぶ
うまく風に乗ると数百m移動することもあります。

① 発芽
秋に発芽します。

④ 花茎が立ち上がる
種子が熟すと花茎がより高く立ち上がります。高いほど風を受けやすくなります。

見てみよう
タンポポ

② 開花
翌年の春に開花します。

③ 花茎がたおれる
花が終わると花茎がたおれ、種子が熟すのを待ちます。

⑥ ロゼットで冬越し
地面にはりつくように葉を広げて太陽の光をたくさん受け、風をしのぎます。

▶**オニノゲシ** 鬼野芥子
キク目キク科 prickly sowthistle
♠50～120cm ◆一年草
✿4～7月 ♥ヨーロッパ
★暖かいところでは1年中開花。明治時代に日本に入ってきました。

茎

▶**レタス**
キク目キク科 lettuce
♠30～100cm ◆一年草
✿4～5月 ♥ヨーロッパ
★収穫期を過ぎると花茎がのび、アキノノゲシに似た花が咲きます。果実は綿毛をつけます。

◀**アキノノゲシ** 秋の野芥子
キク目キク科 Indian lettuce
♠60～200cm ◆一年草
✿8～11月
★根元の葉は開花時にはかれています。白っぽい花が咲くものもあります。

発見 **白い液**
タンポポやノゲシの茎や葉を切ると白い液が出てきます。これにはゴムの成分もふくまれていて、昆虫などの口をふさぐこともあるようです。

下のほうの葉には大きな切れこみがある

▶**ホソバオグルマ** 細葉小車
キク目キク科
♠20～60cm ◆多年草 ✿7～10月
★オグルマよりも花は小さく葉が細いです。花の様子が車輪のようなので小車。

▶**ノゲシ**
（ハルノゲシ）
野芥子
キク目キク科
common sowthistle
♠50～100cm ◆一年草
✿3～7月
♥ヨーロッパ
★若葉は食用。ヨーロッパが原産ですが世界中に広まり、日本にも古くから生育しています。

▶**フキ** 蕗
キク目キク科 fuki
♠10～60cm ◆多年草
✿3～5月
★早春、葉が出る前に現れるつぼみを「ふきのとう」と呼び、食用にします。根茎から出る長い葉柄も食用にされるので、栽培もされています。雌雄異株。

▶**ブタナ**
（タンポポモドキ） 豚菜
キク目キク科 cat's ear
♠40～80cm ◆多年草
✿5～9月 ♥ヨーロッパ
★タンポポによく似ていますが、茎の先で枝分かれします。フランスではブタがよく食べるので、ブタのサラダと呼ばれます。

管状花

キク科の花
キク科の花は小さな花の集まりで、花弁が平たい舌状花とつつ状の管状花の2種類があります。種によって舌状花と管状花の両方あるもの、舌状花だけのもの、管状花だけのものがあります。

▲ヨメナ
舌状花と管状花
舌状花
管状花

▲ニガナ
舌状花だけ

▲トネアザミ
管状花だけ

ふきのとう
お株
苞

発見 **フキの葉**
フキの葉は直径が15～30cmになる大きなものですが、アキタブキという亜種になると、直径1.5mにもなります。

豆ちしき アキタブキの品種のひとつであるラワンブキは北海道で見られ、高さ3mになるものもあります。

29

もっと！知りたい

- ♠ 高さ
- ♦ 生活のすがた
- ✽ 花の咲く時期
- ♥ 原産地
- ★ 特徴など
- 🍎 実のなる時期

ヒマワリ

ヒマワリは夏に花を咲かせる一年草です。大きなものは高さ3m、花の直径は30cmにもなります。背が低く花も小さいものや、八重咲きのものなど多くの品種がつくられています。

ヒマワリの花

ヒマワリの花は2種類の小さな花がいくつも集まったものです。

舌状花
周囲にあるのは舌状花といい、最初に開花します。おしべはなく、めしべにも受粉する部分がないので種子はできません。

管状花（雄性期）
舌状花の内側にあるのは管状花で、外側から順に開花します。開花するとまずおしべがのびて花粉を出します。この時期を雄性期といいます。

管状花（雌性期）
その後おしべの間からめしべがのびてきて受粉します。この時期を雌性期といいます。

見てみよう ヒマワリの開花

ヒマワリ　向日葵
キク目キク科
sunflower
- ♠ 1～3m
- ♦ 一年草
- ✽ 7～8月
- ♥ 北アメリカ
- ★ 日本には江戸時代に伝わったとされています。観賞用のほか、食用油をとるために栽培されています。花言葉は「あなたはすばらしい」「崇拝」など。

ヒマワリの向日性

植物の茎などが太陽光線の強い方に曲がる性質を向日性といいます。ヒマワリは太陽の動きにつれて茎が回ることからその名がついたとされますが、実際に回るのは花が咲く前までです。ヒマワリの動きは成長するにしたがって小さくなります。開花の前に動きはとまり、多くが同じ方向、東を向いたままになります。なぜ東を向くのかはよくわかっていません。

ヒマワリ畑。多くの花が同じ方向（東）を向いています。

ヒマワリのたねはいくつある？

右の写真はもっとも大きくなるヒマワリのひとつで、食用ヒマワリのタイタンという品種のたねです。この花には2200以上のたねができました。

ヒマワリの「たね」といっているものは子房が成長したもので、正確には果実です。種子はこの中にあります。

ヒマワリのように果皮と種皮が密着していて、種子のように見える果実を痩果といいます。

果実の断面

- 花のあと
- 果実
- 果皮 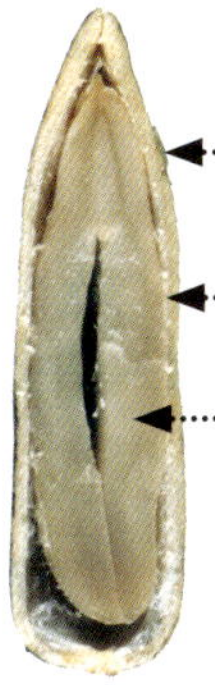
- 種皮
- 種子

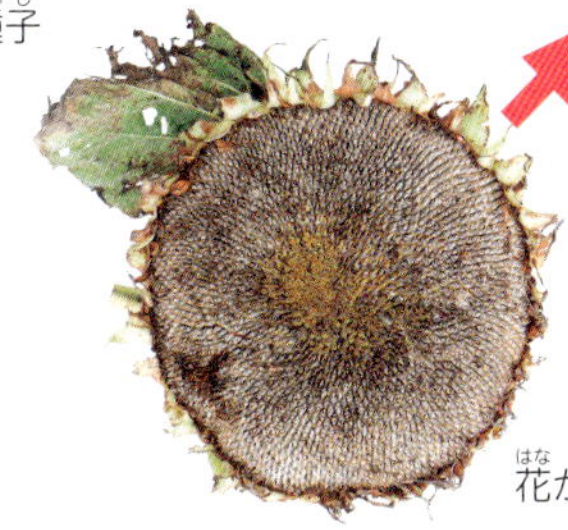

花が終わったあと

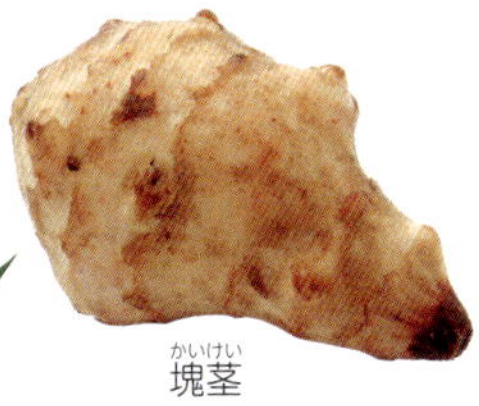

果実をならべてみました。

キクイモ 菊芋
キク目キク科
Jerusalem artichoke
- ♠ 1.5〜3m
- ♦ 多年草
- ✿ 8〜11月
- ♥ 北アメリカ
- ★ 江戸時代末に日本に伝わりました。地下にできるいも（塊茎）は食用です。

塊茎

タカサブロウ 高三郎
キク目キク科
false daisy
- ♠ 15〜60cm
- ♦ 一年草
- ✿ 7〜10月
- ★ 田んぼのあぜなどしめったところによく育ちます。人名のような名前ですが、由来はよくわかりません。

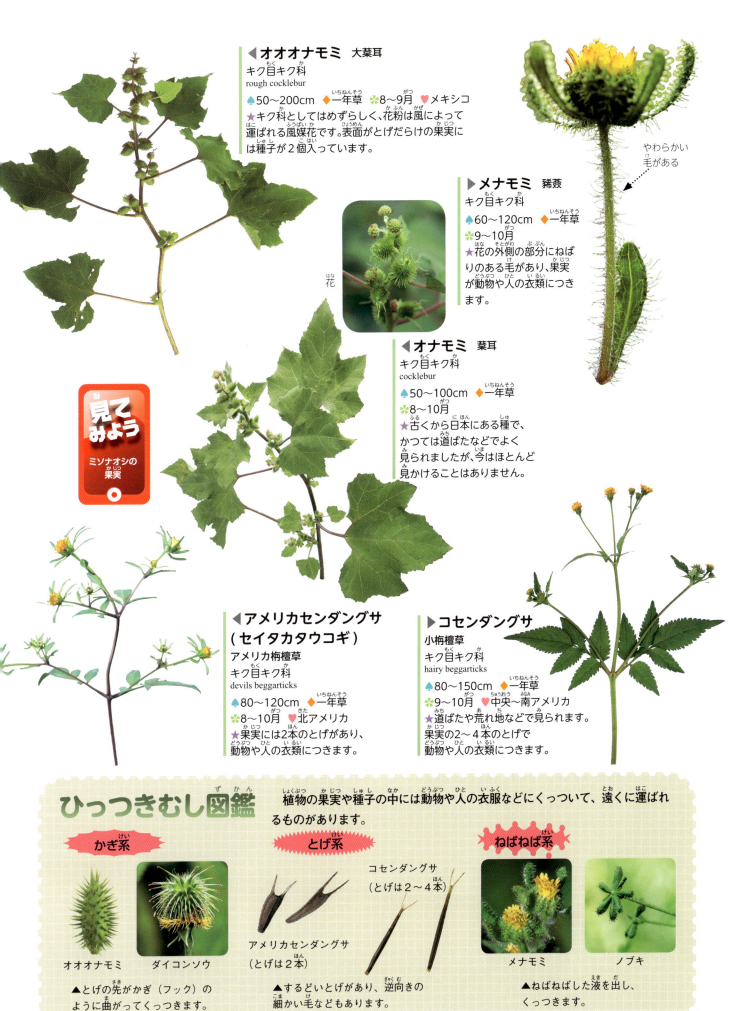

もっと！知りたい

🔺高さ　◆生活のすがた　✳花の咲く時期
●原産地　★特徴など　🍎実のなる時期

キク

キクは日本で古くから親しまれている花で、数多くの園芸品種がつくられています。花の直径が18cm以上のものを大ギク、9〜18cmのものを中ギク、9cm未満のものを小ギクといいます。

キク 菊
キク目キク科
chrysanthemum

🔺30〜150cm
◆多年草　✳10〜11月
★花は舌状花と管状花の集まりです。観賞用のほか、花を食べる食用ギクや、花に殺虫効果のある成分を持つものもあります。

左の2つは大ギク

中ギク

小ギク

小ギク

食用ギク

キクは奈良時代から食用としても栽培されています。現在のものは、花弁が大きく、苦味が少ないように改良されています。生でさしみにそえたり、おひたしや天ぷらなどにして食べます。キクの花には解毒作用など薬用効果があることもわかり、注目されています。

除虫ギク

キクのなかには花に殺虫効果をもつ成分をふくむものもあります。シロバナムシヨケギクは東ヨーロッパが原産で、古くから殺虫効果があることが知られていました。燃やしたけむりに殺虫効果があるので、蚊取り線香の原料に使われました。

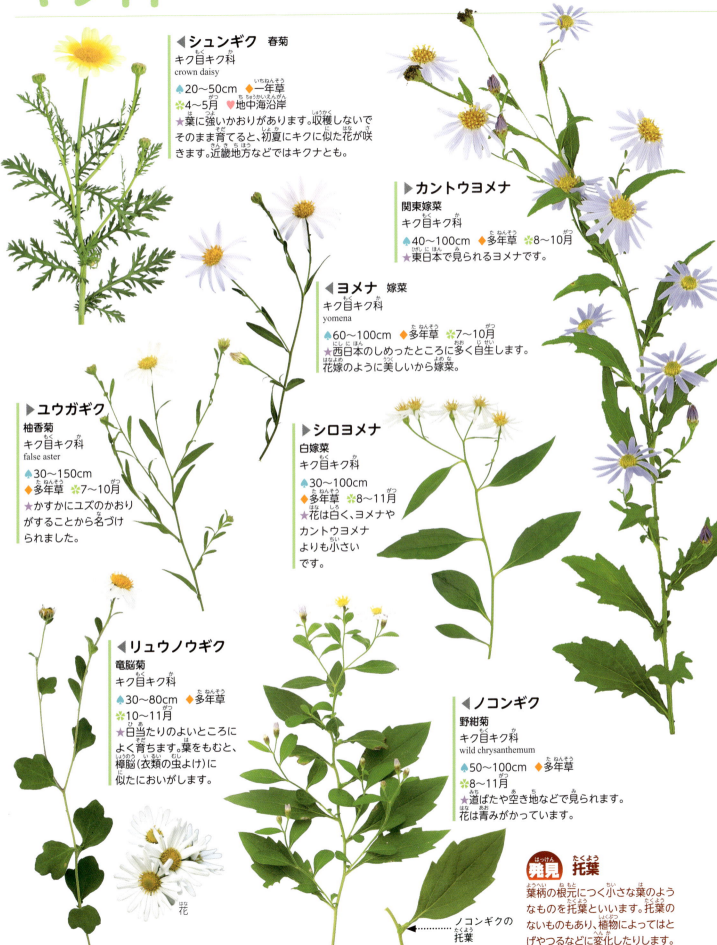

キク科・キキョウ科 など

キクのなかま

🔺高さ ◆生活のすがた ✽花の咲く時期
♥原産地 ★特徴など 🍎実のなる時期

◀ ノボロギク　野襤褸菊
キク目キク科
common groundsel
- 🔺 5〜30cm
- ◆ 一年草
- ✽ 3〜8月
- ♥ ヨーロッパ
- ★ たくさんついた綿毛がぼろ布に見えたことからこの名がついたといわれています。暖かいところでは1年中開花。

▶ コスモス
秋桜
キク目キク科
cosmos
- 🔺 1〜3m
- ◆ 一年草
- ✽ 8〜10月
- ♥ メキシコ
- ★ 明治時代から栽培されるようになりました。花の色はピンクや白など多くの品種がつくり出されています。

▶ ハキダメギク
掃溜菊
キク目キク科
hairry galinsoga
- 🔺 10〜50cm
- ◆ 一年草
- ✽ 6〜11月
- ♥ アメリカ大陸
- ★ ごみ捨て場(はきだめ)のようなところで発見されたとされます。

▲ キバナコスモス
黄花秋桜
キク目キク科
yellow cosmos
- 🔺 50〜80cm
- ◆ 一年草
- ✽ 7〜10月
- ♥ メキシコ〜ブラジル
- ★ コスモスよりも少し早く黄〜オレンジ色の花を咲かせます。日本には大正時代に入ってきました。

▶ ダンドボロギク
段戸襤褸菊
キク目キク科
fire weed
- 🔺 30〜150cm
- ◆ 一年草
- ✽ 9〜11月
- ♥ 北アメリカ
- ★ 日本では愛知県の段戸山で帰化しているのが発見されました。

花は下を向く

◀ ベニバナボロギク　紅花襤褸菊
キク目キク科
redflower ragleaf
- 🔺 30〜100cm
- ◆ 一年草
- ✽ 8〜10月
- ♥ アフリカ
- ★ 日本には戦後入ってきました。荒れ地や道ばたなどで見られます。花の先が赤っぽくなります。

葉は輪になる…ようにつく

▶ ツリガネニンジン
釣鐘人参
キク目キキョウ科
- 🔺 40〜100cm
- ◆ 多年草
- ✽ 8〜10月
- ★ 花の形がつりがね状です。若い芽は食用にされます。

豆ちしき　コスモスはオオハルシャギクともいい、花言葉は「真心」です。

オオバコ科・シソ科・アゼナ科

♠高さ ◆生活のすがた ✿花の咲く時期 ♥原産地 ★特徴など ●実のなる時期

▶ **ウリクサ** 瓜草
シソ目アゼナ科
♠ほふく性 ◆一年草
✿8〜10月
★茎は地面をはいます。果実の形がマクワウリに似ているのでついた名前です。

▶ **オオイヌノフグリ** 大犬陰嚢
シソ目オオバコ科 Persian speedwell
♠10〜30cm ◆一年草 ✿3〜8月
♥ヨーロッパ〜アジア
★茎は下部で枝を分けて地面をはって広がっています。全体にやわらかい毛があります。

茎は地面をはいます

見てみよう
オオバコの花

めしべ
おしべ

◀ **タチイヌノフグリ** 立犬陰嚢
シソ目オオバコ科 corn speedwell
♠10〜40cm ◆一年草 ✿4〜6月 ♥ヨーロッパ
★花は小さいうえに葉にかくれるように咲くので、目立ちません。名前の通り、茎は地面をはわず、立ち上がります。

▶ **イヌノフグリ** 犬陰嚢
シソ目オオバコ科
♠7〜15cm ◆一年草 ✿3〜5月
♥東アジア
★外来種であるオオイヌノフグリに生育場所をうばわれ、少なくなりました。花はピンクがかったりもします。

◀ **オオバコ** 大葉子
シソ目オオバコ科
Asiatic plantain
♠10〜50cm ◆多年草 ✿4〜9月
★根元から葉が出ています。ロゼットで冬越しします。葉には5本の太い脈があり、ふまれても切れにくいしくみになっています。花弁はありません。

◀ **ヘラオオバコ** 箆大葉子
シソ目オオバコ科
buckhorn plantain
♠20〜70cm ◆多年草
✿4〜8月 ♥ヨーロッパ
★葉がへら型をし、ななめに立ち上がります。

つぼみのまま花が咲かなくても種子ができる

葉はへら型

発見
オオバコの種子
オオバコの種子は、長さが2mmほどの小さなものです。カプセルのような果実に入っていて、1年間に1株で2000個くらいできます。また種子はぬれるとねばりが出るので、雨のあと、動物のあしや人のくつなどについて遠くに運ばれます。

種子

▶ **ツボミオオバコ** 蕾大葉子
シソ目オオバコ科
dwarf plantain
♠10〜30cm ◆一年草
✿5〜8月 ♥北アメリカ
★葉や花茎にはやわらかい白い毛がいっぱい生えています。

豆ちしき オオバコの葉の維管束はじょうぶな繊維でかこまれています。

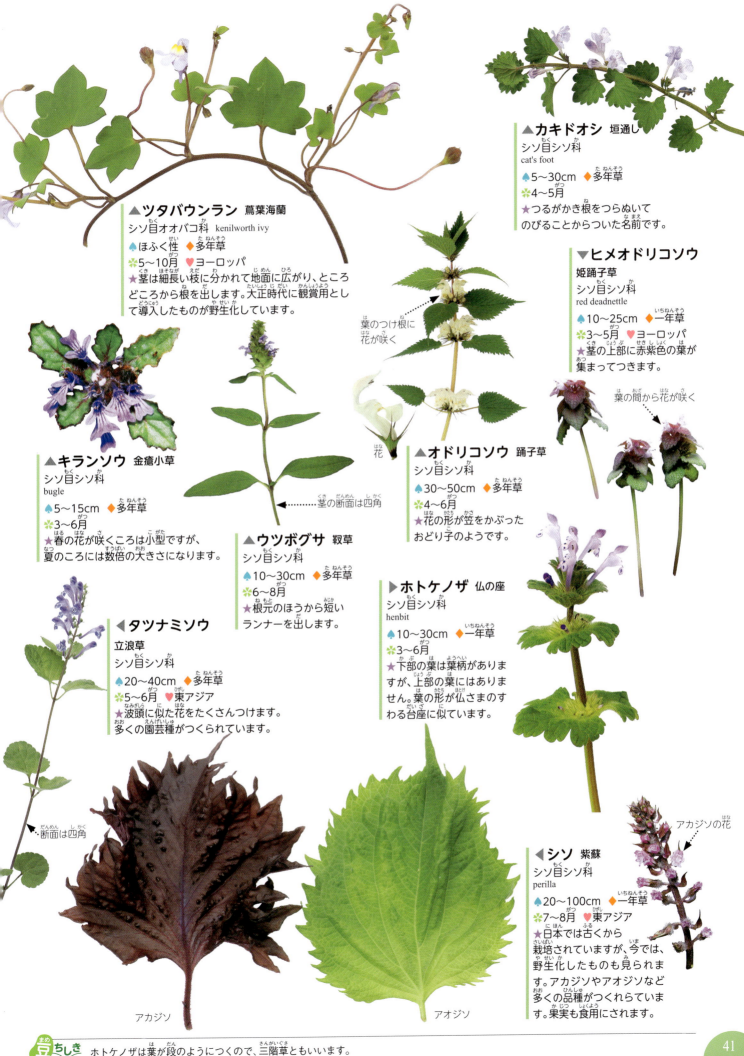

モクセイ科・ノウゼンカズラ科
クマツヅラ科・ゴマ科・キリ科など

♠ 高さ　◆ 生活のすがた
✿ 花の咲く時期　♥ 原産地
★ 特徴など　🍎 実のなる時期

◀ キンモクセイ
金木犀
シソ目モクセイ科
- ♠ 3〜6m
- ◆ 常緑高木
- ✿ 9〜10月　♥ 中国
- ★ 花にはとても強いかおりがあります。オレンジ色の花色を金にたとえてこの名があります。日本にはお株しかないので、花が終わっても果実はつきません。

▲ ギンモクセイ　銀木犀
シソ目モクセイ科
- ♠ 3〜6m　◆ 常緑高木
- ✿ 9〜10月　♥ 中国
- ★ キンモクセイと同じように、日本にはお株しかありません。キンモクセイほど強くありませんがかおりがあります。

▲ オリーブ
シソ目モクセイ科
olive
- ♠ 5〜10m　◆ 常緑高木
- ✿ 5〜7月　♥ 地中海沿岸　🍎 夏〜秋
- ★ 果実は、塩漬けにして食べたり、オリーブオイルをとります。日本では、香川県の小豆島が産地として有名で、香川県の県の木でもあります。

◀ ヒイラギ　柊
シソ目モクセイ科
false holly
- ♠ 4〜8m　◆ 常緑高木　✿ 11月
- ★ 若い木の葉のふちにはするどいとげが2〜5対ありますが、成木になるととげのない葉をつけるようになります。

▲ レンギョウ　連翹
シソ目モクセイ科
golden bell tree
- ♠ 2〜3m　◆ 落葉低木
- ✿ 3〜4月　♥ 中国
- ★ いくつかの種類があり、枝が下にたれるチョウセンレンギョウもあります。

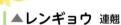

▲ ヒイラギモクセイ
柊木犀
シソ目モクセイ科
- ♠ 2〜6m　◆ 常緑高木
- ✿ 10月　♥ 中国
- ★ ヒイラギとギンモクセイとの雑種と考えられています。

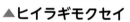

◀ シマトネリコ　島梣
シソ目モクセイ科
flowering ash
- ♠ 15〜20m　◆ 常緑または半常緑高木　✿ 5月
- ★ 日本では沖縄に自生しますが、暖かいところでは街路樹として植えられています。

▶ ネズミモチ　鼠黐
シソ目モクセイ科
Japanese privet
- ♠ 6〜8m　◆ 常緑高木
- 🍎 10〜12月　✿ 6月
- ★ 黒紫色に熟した果実は、ネズミのふんのような形をしています。生け垣や庭木としてよく植えられます。

オリーブは国際連合の旗にもえがかれています。

42

ライブ LIVE 情報

草花遊び

野原や土手に咲く草花は、昔から子どもたちの遊びの道具でした。花たばをつくったり、ままごとの材料にしたり、花かざりをつくったりして遊びました。ここでは、タンポポの風車を中心に、草花遊びを紹介します。遊びを通して、草花の特徴もわかるようになります。

見てみよう タンポポの風車

水車・風車

タンポポのような、茎の中が空どうになっている植物を利用して、水車や風車を作ってみましょう。

1 花や果実をとり、茎だけを何本か集め4cmほどに切ります。

2 両はしに1cmほど十字になるよう4か所切れめをいれます。

3 水につけると、切ったところがそり返ってきます。

4 竹ひごや細いはり金を中に通します。

5 両はしをもって息をふきかけると風車(左)に、水道の水や川の流れで流すと水車(右)になります。

イタドリの水車

指輪

タンポポの指輪

花を茎ごととり、茎を下から半分にさきます。それを指に結べば指輪になります。

花の輪

シロツメクサの花の輪

シロツメクサやタンポポの花茎を長めに切り、2、3本たばねたものをあみこんでいきます。はしとはしを結べば輪になります。

スイカズラ科・モチノキ科 レンプクソウ科

- 🔺 高さ
- ◆ 生活のすがた
- ❋ 花の咲く時期
- ❤ 原産地
- ★ 特徴など
- 🍎 実のなる時期

花は黄色……→
←……花は白

▶ スイカズラ 吸葛
マツムシソウ目スイカズラ科
Japanese honeysuckle
- ◆ 落葉つる性木本
- ❋ 5〜7月
- ★ 葉のわきにあまいかおりの花が2つずつつきます。花は白から黄色に変わります。ヨーロッパや北アメリカなどに帰化しています。

◀ オトコエシ 男郎花
マツムシソウ目スイカズラ科
- 🔺 60〜100cm ◆ 多年草
- ❋ 8〜10月
- ★ 根元から葉をつけたランナーを出して増えます。オミナエシよりも全体に大きいです。

◀ オミナエシ 女郎花
マツムシソウ目スイカズラ科
- 🔺 60〜100cm ◆ 多年草
- ❋ 8〜10月
- ★ 葉は深くさけています。秋の七草のひとつです。

▶ モチノキ 黐木
モチノキ目モチノキ科
mochi tree
- 🔺 6〜30m ◆ 常緑高木 ❋ 4月
- 🍎 11〜12月
- ★ 樹皮から鳥もちを作ります。晩秋に赤い果実ができます。雌雄異株で、お花は2〜15、め花は1〜4の花がまとまってつきます。

熟すと黒っぽくなる

◀ サンゴジュ 珊瑚樹
マツムシソウ目レンプクソウ科
sweet viburnum
- 🔺 約20m ◆ 常緑高木 ❋ 6〜7月 🍎 8〜10月
- ★ 赤い果実をサンゴに見立てた名前です。

▲ ハコネウツギ 箱根空木
マツムシソウ目スイカズラ科
- 🔺 約5m ◆ 落葉低木 ❋ 5〜6月
- ★ 花ははじめ白色で、だんだん赤色になります。

▶ クロガネモチ 黒鉄黐
モチノキ目モチノキ科
kurogane holly
- 🔺 5〜20m ◆ 常緑高木 ❋ 6月
- ★ 若い枝や葉柄は、黒みがかった紫色をしています。

花

花

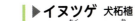

▶ イヌツゲ 犬柘植
モチノキ目モチノキ科
Japanese holly
- 🔺 2〜6m ◆ 常緑低木
- ❋ 6〜7月
- ★ よく庭に植えられ、いろいろな形に仕立てられます。

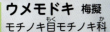

ウメモドキ 梅擬
モチノキ目モチノキ科
Japanese winter berry
- 🔺 2〜3m ◆ 落葉低木 ❋ 6〜7月 🍎 9〜10月
- ★ 葉がウメに似ています。秋に赤い小さな果実がなり、小鳥が食べにきますが食用にはなりません。

ウコギ科・ムラサキ科
セリ科・リンドウ科など

キクのなかま

- ♠ 高さ
- ♦ 生活のすがた
- ❀ 花の咲く時期
- ♥ 原産地
- ★ 特徴など
- 🍎 実のなる時期

◀ アオキ 青木
ガリア目ガリア科
aucuba
- ♠ 2〜3m
- ♦ 常緑低木
- ❀ 3〜5月
- 🍎 12〜5月
- ★ 葉と果実につやがあります。葉に黄色や白のふの入る品種などがあって、世界中で栽培されています。雌雄異株。

お花
果実

▶ カクレミノ 隠蓑
セリ目ウコギ科
- ♠ 5〜7m
- ♦ 常緑高木
- ❀ 7〜8月
- 🍎 10〜11月
- ★ 葉は3本の葉脈が目立ちます。若い木の葉は深くさけていますが、成長するとさけなくなります。さけている葉が天狗のかくれみのに似ていることから名づけられました。

▶ チドメグサ 血止草
セリ目ウコギ科　lawn pennywort
- ♠ 5〜10cm
- ♦ 多年草
- ❀ 6〜9月
- ★ 葉には浅い切れこみがあります。葉の液を傷口につけると血が止まるといわれています。

花

ヤツデ 八手
セリ目ウコギ科
Japanese aralis
- ♠ 1.5〜5m
- ♦ 常緑低木
- ❀ 11〜12月
- ★ 日かげでも育ちます。冬に白い花をつけ、花の後翌年の4〜5月に果実が黒く熟します。

裏側の葉脈はもり上がっている

30cm以上になる大きな葉はふつう7〜11の奇数にさける

みつがある
花弁
めしべ
雄性期
雌性期

発見 ヤツデの花

ヤツデの花をよく見ると2種類あるように見えますが、これは同じ花です。はじめに花弁とおしべが成長します。冬に少ない虫を集めるためみつはとてもあまいそうです。この時期を雄性期といいます。花弁とおしべが落ちるとめしべが成長してきます。こうして、なるべく同じ株同士で受粉しないようにしています。

豆ちしき　ヤツデの葉が8つにさけることはほとんどありませんが、縁起をかついでヤツデになったともいわれます。

アカネ科・キョウチクトウ科

♠高さ ◆生活のすがた ❋花の咲く時期 ♥原産地 ★特徴など 🍎実のなる時期

キクのなかま

◀クチナシ　梔子・卮子
リンドウ目アカネ科
gardenia
- ♠1～2m ◆常緑低木 ❋6～7月
- ★かおりのよい花です。果実は黄色の染料にしたり、食品の天然着色料や生薬としても利用されます。果実が熟してもさけない（口が開かない）ことからクチナシになったとされます。

果実
花

▶ガガイモ　蘿藦
リンドウ目キョウチクトウ科
- ♠つる性 ◆多年草 ❋8月
- ★茎を切ると白い液が出ます。種子の元の部分に白い毛が多数あり、風によって飛びます。

花は5つにさけて内側に白い毛が生える

▼ヘクソカズラ（ヤイトバナ）
屁糞蔓
リンドウ目アカネ科　skunk vine
- ♠つる性 ◆多年草 ❋8～9月
- ★葉や茎にいやなにおいがあるのでついた名前です。花は白っぽいつりがね型で、内側が赤紫色をしています。別名の「やいと」はお灸のことで、花をふせた形がお灸に似ています。

▲キョウチクトウ　夾竹桃
リンドウ目キョウチクトウ科
sweet scented oleander
- ♠4～5m ◆常緑低木 ❋5～10月 ♥インド
- ★花は八重と一重、こいピンクと白があります。大気汚染に比較的強い性質があり、道路の中央分離帯に植えられることもあります。有毒で、特に種子の毒は強いです。

▲テイカカズラ　定家葛
リンドウ目キョウチクトウ科
climbing bagbane
- ◆常緑つる性木本
- ❋5～6月
- ★歌人・藤原定家の墓にからんでいたことにちなむ名前だという説もあります。

▶アカネ　茜
リンドウ目アカネ科
madder
- ♠つる性 ◆多年草 ❋8～9月
- ★根に赤みがあることからついた名前です。根をにだして染料を作り、草木染めに用います。日本では奈良時代のころから染料として用いられてきました。

▼ヨツバムグラ
四葉葎
リンドウ目アカネ科
- ♠20～50cm
- ◆多年草
- ❋5～6月
- ★葉が4枚輪になるようにつきます。

◀ヤエムグラ　八重葎
リンドウ目アカネ科
cleavers
- ♠60～100cm ◆一年草
- ❋5～6月
- ★茎に下向きのとげがあります。葉は6～8枚が輪になるようにつきます。果実はとげで服によくつきます。

豆ちしき　アカネの根から作る染料の色を茜色といいます。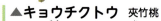

もっと！知りたい

🔺高さ　◆生活のすがた　✤花の咲く時期
♥原産地　★特徴など　🍎実のなる時期

アサガオ

アサガオは夏の早朝に咲きますが、咲く時間は日がしずんでから約10時間後になります。たとえば19時30分ごろに日がしずむと、翌朝の5時半ごろには開花しています。秋になって日が早くしずむようになると、アサガオも早く咲くようになります。

アサガオの成長

1 子葉
1週間ほどで発芽し、その数日後子葉が開きます。

2 葉
さらに数日たつと葉が出てきます。

3 つるがのびる
葉が7〜8枚になると茎の先はつるになってほかのものにまきついて成長します。つるには下向きの毛が生えていて、うまく上ります。

4 つるの運動
つるは上から見て左回りです。1時間くらいで一回りします。

いろいろなアサガオ

いろいろな色や模様の花がつくられています。

アサガオ　朝顔
ナス目ヒルガオ科
Japanese morning-glory
🔺つる性　◆一年草
✤7〜9月　♥アジア
★奈良時代に中国から日本に来たときは薬用としてでした。江戸時代にはさかんに品種改良が行われていました。

ノアサガオ　野朝顔
ナス目ヒルガオ科
🔺つる性　◆多年草
✤6〜11月　♥亜熱帯〜熱帯
★アサガオより強い種です。つるは10数mになる品種もあり、グリーンカーテンとしても利用されます。花は夕方まで咲いています。

見てみよう
アサガオ
花・つる

5 開花
茎の色が赤いと花の色は赤系が多いです。

6 種子ができる
完熟すると種子は下に落ちて冬を越します。

ヒルガオ科・ナス科

キクのなかま

▲高さ ◆生活のすがた ✿花の咲く時期
♥原産地 ★特徴など ●実のなる時期

▲サツマイモ（カンショ）
薩摩芋
ナス目ヒルガオ科
sweet potato
▲つる性 ◆多年草 ✿夏
♥中央〜南アメリカ
★夏にアサガオに似た花が咲きますが、日本ではなかなか見ることがありません。

発見 サツマイモの根
食べているいも部分は根にでんぷんをたくわえたところです。

さけない

▲ヒルガオ（アメフリバナ）昼顔
ナス目ヒルガオ科
bindweed
▲つる性 ◆多年草 ✿7〜8月
★花は朝咲き、午後まで咲いているのでヒルガオ。葉はほこの形で、葉の元にある耳型の出っ張りはコヒルガオのようにさけません。

さける

▶コヒルガオ
小昼顔
ナス目ヒルガオ科
Japanese false bindweed
▲つる性 ◆多年草 ✿6〜8月
★花はヒルガオより小さめ。地下に白い根茎をのばして増えます。

▶ヒヨドリジョウゴ
鵯上戸
ナス目ナス科
woody nightshade
▲つる性 ◆多年草
✿8〜9月 ●秋
★茎は長くのびます。葉柄でほかのものにからみつきます。有毒です（特に果実）。
果実

▶タマサンゴ（フユサンゴ）
ナス目ナス科
Jerusalem cherry
▲約1m ◆常緑低木 ✿夏〜秋
♥ブラジル ●8〜12月
★花は白い星型ですが、果実が赤く熟し、冬まで残るので、フユサンゴの別名があります。日本では、観賞用として鉢植えにされます。

▲クコ 枸杞
ナス目ナス科
Chinese matrimony vine
▲1〜1.5m ◆落葉低木 ✿7〜11月 ●秋
★若い葉はやわらかく、赤く熟する果実とともに食用にされます。

▶イヌホオズキ
犬酸漿
ナス目ナス科
black nightshade
▲20〜60cm ◆一年草 ✿8〜10月
★花は茎の節と節の間から出ます。果実は黒色に熟します。全草に毒があります。

 ヒルガオの花言葉は、「やさしい愛情」など。

熟したピーマン

◀ピーマン（アマトウガラシ）
ナス目ナス科
sweet pepper
- ♠60〜80cm ◆一年草
- ❋夏 ♥中央〜南アメリカ
- 🍅夏〜秋

★トウガラシのなかまですが、果実には辛みがなく、野菜として利用されます。熱帯地方では多年草ですが、日本のような温帯地域では一年草として栽培します。果実は緑色をしていますが、これは未熟だからで、熟すと果実は赤色になります。

▶ジャガイモ（バレイショ）
ナス目ナス科
potato
- ♠50〜70cm ◆多年草
- ❋6〜7月 ♥南アメリカ

★日本へは江戸時代に伝わりました。食用の作物として植えられるようになったのは、明治時代になって改めて導入されてからです。食べているいもの部分は地下茎の先が太ったものです。

発見 緑化
ジャガイモのいもは日なたに置いておくと緑色になってきます（緑化）。この部分や、いもから出てきた芽の部分にはソラニンという有毒物質ができるので、食べてはいけません。

ジャガイモの花（上）と塊茎（下）

◀トウガラシ
唐辛子
ナス目ナス科
red pepper
- ♠30〜100cm ◆一年草
- ❋夏 ♥中央〜南アメリカ
- 🍅夏〜秋

★果実は世界的に利用される香辛料です。果実の形など多くの変化があります。原産地では多年草です。

種子
胎座
果実の断面

発見 トウガラシはなぜ辛い
トウガラシの辛み成分はおもにカプサイシンで、胎座に多くふくまれています。種子もかみくだいてしまうネズミなどに食べられないように辛くなったという説もあります。

花
とげ

◀ナス 茄子
ナス目ナス科
egg plant
- ♠1〜2m ◆多年草
- ❋夏〜秋 ♥インド 🍅夏〜秋

★原産地では多年草ですが、日本では一年草としてあつかっています。日本へは古い時代に伝わり、今では多くの品種があります。未熟な果実を食べます。完熟したナスは、黄色っぽくなります。

根か茎か
サツマイモのいもは根、ジャガイモは茎（地下茎）です。ほかのいもはというと、サトイモや、コンニャクのいもは茎です。ヤマノイモは茎と根の両方の特徴を持つ担根体という部分を食べています。

▶サトイモの塊茎

▶ワルナスビ（オニナスビ）
悪茄子
ナス目ナス科
carolina horsenettle
- ♠50〜100cm ◆多年草
- ❋6〜10月 ♥北アメリカ

★地中に根茎をのばしてどんどん増えます。葉や茎にはするどいとげが多く、毒もあります。こんな特徴から牧野富太郎博士が命名しました。果実は熟すと黄色くなります。

とげ

豆ちしき ジャガイモの花言葉は「情け深い」、ナスは「つつましい幸福」や「希望」など。

もっと！知りたい

🔺高さ　◆生活のすがた　✳花の咲く時期
♥原産地　★特徴など　●実のなる時期

トマト

日本には江戸時代に伝わりましたが、当時は観賞用でした。野菜として食べられるようになったのは明治時代になってからです。トマトの果実の赤い色素はリコピンという成分で、人の体のなかで発生する活性酸素の悪い影響をおさえる力があるといわれています。

いろいろなトマト
トマトは生食にしたり加工したり、料理には欠かせない野菜です。品種改良もさかんにされて、日本では100種以上がつくられているといわれています。

マイクロトマト
果実の直径は5〜10mmです。

見てみよう　トマトの成長

ミニトマトの成長

1　子葉
1〜2週間で子葉が出ます。

2　葉
大きくなってきたら支柱を立てます。

3　果実／花

果実の断面

ゼリー状の部分は胎座増生部といいます。種子を守るクッションのはたらきや、種子が冬の間に芽を出させないようにするはたらきがあります。

トマト
ナス目ナス科 tomato
◆多年草(一年草)
✳6〜8月　♥南アメリカ

花から果実へ
茎などに毛がたくさんあります。もともと乾燥した地方の植物なので、空気中の水分をとりこむためです。多いものになると1株で100個あまりの果実ができます。

トマトの断面

未熟な種子　胎座増生部

ミニトマトの断面

ツツジ科・カキノキ科 サクラソウ科

🔺 高さ　◆生活のすがた
✽ 花の咲く時期　♥原産地
★ 特徴など　🍎実のなる時期

◀ **オオムラサキ**
ツツジ目ツツジ科
🔺約2m　◆常緑低木　✽5月
★ツツジの代表的な園芸品種です。じょうぶで育てやすく、株は横に広がる性質があります。

▲ **クルメツツジ** 久留米躑躅
ツツジ目ツツジ科
🔺2～3m　◆常緑低木　✽4～5月
★キリシマツツジ、サタツツジなどとのかけあわせによって日本でつくられました。

▲ **カルミア（アメリカシャクナゲ）**
ツツジ目ツツジ科
mountain laurel
🔺約3m　◆常緑低木
✽5～6月　♥北アメリカ
★枝先に多数の花がつきます。昆虫などがしげきを与えるとおしべから花粉が飛び出します。

▲ **アズマシャクナゲ（シャクナゲ）** 東石楠花
ツツジ目ツツジ科
🔺2～4m　◆常緑低木
✽5～6月
★若い枝と葉の裏にはやわらかい毛が生えています。花は枝先に5～12個ほどつきます。

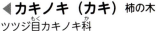
つやがある

▲ **オカトラノオ** 丘虎の尾
ツツジ目サクラソウ科
loosestrife
🔺60～100cm　◆多年草　✽6～7月
★花は下から咲き上がります。

花の穂の先は下にたれる

花

◀ **カキノキ（カキ）** 柿の木
ツツジ目カキノキ科
kaki
🔺約10m　◆落葉高木　✽5～6月　♥中国　🍎10～11月
★果実にはあま柿としぶ柿があり、あま柿はそのままで、しぶ柿はしぶ抜きをして食べることができます。

▶ **カラタチバナ（ヒャクリョウ）**
唐橘
ツツジ目サクラソウ科
coral ardisia
🔺20～100cm　◆常緑低木
✽7月　🍎12～1月
★葉は、細長いササの葉に似ています。茎は枝分かれしません。果実は赤色ですが、白や黄色の品種もあります。

果実は葉の上に出る

▶ **マンリョウ（ハナタチバナ）**
万両
ツツジ目サクラソウ科
coralberry
🔺30～100cm　◆常緑低木
✽7月　🍎11～1月
★正月かざりによく使います。茎は上のほうで数本の枝を出します。白や黄色の果実をつける品種があります。

果実は葉の下

豆ちしき　千両（センリョウ 103ページ）や十両（ジュウリョウ）という植物もあります。

ツツジ科・ツバキ科・サカキ科
ミズキ科・ツリフネソウ科など

▲ 高さ　◆ 生活のすがた
✿ 花の咲く時期　♥ 原産地
★ 特徴など　🍎 実のなる時期

▶ サザンカ　山茶花
ツツジ目ツバキ科
sasanqua
▲ 約5m　◆ 常緑高木　✿ 10〜12月
★ 原種の花は白です。ピンクや赤色などの色のついた花をつけるものは、ツバキなどとのかけあわせの結果と考えられます。ツバキとちがって、花弁がばらばらに散っていきます。

▶ ヒメシャラ
姫沙羅
ツツジ目ツバキ科
▲ 約15m　◆ 落葉高木
✿ 5月ごろ
★ 成木の幹の表面は、なめらかで光沢があります。樹皮はうすくはがれ落ちてまだら模様となります。

◀ ドウダンツツジ
ツツジ目ツツジ科
▲ 1〜2m　◆ 落葉低木　✿ 4〜5月
★ 庭木としては、花のほか春の新緑と秋の紅葉を観賞するために植えられます。

▶ ナツツバキ
夏椿
ツツジ目ツバキ科
Japanese stewartia
▲ 約15m　◆ 落葉高木
✿ 6〜7月
★ 花は一日花で、咲き終わると花ごと落ちます。花が美しいので、庭や公園に植えられます。

▶ カンツバキ　寒椿
ツツジ目ツバキ科
▲ 1〜3m　◆ 常緑低木
✿ 11〜2月
★ 花は八重咲きです。園芸種として庭園や公園に植えられます。サザンカに近い品種なので、花弁がばらばらに散ります。

◀ サツキ
皐月
ツツジ目ツツジ科
Indian azalea
▲ 30〜100cm　◆ 常緑低木
✿ 5〜7月
★ 多くの園芸品種があります。

見てみよう　ホウセンカの種子

◀ チャノキ　茶木
ツツジ目ツバキ科　tea
▲ 1〜2m　◆ 常緑低木
✿ 10〜11月　♥ 中国・インド
🍎 11月
★ もともと熱帯の木なので寒さには強くありません。本来は3〜4mの高さになりますが、葉をつみやすいようにかりこまれています。

▼ ブルーベリー
ツツジ目ツツジ科
highbush blueberry
▲ 1〜3m　◆ 落葉低木　✿ 4〜5月　♥ 北アメリカ　🍎 6〜8月
★ 花の色はうすいピンクがかった白です。果実はジャムなどに加工されます。青い色はアントシアニンという成分で、ポリフェノールの一種です。

果実

発見　茶
初夏の新葉がお茶になります。紅茶やウーロン茶はチャノキの葉を発酵させて作ります。

豆ちしき　サザンカの花言葉は「理想の恋」「けんそん」など。

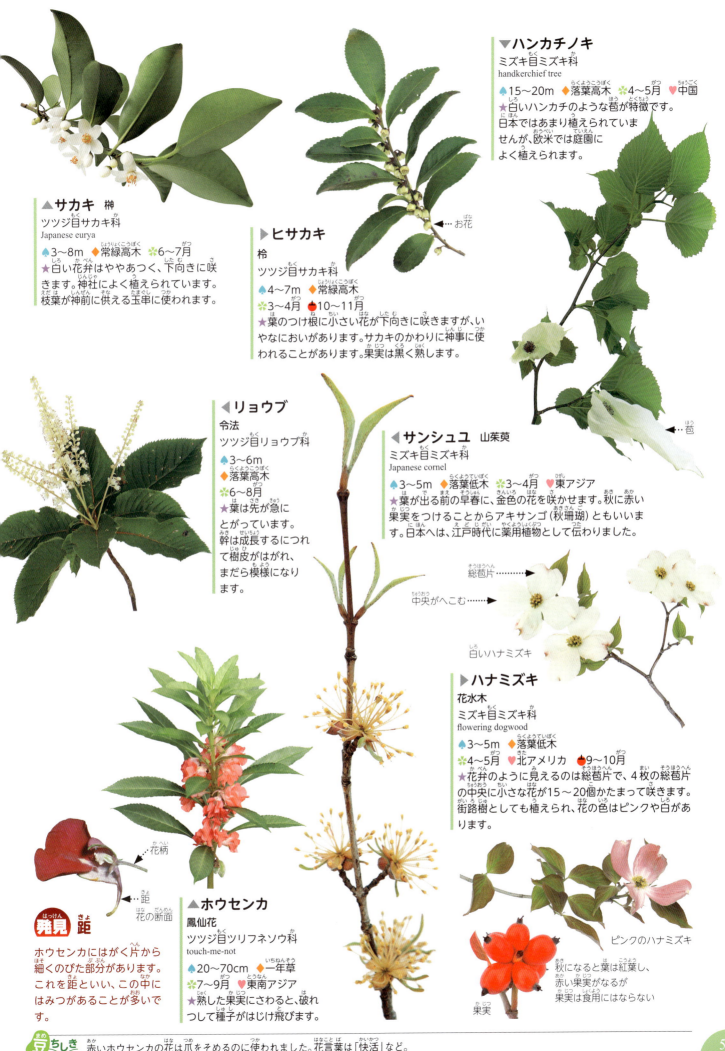

もっと！知りたい

アジサイ

アジサイは日本が原産のものが多く、日本からヨーロッパへ持ち出されて改良されたものもたくさんあります。日本の多くの園芸種の元になったのはガクアジサイです。外側の花弁のようなものを持つのが装飾花で、おしべやめしべは退化しています。内側にある小さな花が両性花で、受粉すると種子ができます。

♠高さ ◆生活のすがた ✿花の咲く時期
♥原産地 ★特徴など 🍎実のなる時期

◀ **アマチャ** 甘茶
ミズキ目アジサイ科
♠70〜100cm ◆落葉低木
✿5〜6月
★乾燥した葉にはあまみがあり、お茶として利用します。

◀ **コアジサイ** 小紫陽花
ミズキ目アジサイ科
♠1〜1.5m ◆落葉低木
✿6〜7月
★装飾花がありません。葉には大きな鋸歯があります。

両性花
…装飾花

◀ **ガクアジサイ**
額紫陽花
ミズキ目アジサイ科
lacecap hydrangea
♠2〜3m
◆落葉低木 ✿5〜7月
★周囲の装飾花を額に見立てられました。

▲ **アジサイ** 紫陽花
ミズキ目アジサイ科
hydrangea
♠1〜1.5m
◆落葉低木 ✿6〜7月
★ガクアジサイからつくられた園芸品種で、すべてが装飾花です。

◀ **ノリウツギ** 糊空木
ミズキ目アジサイ科
paniculata hydrangea
♠2〜5m ◆落葉低木
✿7〜9月
★皮からつくったのりを和紙をつくるときに利用しました。

▶ **カシワバアジサイ**
柏葉紫陽花
ミズキ目アジサイ科
oak-leaved hydrangea
♠1〜3.5m ◆落葉低木
✿5〜7月 ♥北アメリカ
★花は円すいのようにつきます。葉は深くさけてカシワの葉に似ています。

アジサイの花の色

アジサイの花の色は土の性質によって変わるといわれています。土にアジサイが吸収しやすいアルミニウムが多いと青くなります。

LIVE情報 つる植物のいろいろ

自分の力で立ち上がることができず、ほかの植物などにまきついたりしながらのびる植物を「つる植物」といいます。のび方には、次のような方法があります。

まきひげ型

エンドウ、キュウリ、ヤブガラシなど

茎や葉などが変化したまきひげでまきつく植物です。キュウリやエンドウのまきひげは葉が変形したもので、ブドウやヤブガラシのまきひげは茎が変形したものです。まきひげはまきついたあとひねりが加わり、衝撃を吸収しやすいようになっています。

ヤブガラシのまきひげ

キュウリのまきひげのようす

まきつき型

アサガオ、インゲン、フジなど

アサガオのように茎が何かにまきついてのびるものです。右まき、左まき、両方のまき方があるものなどがあります。アサガオは上から見て左まきです。

フジ

アサガオ

よじのぼり型

ツタ、キヅタなど

ツタはまきひげの先の吸盤で木や壁にはりついてのびます。キヅタは、茎からひげ根のような付着根を出して木にはりついてのびます。

ツタの吸盤

寄りかかり型

ヤエムグラ、ジャケツイバラ、アカネなど

茎や葉柄に逆向きのとげがあり、これで相手に寄りかかりながらのびていきます。

ヤエムグラ

▲ヤエムグラの茎。とげがついているのがわかります。

キヅタ

ツタ

キヅタの付着根

ナデシコ科・タデ科

▲高さ ◆生活のすがた ✿花の咲く時期
♥原産地 ★特徴など 🍎実のなる時期

1枚の花弁
花

◀コハコベ（ハコベ）
小繁縷
ナデシコ目ナデシコ科
common chickweed
▲10〜20cm ◆一年草 ✿3〜9月
★花弁は5枚ですが、先が2つに深く切れこんでいるので、10枚に見えます。ハコベというとコハコベを指すときとミドリハコベを指すことがあります。

◀ミドリハコベ（ハコベ）緑繁縷
ナデシコ目ナデシコ科
chick weed
▲20〜50cm ◆一年草 ✿3〜9月
★春の七草のハコベです。茎や葉がみずみずしい緑色をしていて、おしべの数がコハコベよりも多くなっています。小鳥や小動物の食べものになるため、ヒヨコグサとも。

花

▶ウシハコベ 牛繁縷
ナデシコ目ナデシコ科
water starwort
▲20〜50cm ◆一年草 ✿4〜10月
♥ヨーロッパ〜アジア・アフリカ
★ほかのハコベ類よりも大型なのでついた名まえです。

花

◀ノミノフスマ
蚤の衾
ナデシコ目ナデシコ科
▲5〜30cm ◆一年草
✿4〜10月
★小さな葉をノミの寝具にたとえたとされます。

◀ツメクサ 爪草
ナデシコ目ナデシコ科
Japanese pearlwort
▲2〜20cm ◆一年草 ✿3〜7月
★葉が細くとがっている様子が、鳥の爪に似ているのでついた名前です。アスファルトのすき間のようなところにも生育しています。

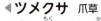
茎の上部は立ち上がる

毛でおおわれている…

▼ミミナグサ
耳菜草
ナデシコ目ナデシコ科
▲15〜30cm ◆一年草
✿5〜6月
★葉はオランダミミナグサよりこい緑色をしています。

花

▶ノミノツヅリ
蚤の綴り
ナデシコ目ナデシコ科
thyme-leaved sandwort
▲5〜25cm ◆一年草 ✿3〜6月
★葉や茎に毛が生えています。めしべは3本、花弁は5枚で先は2つにさけていません。

▶オランダミミナグサ
オランダ耳菜草
ナデシコ目ナデシコ科
sticky chickweed
▲10〜60cm ◆一年草 ✿4〜5月
♥ヨーロッパ
★ミミナグサに似ていますが、葉がややまるいので区別がつきます。畑の雑草となっています。花を咲かせずに果実をつける性質もあります。

豆ちしき　ハコベはハコベラとも呼ばれますが、もともとは「ハクベラ（由来は不明）」と呼ばれていたものが変化したようです。

◁ カワラナデシコ（ナデシコ）
河原撫子
ナデシコ目ナデシコ科
fringed pink
- ♠ 30〜80cm ◆ 多年草
- ❈ 7〜10月
- ★ 花弁はふちが細かく切れこんでいます。秋の七草のひとつ。古くから日本にある花で、万葉集にも登場します。江戸時代には栽培もさかんでした。

◁ ギシギシ　羊蹄
ナデシコ目タデ科
dock
- ♠ 40〜100cm ◆ 多年草 ❈ 6〜8月
- ★ 茎は直立し、葉は下のほうに多くつきます。果実は熟しても赤くなりません。

▷ アレチギシギシ
荒地羊蹄
ナデシコ目タデ科
cluster dock
- ♠ 30〜100cm
- ◆ 多年草 ❈ 6〜7月 ♥ ヨーロッパ
- ★ ギシギシより全体がほっそりしています。茎は赤みがかっています。

▷ イヌタデ
犬蓼
ナデシコ目タデ科
tufted knotweed
- ♠ 20〜50cm ◆ 一年草
- ❈ 6〜10月
- ★ 茎は赤みがかっています。花は初夏から秋まで咲いています。

▲ ムシトリナデシコ　虫取撫子
ナデシコ目ナデシコ科
sweet william catchfly
- ♠ 20〜70cm ◆ 一年草
- ❈ 5〜6月 ♥ ヨーロッパ
- ★ 食虫植物ではありませんが、茎にねばつく部分があって、小さな虫がついていることがあります。

▽ イタドリ　虎杖
ナデシコ目タデ科
flowering bamboo
- ♠ 30〜150cm ◆ 多年草 ❈ 7〜10月
- ★ 葉脈がはっきりしています。茎の中は空どうになっています。若い茎は山菜として食べられます。

▷ イシミカワ
石実皮
ナデシコ目タデ科
- ♠ 1〜2m ◆ 一年草 ❈ 7〜10月
- ★ つる状にのびます。葉の裏に葉柄がつきます。葉柄の元には円い托葉があり、茎をとりまきます。花や果実は苞葉の上につきます。

▲ オオケタデ
大毛蓼
ナデシコ目タデ科
prince'sfeather
- ♠ 1〜1.5m ◆ 一年草
- ❈ 7〜10月 ♥ 中国〜南アジア
- ★ 葉や茎などにやわらかい毛があります。

豆ちしき　ナデシコは撫子（撫でし子）と書くことから女性や子どもをたとえるのに使われます。花言葉は「純愛」など。

タデ科・オシロイバナ科 ヒユ科・スベリヒユ科 など

ナデシコのなかま

▶ 高さ（長さ）　◆ 生活のすがた
✿ 花の咲く時期　♥ 原産地
🍎 実のなる時期　★ 特徴など

◀ **スイバ** 酸葉
ナデシコ目タデ科
sorrel
♠ 30〜100cm　◆ 多年草
✿ 5〜8月
★ 下のほうの葉には葉柄があり、上のほうの葉には葉柄がなく、茎をだいています。葉をかむと酸味があります。

花　果実

▶ **ミズヒキ** 水引
ナデシコ目タデ科
♠ 40〜80cm　◆ 多年草　✿ 8月
★ 花弁に赤色と白がまざっていて、水引に似ているのでついた名前です。

◀ **ヒメスイバ** 姫酸葉
ナデシコ目タデ科
red sorrel
♠ 20〜50cm
◆ 一年草または多年草
✿ 5〜8月
♥ ヨーロッパ〜アジア
★ スイバに似ていますがそれより小形です。

▶ **オオイヌタデ** 大犬蓼
ナデシコ目タデ科
bulbous persicaria
♠ 約2m　◆ 一年草　✿ 6〜10月
★ 茎は赤みがかり、節が太くなります。

▶ **ミチヤナギ**
道柳
ナデシコ目タデ科
knot-grass
♠ 10〜40cm　◆ 一年草
✿ 5〜10月
★ 葉がヤナギに似ています。

花

花

▲ **ヒメツルソバ**
姫蔓蕎麦
ナデシコ目タデ科
♠ 約50cm　◆ 多年草
✿ ほぼ一年中　♥ ヒマラヤ
★ 明治時代に観賞用として導入されましたが、今ではいたるところで野生化しています。茎は地面をはいます。

▶ **ヨウシュヤマゴボウ**
洋種山牛蒡
ナデシコ目ヤマゴボウ科
pokeweed
♠ 1〜2m　◆ 多年草　✿ 6〜9月
♥ 北アメリカ　🍎 9〜10月
★ 茎は赤紫色を帯びます。果実は丸く、黒紫色に熟します。全草に毒があります。

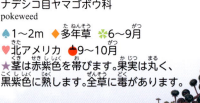

◀ **ソバ** 蕎麦
ナデシコ目タデ科
buckwheat
♠ 60〜130cm　◆ 一年草
✿ 8〜10月　♥ 東アジア　🍎 7〜12月
★ 日本へは古い時代に伝わりました。種子からそば粉をつくります。やせた土地や寒冷地でも短期間（2〜3か月）で収穫することができる作物です。夏ソバと秋ソバがあり、夏ソバは春に種をまいて夏に収穫し、秋ソバは夏に種をまいて秋に収穫します。

ソバ畑（長野市）

◀ オシロイバナ　白粉花
ナデシコ目オシロイバナ科
beauty-of-the-night
- 60〜100cm
- 多年草
- 夏
- メキシコ
- ★午後4時ごろから開花し、翌日の午前中に閉じます。花弁に見える部分はがくで、花弁はありません。観賞用として栽培されるほか、暖かい地方では野生化しています。

発見　胚乳
オシロイバナの種子の中には白い粉がありますが、これは胚乳です。江戸時代にはおしろいとして使われたこともあるようです。

胚乳 …… 果実の断面

見てみよう　オシロイバナの開花

▲ スベリヒユ　滑莧
ナデシコ目スベリヒユ科
pigweed
- 15〜30cm
- 一年草
- 7〜9月
- ★茎は枝を出し、地面をはいます。茎や葉をつぶすとねばねばした液が出てきます。

あつみがありなめらか

▼ ヒナタノイノコヅチ
日向猪子槌
ナデシコ目ヒユ科
- 40〜100cm
- 多年草
- 8〜9月
- 東アジア
- ★ひなたを好みます。ヒカゲノイノコヅチよりも花が多く、全体に白い毛があります。

波うつ

▼ ホソアオゲイトウ
細青鶏頭
ナデシコ目ヒユ科
smooth pigweed
- 1〜2m
- 一年草
- 7〜10月
- 中央〜南アメリカ
- ★花の穂は細く、緑色です。葉の先はとがっています。

▶ ヒカゲノイノコヅチ（イノコヅチ）
日陰猪子槌
ナデシコ目ヒユ科
Japanese chaff flower
- 40〜100cm
- 多年草
- 8月
- 東アジア
- ★日のあまり当たらないところを好みます。節がふくらむのでそれをイノシシのひざがしらにたとえたとされます。

▶ アリタソウ　有田草
ナデシコ目ヒユ科
American wormseed
- 50〜100cm
- 一年草
- 7〜11月
- メキシコ
- ★葉をもむとミントのようなにおいがします。茎や葉の毛はまばらですが、毛の多いものをケアリタソウといいます。

▼ ホウレンソウ
菠薐草
ナデシコ目ヒユ科
spinach
- 約60cmまで
- 一年草
- 4〜6月
- 西アジア
- ★雌雄異株です。種子にとげのあるものとないものがあり、日本に300年前に伝わった在来種といわれるものにはとげがあり、葉にも切れこみがあります。栄養価の高い野菜です。

め花

お花

◀ シロザ　白藜
ナデシコ目ヒユ科
lamb's quarters
- 60〜150cm
- 一年草
- 8〜10月
- ★若い葉が白いのは白い粉がついているからで、こするととれます。

若い葉

▶ アカザ　藜
ナデシコ目ヒユ科
goosefoot
- 60〜150cm
- 一年草
- 8〜10月
- ★ふつうシロザと同じ種としてあつかいます。若い葉が赤いのは、シロザと同じで粉がついているからです。

若い葉

豆ちしき　イノコヅチの果実には小さなとげがあり、動物や衣服などについて運ばれます。

もっと！知りたい

バラ

世界中で多くの品種が栽培されています。大きく分けるとつる性の木本とつるにならない木本になります。多くの種の茎にはとげがあります。

♠高さ　✿花の咲く時期　♥原産地

バラ 薔薇　バラ目バラ科 rose
♠つる性・低木　✿春、秋　♥アジア

ブルーバユー

ヨハネパウロ2世	プリンセスオブウエールズ	マサコ	コテイヨン	ステファニートゥモナコ
スーザンダニエル	ボニカ	プリンセスアイコ	ボウベルズ	ダブルデライト
ムーンシャドウ	ギードゥモーパッサン	クイーンエリザベス	オールドボート	ゴールドシャツ

| メンデルスゾーン | フラワーガール | グラハムトーマス | ジャンヌダルク | インカ |

| ミラト | コリブリ | チャールストン | プリンセスミチコ | パパメイアン |

バラ科

🔷 高さ（長さ） ◆ 生活のすがた ✿ 花の咲く時期
💗 原産地 ★ 特徴など 🍎 実のなる時期

果実
つやがある

◀ **テリハノイバラ** 照葉野茨
バラ目バラ科
memorial rose
🔷 3〜5m ◆ 常緑低木 ✿ 6〜7月
★ 茎にはまばらにとげがあり、地面をはいます。果実は赤く熟し、つぼのような形をしています。現在栽培されるつる性バラの多くはこの種が元になっています。

▶ **ヤマブキ** 山吹
バラ目バラ科
Japanese rose
🔷 1〜2m ◆ 落葉低木
✿ 4〜5月 🍎 9月
★ 小枝の先に花弁が5枚の花が1個つきます。果実にはふつう5つの種子ができます。

▶ **シロヤマブキ** 白山吹
バラ目バラ科
jetbead
🔷 1〜2m ◆ 落葉低木
✿ 4〜5月 🍎 9月〜10月
★ ヤマブキとは別のなかまで花弁は4枚（ヤマブキは5枚）です。秋に黒い種子が4個集まってつきます。

◀ **カナメモチ**
（アカメモチ）
要黐
バラ目バラ科
🔷 約5m ◆ 常緑低木
✿ 5〜6月 🍎 12月
★ 新しい葉は美しい紅色で、庭木や垣根に多く利用されます。木はとてもかたく、農具の柄などに使われます。

▶ **ヤエヤマブキ**
八重山吹 バラ目バラ科
🔷 1〜2m ◆ 落葉低木 ✿ 4〜5月
★ ヤマブキの八重咲きの品種。花弁はおしべが変化したもので、めしべは退化していて果実はできません。

◀ **ピラカンサ**
バラ目バラ科
narrowleaf fire thorn
🔷 2〜6m ◆ 常緑低木
✿ 5〜6月 💗 中国 🍎 11〜2月
★ いくつかの種をまとめてピラカンサと呼ぶことが多いです。秋にオレンジ色の果実をたくさんつけます。冬になると野鳥がついばみます。

花

▲ **ボケ** 木瓜
バラ目バラ科 Japanese quince
🔷 1〜2m ◆ 落葉低木 ✿ 3〜4月 💗 中国
★ 花の色は赤のほか白やピンクなど多くの品種があります。枝にはとげがあるものも。

▼ **クサボケ** 草木瓜
バラ目バラ科
🔷 20〜60cm ◆ 落葉低木 ✿ 3〜6月 🍎 9〜10月
★ 日本固有種。ボケより小さいので木本ですがクサボケとなったようです。酸味と苦味のある果実は果実酒にしたり、生薬にしたりします。

▶ **キジムシロ** 雉蓆
バラ目バラ科
🔷 5〜30cm ◆ 多年草
✿ 4〜5月
★ 葉は根元近くでは5〜7枚あり、一番先の葉が大きいのが特徴です。花が咲くころは、葉を四方に広げます。

← 毛がある　とげ

豆ちしき ヤマブキの花の色が山吹色です。

バラ科

バラのなかま

- ♠ 高さ
- ◆ 生活のすがた
- ❋ 花の咲く時期
- ♥ 原産地
- ★ 特徴など
- 🍎 実のなる時期

◀ **ミツバツチグリ** 三葉土栗
バラ目バラ科
- ♠ 15～30cm ◆ 多年草 ❋ 4～5月
- ★ 葉が3枚の小葉からできています。ふくらんだ根茎はかたくて食用にはなりません。

▲ **ナワシロイチゴ**
苗代苺
バラ目バラ科 Japanese raspberry
- ♠ 20～50cm ◆ 落葉低木
- ❋ 5～7月 🍎 初夏
- ★ キイチゴのなかま。果実は食べられますが、生食よりジャムに適しています。

▶ **シモツケ** 下野
バラ目バラ科 Japanese spiraea
- ♠ 80～150cm ◆ 落葉低木
- ❋ 5～7月
- ★ 枝先に小さい花が集まって咲きます。

▶ **ヘビイチゴ** 蛇苺
バラ目バラ科 Indian strawberry
- ♠ つる性 ◆ 多年草 ❋ 4～5月
- ♥ 日本、アジア 🍎 初夏
- ★ 葉全体にまばらに毛があります。葉は3枚の小葉からできています。茎は地表をのびていき、節から根を出し新しい株を作ります。赤い実ができますが、おいしくはありません。

発見 イチゴの実

果実のように見える赤い部分は花床で、果実は表面についているゴマのような粒です。白いすじのように見えるのが維管束で、果実に水分や栄養分を運びます。

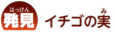
花床　維管束　果実

▲ **イチゴ（オランダイチゴ）** 苺
バラ目バラ科 strawberry
- ♠ 20～30cm ◆ 多年草
- ❋ 4～5月 🍎 初夏
- ★ 日本には江戸時代に伝わりました。もともとの旬は初夏ですが、ハウス栽培が発達して11月から6月くらいまで楽しむことができます。

めしべ　おしべ
花床　花の断面

▶ **オヘビイチゴ** 雄蛇苺
バラ目バラ科
- ♠ 20～40cm ◆ 多年草
- ❋ 5～6月
- ★ 葉は根元近くでは5枚あり、茎につく葉は3枚になります。イチゴのような実はできません。

小葉は3枚
花
つやがある
根元の葉

ベリー

くだものの中にはベリーとつくものがいくつかありますが、みな同じなかまではありません。ラズベリーやブラックベリーはキイチゴのなかまで、イチゴとちがって小さな果実がたくさん集まったものです。ブルーベリーやクランベリーはツツジのなかまです。

▶ ヨーロッパキイチゴ
ラズベリーとも呼ばれます。

豆ちしき　ヘビイチゴは、この実を食べる動物をヘビがえものにしていることなどから名前がついたといわれます。

もっと！知りたい

♠ 花の径(cm)　❋ 花の咲く時期　♥ 花弁の色　★ 特徴など　🍒 実のなる時期

サクラ

サクラはアジア原産の落葉樹で、日本では10種あまりが自生しています。果実（サクランボ）だけでなく、花弁や葉も塩づけにして食用にします。

園芸種

カワヅザクラ 河津桜
♠ 4.5〜4.8cm　❋ 2〜3月　♥ うす紅色
★ ソメイヨシノよりも早く咲きます。

ギョイコウ 御衣黄
♠ 3.2〜4.0cm　❋ 4〜5月　♥ 黄緑
★ 花の色は黄緑→黄に変化します。

カンザン 関山
♠ 4.4〜5.4cm　❋ 4〜5月　♥ 赤紫
★ 花弁は20〜50枚あります。

見てみよう
サクラ

ジュウガツザクラ 十月桜
♠ 2.8〜3.8cm
❋ 4月、10月
♥ うす紅色
★ 10月ごろも咲きます。

シダレザクラ 枝垂れ桜
♠ 2.4〜3.0cm　❋ 3〜4月
♥ 白〜うす紅色
★ 枝が下にたれます。

ソメイヨシノ 染井吉野
♠ 3.4〜4.4cm　❋ 3〜4月
♥ うす紅色　★ もっともよく見かけるサクラです。

サクランボ

サクランボはサクラの果実です。日本で栽培されているものの多くはセイヨウミザクラを改良したものです。

セイヨウミザクラ
西洋実桜　Wild Cherry
❋ 3〜4月　🍒 6〜7月

日本に自生するサクラ

カスミザクラ 霞桜
- 2.2〜3.4cm
- 4〜5月
- 白〜うす紅色
- ★ヤマザクラに似ていますが、花期がおそく、花茎や葉柄に毛があります。

マメザクラ
豆桜
- 2.0〜3.0cm ✽3〜5月
- 白〜うす紅色
- ★花は下を向きます。木が大きくならなくても開花するため、盆栽にすることがあります。

ヤマザクラ 山桜
- 3.0〜4.0cm
- 3〜4月 白〜うす紅色
- ★葉も花と同じ時期に開きはじめます。野生のサクラの代表種です。

チョウジザクラ
丁字桜
- 1.6〜2.0cm ✽3〜4月 白
- ★がくの根元がつつ型で長いです。山地で多く見られます。

オオシマザクラ
大島桜
- 4.0〜5.4cm
- 3〜4月 白
- ★花と同時期に開きはじめる葉は、塩づけにして桜餅に利用されます。

ミヤマザクラ
深山桜
- 1.4〜2.0cm ✽5〜6月 白
- ★山のおくに自生しています。葉が開いたあとに花が咲きます。

カンヒザクラ
寒緋桜
- 2.4〜3.2cm
- 1〜2月 紅色
- ★寒さに弱く、日本では沖縄県で自生しています。

タカネザクラ
高嶺桜
- 2.0〜3.0cm
- 3〜5月
- 白〜うす紅色
- ★本州中部では標高の高いところで見られるので峰桜とも。

エドヒガン
江戸彼岸
- 1.2〜2.6cm ✽3〜4月 白〜うす紅色
- ★お彼岸のころに咲きます。長寿のサクラで、樹齢が数百年以上のものもあります。

オオヤマザクラ
大山桜
- 3.2〜4.2cm ✽3〜4月 うす紅色〜紅色
- ★ヤマザクラより大きな花をつけます。寒さに強く北海道でも多く見られます。

バラ科・クワ科・アサ科・ニレ科 イラクサ科・クロウメモドキ科

バラのなかま

凡例：
- ♠ 高さ（長さ）
- ❄ 花の咲く時期
- 🍎 実のなる時期
- ◆ 生活のすがた
- ♥ 原産地
- ★ 特徴など

◀ カリン　花梨
バラ目バラ科
Chinese quince
- ♠ 5〜10m
- ◆ 落葉高木
- ❄ 4〜5月
- ♥ 中国
- 🍎 11月

★ 果実は秋に熟し、よいかおりがしますが、果肉はかたく渋味もあり生食はできません。薬用成分やかおりをいかしてのどあめが作られたりします。

▶ イチジク　無花果
バラ目クワ科
fig
- ♠ 5〜8m
- ◆ 落葉高木
- ♥ 西アジア
- 🍎 7〜10月

★ 果樹としてとても古い時代から栽培されてきました。果実は生食のほか乾燥させたものも利用されます。枝や葉、果実に傷をつけると白い汁が出てきます。

◀ アーモンド
バラ目バラ科
almond
- ♠ 約5m
- ◆ 落葉低木
- ❄ 3〜4月
- ♥ 西アジア
- 🍎 7〜8月

★ モモのなかまですが果実は食用にはなりません。炒った種子（仁）をアーモンドと呼んでナッツとして食用にします。日本ではほとんど栽培されていません。

発見　イチジクの花
果実の中に花弁のない小さな花がたくさん咲きます。日本で育てられている種は受粉しなくても実ができる性質があります。

◀ スモモ（プラム）　李
バラ目バラ科
Japanese plum
- ♠ 3〜8m
- ◆ 落葉高木
- ❄ 4月
- ♥ 中国
- 🍎 6〜7月

★ 果実があまずっぱいのでこの名前があります。花も果実もモモより小型です。果実は生食のほか飲料の原料などにされます。

▲ ナツメ　棗
バラ目クロウメモドキ科
jujube
- ♠ 8〜10m
- ◆ 落葉高木
- ❄ 6〜7月
- ♥ 中国
- 🍎 8〜10月

★ 果実は加工して食用にしたり、生薬にしたりします。木材としても利用されます。初夏になると新芽が出るのでナツメ。

▲ モモ　桃
バラ目バラ科
peach
- ♠ 3〜8m
- ◆ 落葉高木
- ❄ 4月
- ♥ 中国
- 🍎 7〜8月

★ 果実が食用になるモモは一重咲きの花です。果実の表面はビロード状の毛でおおわれます。モモに似た果実で表面に毛のないのはネクタリンです。

◀ アンズ　杏
バラ目バラ科
apricot
- ♠ 5〜15m
- ◆ 落葉高木
- ❄ 3〜4月
- ♥ 中国
- 🍎 6月

★ ピンクの花と赤いがくが特徴です。果実は6月ごろにオレンジ色に熟します。未熟な果実には毒がありますが熟した果実は生食のほか、乾燥したりジャムにしたりして食べます。

▶ クワクサ　桑草
バラ目クワ科
- ♠ 30〜80cm
- ◆ 一年草
- ❄ 9〜10月

★ 葉はざらざらしています。

豆ちしき　アーモンドの種子は、モモを平らにしたようなので扁桃ともいいます。人ののどにある扁桃腺はアーモンドの種子に似ているので扁桃腺。

▶カナムグラ 鉄葎
バラ目アサ科
Japanese hop
- つる性
- 一年草 9～10月
- 雌雄異株です。葉や茎に下向きの細かくするどいとげがびっしりあります。

お花 / め花 / め株 / お株 / とげがある / 両性花

◀エノキ 榎
バラ目アサ科
Chinese hackberry
- 約20m ◆落葉高木
- 4～5月 9月
- 葉は3本の脈が目立ち、先のほうに浅い鋸歯があります。果実は9月に赤褐色に熟し、食べることができます。国蝶のオオムラサキの幼虫がこの葉を食べて育ちます。

果実

▲アサ 麻
バラ目アサ科
hemp
- 2～4m ◆一年草 夏
- 中央アジア
- 麻布の原料の繊維をとります。全草に麻薬の一種がふくまれるため、栽培には許可が必要で、無断栽培をすると罰せられます。

▼ケヤキ 欅
バラ目ニレ科
Japanese zelkova
- 20～25m ◆落葉高木 4～5月
- 新しい枝にお花は数個集まってつき、め花は枝の先に1個ずつつきます。

▶アカソ
バラ目イラクサ科
- 50～80cm ◆多年草
- 7～9月
- 茎が赤いことからついた名前です。

▶カラムシ 苧
バラ目イラクサ科
China ramie
- 1～1.5m
- 多年草 7～9月
- 葉の裏は白い綿毛におおわれています。

ハルニレ(ニレ、エルム)
バラ目ニレ科
- 20～30m ◆落葉高木
- 3～5月
- 葉が成長する前の春に花が咲きます。秋に花が咲くアキニレという種もあります。

花

アブラナ科

バラのなかま

- ♠高さ
- ◆生活のすがた
- ✽花の咲く時期
- ♥原産地
- ★特徴など
- 🍎実のなる時期

葉柄がなく茎をだくようにつく

果実

▶イヌガラシ　犬芥子
アブラナ目アブラナ科
- ♠10〜50cm
- ◆多年草
- ✽4〜9月
- ★カラシナに似ていますが、芥子はとれません。スカシタゴボウやイヌナズナとは果実の形がちがいます。

▶ナズナ（ペンペングサ）
薺
アブラナ目アブラナ科
shepherd's purse
- ♠10〜50cm
- ◆一年草
- ✽3〜6月
- ★根元の葉は深く切れこんでいます。ロゼットで冬越しします。果実の形が三味線のばちに似ているところからペンペングサとも呼ばれます。春の七草のひとつ。

種子

◀セイヨウアブラナ（ナノハナ）　西洋油菜
アブラナ目アブラナ科
rapeseed
- ♠30〜60cm
- ◆一年草
- ✽4〜5月
- ♥ヨーロッパ
- ★種子から油（菜種油）をとり、食用などに使われるほか、若い葉やつぼみなどは食用となります。在来種のアブラナにかわって現在は多くがセイヨウアブラナです。

花

▶オオアラセイトウ（ショカツサイ）
大紫羅欄花
アブラナ目アブラナ科
Chinese violet cress
- ♠20〜90cm
- ◆一年草
- ✽4〜5月
- ♥中国
- ★江戸時代に鑑賞用として持ちこまれたものが野生化しました。若葉を食べるために中国の諸葛孔明が広めたといわれています。

発見　ナズナの種子
ナズナの果実の中には20あまりの種子が入っています。1株では2000もの果実がつくものもありますから、40000以上の種子ができることになります。

▼チンゲンサイ　青梗菜
アブラナ目アブラナ科
Chinese mustard
- ◆一年草
- ✽4〜5月
- ♥中国
- ★中国原産の野菜ですが、葉の形がしゃくしのような形をしていることから、シャクシナとも呼ばれます。

▼ブロッコリー
アブラナ目アブラナ科
Italian broccoli
- ◆一年草
- ✽4〜6月
- ♥ヨーロッパ
- ★花が咲く前のつぼみや花茎を食用にします。栄養価のとても高い野菜です。

▼コマツナ　小松菜
アブラナ目アブラナ科
mustard spinach
- ◆一年草
- ✽5〜6月
- ★カブから改良されましたが、根は大きくなりません。東京都小松川の原産といわれ、江戸時代の初期ごろから栽培されてきた野菜です。

アブラナ科・アオイ科・ムクロジ科
ジンチョウゲ科・センダン科

♠高さ（長さ） ◆生活のすがた
✿花の咲く時期 ♥原産地
🍎実のなる時期 ★特徴など

バラのなかま

▶フヨウ 芙蓉
アオイ目アオイ科
confederate rose
- ♠2〜3m ◆落葉低木
- ✿7〜10月 ♥中国
- ★古くから観賞用として植えられてきました。花は、朝開いてその日の夕方にはしぼみます。暖かい地方では野生化も見られます。

◀ムクゲ 木槿
アオイ目アオイ科 rose of Sharon
- ♠3〜4m ◆落葉低木 ✿8〜9月 ♥中国
- ★世界の暖かい地域で栽培されています。樹皮からは繊維もとれます。大韓民国の国花です。

果実
茎は黒っぽい紫色

▶タネツケバナ
種漬花
アブラナ目アブラナ科
wavy bitter cress
- ♠10〜30cm ◆一年草
- ✿3〜6月
- ★果実は熟すと2つに割れて種子をはじき飛ばします。たがやす前の水田でよく見かけます。

◀モロヘイヤ
アオイ目アオイ科
Nalta jute
- ♠1〜2m ◆一年草
- ✿秋 ♥インド
- ★日本では若葉を食用（野菜）として栽培されますが、アジアやアフリカの熱帯地域では、繊維をとるためにさかんに栽培されています。

花

◀ミチタネツケバナ 道種漬花
アブラナ目アブラナ科
hairy bittercress
- ♠5〜25cm ◆一年草 ✿2〜6月
- ♥ヨーロッパ
- ★タネツケバナに似ていますが、茎にあまり葉がつきません。根元の葉のもとの部分にまばらに毛があります。

▶オクラ
アオイ目アオイ科
okra
- ♠50〜200cm
- ◆一年草
- ✿夏 ♥アフリカ
- ★夏野菜で、若い果実（開花から6〜7日目のもの）を食べます。花は黄色で、夜から早朝にかけて咲き、午後にはしぼみます。

花
果実

発見 ワタの実
ワタの果実は熟すと割れて白い綿毛が出てきます。これは種子の表面に生える種毛です。これをとって紡いで綿糸にします。果実は3〜5室に分かれ、各室に5〜11個の種子があります。

◀ワタ 棉
アオイ目アオイ科
Asiatic cotton
- ♠1〜1.5m ◆一年草
- ✿7〜8月 ♥インド 🍎9〜10月
- ★日本では一年草としてあつかわれますが多年草です。繊維をとり、種子からは良質の油をとる有用な作物です。繊維としてのワタは綿ですが、植物名のワタは棉と書きます。

豆ちしき フヨウは一日花ですが、ムクゲは夕方しぼんだあと、翌朝から数日咲きます。

葉は5～7にさけます

▶ **イロハモミジ**
ムクロジ目ムクロジ科
Japanese maple
♠15mまで ◆落葉高木 ✿4～5月 🍎7～9月
★葉には二重に鋸歯があり、秋に紅葉します。葉の分かれたところを「いろはに」と数えたことが名前の由来とされます。

紅葉

▶ **センダン** 栴檀
ムクロジ目センダン科
Syrian bead tree
♠7～10m ◆落葉高木 ✿5～6月 🍎10～12月
★若い枝の先にうす紫色の花が多数咲きます。果実は黄色に熟します。

▶ **ミツマタ** 三椏
アオイ目ジンチョウゲ科
paper-bush
♠1～2m ◆落葉低木 ✿3～4月 ♥中国
★枝先が3つに分かれているのが名前の由来です。晩秋には、翌年に咲く花のつぼみをたくさんつけます。和紙の原料となるので栽培されたり、庭園樹としても利用されます。

3つに分かれる

発見 和紙の原料
ミツマタの繊維を使った和紙は光沢もあり、印刷に向いているので紙幣の原料にされています。現在の紙幣にも使用されています。

▶ **ガンピ** 雁皮
アオイ目ジンチョウゲ科
Chinese lychnis
♠1～2m ◆落葉低木 ✿5～6月
★花は枝先に7～20個つきます。高級和紙の原料として利用されるため、栽培もされています。

▶ **トウカエデ**
唐楓
ムクロジ目ムクロジ科
♠10～20m ◆落葉高木 ✿4～5月 ♥中国 🍎10月
★成長すると樹皮が短冊状にはがれます。葉は秋に紅葉します。中国が原産なので唐楓。

▶ **ムクロジ** 無患子
ムクロジ目ムクロジ科
Chinese soapberry
♠25mまで ◆落葉高木 ✿6月 🍎10月
★秋にみのる果実の果皮はサポニンという物質を多くふくむので、石けんのない時代には洗たくや洗ぱつに使われました。種子は、羽根つきの羽根の玉にも使われました。

トウカエデの紅葉

◀ **ボダイジュ** 菩提樹
アオイ目アオイ科
linden
♠8～20m ◆落葉高木 ✿6月 ♥中国
★日本では社寺の境内などによく植えられます。釈迦がさとりを開いたとされる木はクワ科のインドボダイジュでこの木ではありません。かたい種子は、数珠の材料に使われることもあります。

がく

▶ **ジンチョウゲ** 沈丁花
アオイ目ジンチョウゲ科
♠1～2m ◆常緑低木 ✿2～3月 ♥中国 🍎6月
★早春にかおりのよい花が咲きます。花には花弁がなく、花弁に見えるのはつつ状のがくです。まれに6月ごろ卵型の赤い果実をつけることがあります。

73

ムクロジ科・ミカン科　アカバナ科・ミソハギ科・フトモモ科

▲ 高さ（長さ）　◆ 生活のすがた　✿ 花の咲く時期　♥ 原産地　🍎 実のなる時期　★ 特徴など

……直径は約8cm

……直径は約5cm

◀ **マツヨイグサ**　待宵草
フトモモ目アカバナ科
sand eveningprimrose
▲ 30〜150cm　◆ 一年草
✿ 5〜11月　♥ 南アメリカ
★ 花は夕方に咲き、翌朝にしぼみます。全草に毛があります。しぼんだ花は赤くなります。

……直径は2〜3cm

◀ **コマツヨイグサ**　小待宵草
フトモモ目アカバナ科
cutleaf eveningprimrose
▲ 20〜60cm　◆ 一年草
✿ 7〜8月　♥ 北アメリカ
★ 葉に大きな切れこみがあります。茎ははうことが多く、よく枝分かれします。

◀ **オオマツヨイグサ**　大待宵草
フトモモ目アカバナ科
large-flowered eveningprimrose
▲ 50〜150cm　◆ 一年草
✿ 7〜9月　♥ 北アメリカ
★ 茎に赤い色の毛があります。ロゼットで冬越しします。花は夕方に咲き始めて、翌朝にはしぼみます。マツヨイグサのなかまは月見草と呼ばれることもあります。

……直径は約3cm

▶ **メマツヨイグサ**　雌待宵草
フトモモ目アカバナ科
evening primrose
▲ 50〜150cm　◆ 一年草
✿ 6〜9月　♥ 北アメリカ
★ オオマツヨイグサより花は小型です。ロゼットで冬越しします。

▶ **ユウゲショウ**　夕化粧
フトモモ目アカバナ科
pink eveningprimrose
▲ 20〜40cm　◆ 多年草
✿ 5〜9月
♥ 北〜南アメリカ
★ 株全体が白い毛でおおわれています。花の直径は1.5cmくらいでうす紅色をしています。日本では最初、観賞用として栽培されていましたが、今は野生化しています。

▶ **ザクロ**　石榴
フトモモ目ミソハギ科
pomegranate
▲ 5〜10m　◆ 落葉高木
✿ 6〜7月　♥ 西〜南アジア　🍎 9〜10月
★ 花弁もがくも同じ色です。果実は食用になりますが、食べるのは種子の皮があつくなった部分です。日本へは、平安時代以前に伝わったといわれています。

果実

幹

▲ **サルスベリ**　百日紅
フトモモ目ミソハギ科
crape myrtle
▲ 3〜9m　◆ 落葉高木　✿ 7〜10月　♥ 中国
★ 幹は樹皮がはがれ落ちてすべすべして、猿もすべるたとえからついた名前です。花色は紅色、ピンク、白などがあります。

花

▶ **ユーカリ**
フトモモ目フトモモ科
blue gum
▲ 20〜55m　◆ 常緑高木
✿ 6〜12月（原産地）
♥ オーストラリア
★ ユーカリのなかまは成長が早く、多くの種には幹に年輪がありません。ユーカリ類は500種くらいあります。コアラが食べるのはそのうちの十数種といわれています。

豆ちしき　マツヨイグサのなかまは秋に発芽して翌夏に開花します。原産地では多年草もあります。

▶セイヨウトチノキ（マロニエ）
西洋栃
ムクロジ目ムクロジ科
horse chestnut
- ♠35mまで ◆落葉高木 ✽5〜6月
- ♥ヨーロッパ 🍎9〜11月
- ★セイヨウトチノキの名前よりも、マロニエのほうが知られているかもしれません。日本のトチノキに似ていますが、果実の表面にするどいとげがあり見分けることができます。街路樹にも使われ、パリのシャンゼリゼ通りが有名です。

▲ベニバナトチノキ 紅花栃
ムクロジ目ムクロジ科
- ♠10〜15m ◆落葉高木 ✽5〜6月 🍎9月
- ★セイヨウトチノキとアカバナトチノキとのかけあわせでつくられた園芸種です。若い木でも花をつけます。

▶カラタチ 枳殻
ムクロジ目ミカン科
trifoliate orange
- ♠2〜3m ◆落葉低木
- ✽4〜5月 ♥中国 🍎10月
- ★枝にはとげがあり、垣根によく利用されました。果実は、苦いので食用には向きませんが、果汁にはよいかおりがあります。

▼タチバナ 橘
ムクロジ目ミカン科
- ♠2〜6m ◆常緑低木
- ✽5〜6月 🍎冬
- ★日本原産の柑橘類です。果実は小さいうえに酸味が強いので生食には向きません。文化勲章はタチバナの花をかたどったものです。

果実

パリのシャンゼリゼ通りのマロニエ並木（フランス）

▼ユズ 柚子・柚仔
ムクロジ目ミカン科
yuzu orange
- ♠4〜6mまで ◆常緑高木
- ✽4〜5月 ♥中国 🍎10〜12月
- ★寒さに強い柑橘ですが、果肉はかおりがよいのに極めて酸味が強いので生食ができません。果汁を食酢として利用したり、かおりのよい果皮を香辛料に使ったりします。冬至の日に丸ごと風呂に入れ柚子湯にします。

▼ウンシュウミカン 温州蜜柑
ムクロジ目ミカン科
Satsuma mandarin
- ♠3〜4m ◆常緑低木
- ✽5〜6月 🍎11〜12月
- ★日本でもっとも多く栽培されているミカンです。5月ごろに白い花を咲かせます。花粉ができないので、ふつう果実には種子ができませんが、まれにできることもあります。果皮をかんそうさせたものは陳皮といい、七味唐辛子などにも入っています。

▼トチノキ 栃
ムクロジ目ムクロジ科
Japanese horse chestnut
- ♠20〜30m ◆落葉高木 ✽5〜6月 🍎9〜10月
- ★多数の平行の脈があるてのひら形の大きな葉がつきます。果実は熟すと3つに割れ、つやのある大きな黒っぽい種子を出します。種子はしぶ抜きをし栃餅などにして食べます。

種子

豆ちしき カラタチとオレンジからオレタチという柑橘類がつくられています。

植物名前クイズ

植物の名前にはおもしろいものがたくさんあります。花や葉の形や、生活のしかた、においや味など、いろいろな由来があります。次の植物の名前を あ、い、う の中から選びましょう。

次の植物は花や葉、姿形から名前がつきました。写真を見て名前を当ててみましょう。

1

何かの姿に似ていることから名づけられました

- あ ジェットキソウ
- い サギソウ
- う トンボバナ

答えは P.216

2

身近なあるものに似ていることからついた名前です

- あ マンホール
- い ボウシグサ
- う トケイソウ

答えは P.123

3

花のつき方に注目してみましょう

- あ ネジバナ
- い ツノバナ
- う カイダンバナ

答えは P.98

4

何かが開くところに似ていますね

- あ キノコグサ
- い ヤブレガサ
- う パラソルソウ

答えは P.144

5

小さな花が葉に乗っているように見えます

- あ テノヒラバナ
- い ハナイカダ
- う イッスンボウシ

答えは P.149

6

白い苞が何かに似ていますね

- あ テンシノキ
- い クモノキ
- う ハンカチノキ

答えは P.55

特徴編

植物の特徴から名前がついたものもあります。
次の植物はどのような特徴から名前がつけられたのでしょうか？

7 キュウリグサ

- あ 果実がキュウリに似ているから
- い 葉をもむとキュウリのにおいがするから
- う キュウリにまきついて育つから

答えは P.47

8 ニガナ

- あ よく2匹のガがとまっているから
- い 数字の2に似た形の果実がなるから
- う 茎や葉が苦い味がするから

答えは P.28

9 クサギ

- あ 草のような木だから
- い 葉や枝からくさいにおいがするから
- う くさると材木として利用できるから

答えは P.149

10 チドメグサのなかま

- あ 血を止める薬草として使われたから
- い 食べると血液の流れが止まる毒草だから
- う 葉のにおいをかぐと血が止まるから

答えは P.47

11 ワルナスビ

- あ 花がナスに似ているが、ナスの果実を割るほど茎がかたいから
- い 花がナスに似ているが、とげが多く、果実は有毒で食べられないから
- う ナスの果実を割ったようなにおいがするから

答えは P.51

12 サルスベリ

- あ サルがよくすべり台にして遊んでいるから
- い 人と会って去るときに見るとすべるという伝説があるから
- う サルでもすべり落ちそうなほど、幹の表面がなめらかだから

答えは P.74

13 ハシリドコロ

- あ 人が走る道ばたによく見られるから
- い 強い毒があり、食べると走り回って苦しむから
- う おいしさのあまり、食べると走り回りたくなるから

答えは P.151

14 ヤドリギ

- あ ほかの木に根をはり、養分をとるから
- い 昔はこの木をとって弓矢の材料にしたから
- う 旅館などによく植えられていたから

答えは P.192

77

オトギリソウ科・トウダイグサ科
スミレ科・ヤナギ科・アマ科 など

♠高さ（長さ）　生活のすがた
❋花の咲く時期　♥原産地
🍎実のなる時期　★特徴など

バラのなかま

おしべが長い

▲キンシバイ　金糸梅
キントラノオ目オトギリソウ科
St. John's-wort
- ♠1mまで　◆半落葉低木
- ❋6〜7月　♥中国
- ★花はたれ下がった枝の先に咲きます。花の直径は約5cmです。

▲ビヨウヤナギ　美容柳
キントラノオ目オトギリソウ科
- ♠1mまで　◆半落葉低木
- ❋6〜7月　♥中国
- ★おしべが花弁より長い花です。花の径は4〜6cmです。

▶トモエソウ　巴草
キントラノオ目オトギリソウ科
- ♠50〜130cm　◆多年草　❋7〜9月
- ★5枚の花弁がともえ型に曲がっています。

花

花は苞葉の中心にある
苞葉

◀トウダイグサ　燈台草
キントラノオ目トウダイグサ科
sun spurge
- ♠20〜60cm　◆一年草　❋4〜6月
- ★葉や茎を切ると白い液が出ます。この液にふれるとかぶれることがあります。茎の先に5枚の葉が輪のようにつきます。

果実
種子

◀トウゴマ　唐胡麻
キントラノオ目トウダイグサ科
castor bean
- ♠1〜2m　◆一年草
- ❋8〜10月　♥アフリカ
- ★種子からひまし油をとります。熱帯地方では多年草で5m以上になることもあります。葉は5〜11にさけています。

▲エノキグサ　榎草
キントラノオ目トウダイグサ科
threeseeded copperleaf
- ♠20〜40cm　◆一年草　❋8〜10月
- ★細長い穂になっているお花のつけ根に、め花がつきます。

お花

もようはない

紫のもようがある

▲ニシキソウ　錦草
キントラノオ目トウダイグサ科
- ♠10〜30cm　◆一年草　❋6〜9月　🍎夏〜秋
- ★茎は赤みを帯び、地をはって四方に枝を広げます。

▲ナンキンハゼ　南京黄櫨
キントラノオ目トウダイグサ科
Chinese tallow
- ♠6〜15m　◆落葉高木
- ❋6〜7月　♥中国　🍎10〜11月
- ★葉が秋に真っ赤に紅葉して美しいので、公園樹や街路樹にされます。

果実

▶コニシキソウ　小錦草
キントラノオ目トウダイグサ科
milk purslane
- ♠10〜30cm　◆一年草　❋6〜9月
- ♥北アメリカ　🍎夏〜秋
- ★地面にはりつくように生えています。茎には毛があります。

豆ちしき　アマからとった繊維の色が亜麻色です。

········ 上の花弁が
　　　　 そり返る

▲ **タチツボスミレ**
立壺菫
キントラノオ目スミレ科
♠5〜30cm　◆多年草　❋4〜5月
★葉はハート形です。くしの歯の形の托葉があります。

▶ **アケボノスミレ**　曙菫
キントラノオ目スミレ科
♠10〜15cm　◆多年草
❋5月
★開花時期には葉はまだあまり成長していません。

▲ **ノジスミレ**　野路菫
キントラノオ目スミレ科
♠5〜10cm　◆多年草　❋3〜4月
★スミレよりもやや早く咲きます。花の色はスミレより少しうすめ。日当たりのよい道ばたなどでよく見られます。

▶ **アマ**　亜麻
キントラノオ目アマ科
flax
♠約1m　◆一年草　❋6〜8月
♥中央アジア　🐞秋
★茎からとる繊維はリネンになります。日本では北海道や北陸地方で栽培されています。種子からはアマニ油をとります。亜麻色というのは、アマの花の色ではなく、ベージュに近い繊維の色のこと。

▶ **シダレヤナギ**
枝垂柳
キントラノオ目ヤナギ科
♠8〜17m　◆落葉高木
❋3〜4月　♥中国　🐞5月
★枝は細くて長くたれ下がります。公園などによく植えられています。雌雄異株。

果実 ······

▲ **イイギリ**
飯桐
キントラノオ目ヤナギ科
♠15mまで　◆落葉高木
❋4〜5月　🐞10〜11月
★枝が放射状に出ます。黄緑色の小さな花が多数たれて咲きます。果実は球形で赤く熟し、ふさになってたれ下がります。

◀ **コミカンソウ**
小蜜柑草
キントラノオ目コミカンソウ科
chamber bitter
♠15〜50cm　◆一年草　❋7〜10月　🐞秋
★葉のわきに下向きに花がつきます。果実を小さいミカンにたとえてついた名前です。

果実

ポプラ
キントラノオ目ヤナギ科
lombardy poplar
♠20〜30m　◆落葉高木
❋4〜5月　♥ヨーロッパ〜西アジア
★枝が立ち、樹形がほうきのようになります。街路樹や庭園樹としてよく植えられています。

79

ウリ科・カタバミ科
ニシキギ科・フウロソウ科

♠ 高さ（長さ）　◆ 生活のすがた
✿ 花の咲く時期　♥ 原産地
🍎 実のなる時期　★ 特徴など

↖ あつくて つやがある

◀ マサキ　柾
ニシキギ目ニシキギ科
Japanese spindle tree
- ♠ 1〜5m　◆ 常緑低木
- ✿ 6〜7月　🍎 11〜1月
- ★ 海岸近くで育ちますが、生け垣などに植えられています。果実はオレンジ色の皮をかぶっています。

▶ アメリカフウロ　アメリカ風露
フウロソウ目フウロソウ科
Carolina geranium
- ♠ 10〜40cm　◆ 一年草　✿ 春〜初冬　♥ 北アメリカ　🍎 夏〜秋
- ★ 葉は深く5〜7にさけています。種子の表面には細かい網目の模様があります。

← 細かい毛がある

← 果実
花

▶ ゲンノショウコ　現の証拠
フウロソウ目フウロソウ科
cranesbill
- ♠ 30〜50cm　◆ 多年草
- ✿ 7〜10月　🍎 秋
- ★ 全体に白い毛があります。果実は熟すと5つにさけて、種子をはじき飛ばします。

▲ カタバミ　傍食・酢漿草
カタバミ目カタバミ科
creeping woodsorrel
- ♠ 5〜15cm　◆ 多年草　✿ 5〜9月
- ★ 花は1日でしおれます。果実は熟すと縦にさけて種子が飛び出します。葉にシュウ酸という酸がふくまれています。

茎は地面をはう

見てみよう　カタバミ

種子
皮
果実

発見　カタバミの種子
カタバミの種子は果実の中でとう明な皮に包まれています。この皮は少しの刺激で反り返り、種子をはじき飛ばします。そのとき、皮はななめ下に、種子はななめ上に飛んでいきます。少しでも遠くに飛ばすくふうです。飛ぶ距離は1〜2mです。

▲ イモカタバミ　芋傍食
カタバミ目カタバミ科　wood-sorrel
- ♠ 10〜30cm　◆ 多年草　✿ 4〜10月　♥ 南アメリカ
- ★ 日本へは最初、園芸植物として伝わりました。根の上のほうに、小型のいも（塊茎）をたくさんつけます。この塊茎で増えるため、各地で野生化してしまいました。

◀ ムラサキカタバミ
紫傍食・紫酢漿草
カタバミ目カタバミ科
Dr. Martius's wood-sorrel
- ♠ 10〜20cm　◆ 多年草
- ✿ 6〜7月　♥ 南アメリカ
- ★ 日本へは江戸時代末期に伝わりました。花粉はできないので、種子はできませんが、地中の小さな鱗茎で増えます。

← 花柄

▶ オッタチカタバミ
カタバミ目カタバミ科　European wood-sorrel
- ♠ 20〜50cm　◆ 多年草　✿ 4〜11月　♥ 北アメリカ
- ★ 花が咲くときは花柄が上を向いていますが、咲き終わるとじょじょに下のほうへ下がり、果実が成熟するころにはななめ下になります。

茎は立ち上がる →

豆ちしき　カタバミの葉は夜や日がかげると閉じます。これを就眠運動といいます。

子房はひょうたん型

▲ヒョウタン　瓢箪
ウリ目ウリ科　gourd
- ♠つる性　◆一年草　✽8月
- ♥アフリカ　🍎秋

★果実の大きさや形はいろいろで、大きなものは長さ2mになるものも。果実は種子などを取り出して乾燥し、容器などにします。日本書紀などにも登場する古い作物です。果肉にふくまれる成分は食中毒を引き起こすことがあります。

ヒョウタンの容器

果実

▲ヘチマ
糸瓜　ウリ目ウリ科　loofah
- ♠つる性　◆一年草　✽夏〜秋
- ♥南〜東南アジア原産　🍎秋

★熟した果実から種子をとると網目状の繊維が残り、へちまたわしになります。若い未熟な果実は野菜として食べます。

▲アマチャヅル　甘茶蔓
ウリ目ウリ科
- ♠つる性　◆多年草　✽8〜9月

★茎は細長いつるになっています。乾燥させた葉はかすかなあまみがあり、アマチャヅル茶としても利用されます。

見てみよう　ヘチマ

果実

◀ユウガオ　夕顔
ウリ目ウリ科　bottle gourd
- ♠つる性　◆一年草　✽7〜8月
- ♥アフリカ〜アジア　🍎夏〜秋

★花は夕方咲いて翌朝にはしぼみます。アサガオやヒルガオはヒルガオ科ですが、ユウガオはウリ科で、瓜のような大きな果実ができます。果実はかんぴょうの原料です。

花

▲カラスウリ　烏瓜
ウリ目ウリ科　Japanese snake gourd
- ♠つる性　◆多年草　✽8〜9月　🍎10〜11月

★白いレースのような花は、夕方暗くなってからまもなく開いて、朝しぼみます。雌雄異株で、花にはガがみつをすいにおとずれます。果実は赤く熟します。

果実

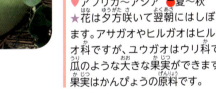

つやがある

▲キカラスウリ　黄烏瓜
ウリ目ウリ科
- ♠つる性　◆多年草　✽7〜9月　🍎9〜11月

★地中に長いいも（塊根）ができます。この塊根からは良質のデンプンがとれ、これから天瓜粉がつくられます。果実はカラスウリよりも大きく、黄色に熟します。葉につやがあり、花弁のひも状の部分はカラスウリよりも少ないです。

果実

発見　カラスウリの開花

細いひも状の部分はつぼみの中で小さくまとまっています。ほころびはじめてから約30分で開花します。

 →

豆ちしき　天瓜粉は天花粉とも書きます。ベビーパウダーのように使われます。

ウリ科・マメ科
ブナ科・ヤマモモ科

バラのなかま

- ♠ 高さ（長さ）　♦ 生活のすがた
- ❀ 花の咲く時期　♥ 原産地
- 🍎 実のなる時期　★ 特徴など

見てみよう
カボチャの受粉

▲アカガシ　赤樫
ブナ目ブナ科
Japanese evergreen oak
- ♠ 15〜20m　♦ 常緑高木　❀ 5〜6月
- 🍎 翌年の秋
- ★ 材が赤いのでついた名前です。葉の縁にはふつう鋸歯はなく、葉の先は長くとがります。果実（どんぐり：168ページ）は翌年の秋に熟します。社寺の境内や公園によく植えられます。

▼ツブラジイ　円椎
ブナ目ブナ科
Japanese chinquapin
- ♠ 20〜25m　♦ 常緑高木　❀ 5〜6月
- 🍎 翌年の秋
- ★ シイのなかまでは、果実（どんぐり）が丸くて小さいのでこの名前がつきました。種子はしぶみがなく生でも食べることができます。（どんぐり：168ページ）

▼カボチャ（ニホンカボチャ）
南瓜　ウリ目ウリ科
pumpkin
- ♠ つる性　♦ 一年草　❀ 6〜7月
- ♥ 中央〜南アメリカ　🍎 7〜9月
- ★ 日本へは16世紀にポルトガル船によって伝わりました。果実を食用にします。果実は貯蔵がきくために12月の冬至の日に食べる風習があります。

め花　お花
お花の穂

ヤマモモ　山桃
ブナ目ヤマモモ科
Chinense strawberry tree
- ♠ 6〜20m　♦ 常緑高木　❀ 3〜4月
- 🍎 6月
- ★ 葉は細長いだ円形で、め花の穂は赤いめしべが目立ちます。球形の果実は暗い赤色に熟し、中に種子が入っています。くだものとして生食したり、ジャムにして利用します。

お花　め花　果実

▶スイカ
西瓜
ウリ目ウリ科
watermelon
- ♠ つる性　♦ 一年草　❀ 夏　♥ アフリカ　🍎 夏
- ★ 日本の夏を代表する果実です。果実の大きさや形・模様、果肉の色などは品種によってかなりちがいます。果実は開花後35〜40日で熟します。

め花　お花

▶キュウリ
胡瓜
ウリ目ウリ科
cucumber
- ♠ つる性　♦ 一年草
- ❀ 夏　♥ インド　🍎 夏
- ★ インドでは3000年以上前から栽培されてきました。未熟な果実を食用に利用します。果実は熟すと黄色くなるので黄瓜といわれました。キュウリは空想上の妖怪の河童の好物とされています。

め花　お花

お花　め花　完熟した果実

▶ニガウリ（ツルレイシ、ゴーヤ）
苦瓜
ウリ目ウリ科
bitter cucumber
- ♠ つる性　♦ 一年草　❀ 8〜9月
- ♥ 南〜東南アジア原産　🍎 秋
- ★ おもに未熟な果実を食用にします。特に沖縄料理には欠かせない野菜です。夏の強い日差しをさえぎるグリーンカーテンとしても栽培されます。

種子

発見 ニガウリの果実
わたしたちが食べているゴーヤは、未熟な果実です。収穫せずに置いておくとだんだん黄色くなってきます。完熟すると果実がさけ、赤い種子が出てきます。この種子はゼリー状のもので包まれています。これはあまく、デザートのように食べることもできます。

🫘豆ちしき　シロツメクサは、昔ガラス製品を輸入したとき、こわれないようにつめられていたことから詰草になったとされます。

マメ科

バラのなかま

▲高さ　◆生活のすがた　✿花の咲く時期
♥原産地　★特徴など　🍎実のなる時期

◀ クズ　葛
マメ目マメ科
Japanese arrow root

▲つる性　◆多年草　✿8〜9月
★じょうぶな茎が長くのびます。地下深くに大きな根ができます。この根からデンプン（葛粉）がとれ、食用にします。全体に毛が生えています。秋の七草のひとつです。

花は下から咲く

褐色の毛…

発見　葛根
地下で大きくなった根からはでんぷんをとって葛粉をつくります。また根を乾燥させたものが葛根で、生薬として利用されています。

◀ フジ（ノダフジ）　藤
マメ目マメ科
Japanese wisteria

▲つる性　◆落葉木本
✿5月　🍎10〜12月
★花の穂は長く、つけ根から咲きだします。果実は熟すと勢いよくさけて、中の種子を飛ばします。

花はつけ根から先へ咲く

果実

▶ エニシダ
金雀枝
マメ目マメ科
yellow broom

▲1〜3m　◆常緑低木
✿5〜6月　♥ヨーロッパ
★枝先をたれ下げて花をつけます。葉は3枚の小葉をつけますが、枝先では1枚になります。

発見　フジとクマバチ
フジの花のみつ腺は花の奥にあり、力の強いクマバチなどでないとみつをとることがむずかしくなっています。クマバチがみつをとろうとすると、おしべから花粉が出るしくみになっています。

◀ 河内藤園（福岡県）の藤棚

▶ **クサフジ** 草藤
マメ目マメ科
♠つる性 ◆多年草 ✼5〜9月
★クサフジのなかまはまきひげでほかのものにまきつき、立ち上がります。花茎も上向きです。

小葉は18〜24枚

▲ **ニセアカシア（ハリエンジュ）**
マメ目マメ科
black locust
♠25mまで ◆落葉高木
✼5〜6月 ♥北アメリカ ●10月
★花はちょうの形でかおりがよく、たれて咲きます。ミツバチがみつをとる木として重要ですが、繁殖力が強く、各地で野生化しています。

▲ **アメリカデイゴ（カイコウズ）**
マメ目マメ科
coral tree
♠5mまで ◆落葉低木
✼7〜10月 ♥南アメリカ
★赤く細長い花が枝先にびっしりつきます。日本ではほとんど果実ができません。

見てみよう
エニシダの受粉

◀ **ナヨクサフジ**
マメ目マメ科
hairy vetch
♠つる性 ◆一年草
✼5〜9月 ♥ヨーロッパ
★在来種のクサフジに似ていますが、花色はこい紫色をしています。家畜の飼料や緑肥とするために持ちこまれました。

◀ **エンジュ** 槐
マメ目マメ科
Japanese pagoda tree
♠20mまで ◆落葉高木 ✼7〜8月 ♥中国
★昔、仏教とともに日本にやってきたとされます。街路樹や庭木としても植えられています。花や果実に薬用成分をふくみます。

小葉は10〜24枚

同じ方向につく

▶ **ミヤコグサ** 都草
マメ目マメ科
♠5〜40cm ◆多年草
✼4〜10月
★葉のつけ根から長い花柄が直立して、先端に花をつけます。

花

▲ **ヤブマメ** 藪豆
マメ目マメ科
wild bean
♠つる性 ◆一年草
✼8〜10月
★根元からつるをのばして閉鎖花（花弁が開かない花）をつけ、これが土にもぐってラッカセイのように地中で果実ができます。この中には1つの種子が入っています。

▶ **ナンテンハギ**
南天萩
マメ目マメ科
two-leaved vetch
♠50〜100cm ◆多年草 ✼6〜10月
★茎は、縦にもり上がる筋（稜）があります。葉の形がナンテンに似ています。

◀ **コマツナギ** 駒繋
マメ目マメ科
♠50〜90cm ◆落葉低木 ✼7〜9月
★茎は緑色で細いのですが、じょうぶです。馬（駒）もつないでおけるほど強いのでコマツナギとなりました。

豆ちしき　ニセアカシアは日本に入ってきたときはアカシアと呼ばれていました。

マメ科

バラのなかま

🔺高さ ◆生活のすがた ✤花の咲く時期
♥原産地 ★特徴など 🍎実のなる時期

◀ヤマハギ(ハギ)
山萩
マメ目マメ科
shrub lespedeza
- 🔺2mまで
- ◆落葉低木
- ✤7〜9月
- ★ハギのなかまで、ふつうに見ることができます。枝は立っていて、たれません。秋の七草の「萩」とされます。

葉のつけ根から花のつく枝が出る

▶メドハギ
目処萩
マメ目マメ科
perennial lespedeza
- 🔺60〜100cm
- ◆多年草
- ✤8〜10月
- ★葉は茎にびっしりつきます。

◀ハナズオウ 花蘇芳
マメ目マメ科
Chinese redbud
- 🔺2〜15m
- ◆落葉高木
- ✤4〜5月
- ♥中国
- ★小さな花を前年に出た枝にびっしりとつけます。日本では2〜4mの低木ですが、原産国の中国では15mほどまで大きくなります。

花は直接幹につく

▶ヤハズソウ
矢筈草
マメ目マメ科
Japanese lespedeza
- 🔺15〜40cm
- ◆一年草
- ✤8〜9月
- ★葉は3つの小葉からなります。葉をそっと引っ張ると、葉脈にそって矢はず(矢の後ろの部分)の形に切れるのでヤハズソウの名前になりました。

葉のつけ根に花が1、2個つく

▶ミヤギノハギ
宮城野萩
マメ目マメ科
- 🔺2〜3m
- ◆落葉低木
- ✤6〜10月
- ★枝が下にたれるように花をつけます。日本原産の園芸植物でトンネル状に仕立てたり、石段のわきなどに植えるとみごとです。

◀ジャケツイバラ 蛇結茨
マメ目マメ科
- 🔺1〜2m
- ◆落葉低木
- ✤5〜6月
- ♥東アジア
- ★枝はつる状にのび、かぎ状のとげがあります。この枝がからまるところをヘビがからみあう様子にたとえたとされます。果実は有毒。

▶マルバハギ 丸葉萩
マメ目マメ科
- 🔺1〜3m
- ◆落葉低木
- ✤8〜10月
- ★その名の通り葉はまるく、先が少しへこんでいることが多いです。花は葉のつけ根に集まってつきます。

▲ギンヨウアカシア(ミモザ)
マメ目マメ科
Cootamundra wattle
- 🔺5〜10m
- ◆常緑高木
- ✤3〜4月
- ♥東アジア
- ★葉は銀色を帯びています。小さな花がたくさんつくので、枝がたれ下がって地面についてしまうこともあります。

豆ちしき ミモザはギンヨウアカシアだけでなく、同じなかまのフサアカシアを指すこともあります。

ダイズ 大豆
マメ目マメ科
soy bean
- ♠30〜100cm ◆一年草
- ❋夏〜秋 ♥中国

★未熟な種子は枝豆として食べたり、完熟した種子は豆腐や味噌、醤油などの原料として重要です。また、食用油の原料としても重要で、そのしぼりかすは肥料にしたり、家畜の飼料に利用されます。つる性の品種では、2mにもなるものがあります。種子が発芽したものはもやしです。

インゲンマメ 隠元豆
マメ目マメ科
French bean
- ♠約3m ◆一年草 ❋5〜9月
- ♥メキシコ〜中央アメリカ

★日本では未熟なさやや完熟の種子を食用にします。3m以上にのびるつる植物ですが、ツルナシインゲンという品種は30cmくらいにしかなりません。

見てみよう　インゲンマメの発芽

ソラマメ 蚕豆、空豆
マメ目マメ科
faba bean
- ♠30〜150cm
- ◆一年草 ❋2〜6月
- ♥地中海沿岸〜中央アジア

★未熟な種子や完熟種子を食用にします。品種によって大きさに大きな差があります。

モダマ 藻玉
マメ目マメ科
- ♠つる性 ❋5〜8月
- ♥日本

★日本では南西諸島で見られます。いくつかの種がありますが、さやの長さは1mをこえるものもあり、世界最大の豆といわれています。種子は海水に浮かぶので海流に乗って漂流します。海藻といっしょに打ち上げられたりするので藻玉。

ラッカセイ（ナンキンマメ）落花生
マメ目マメ科
peanut
- ♠25〜50cm ◆一年草 ❋7〜10月 ♥南アメリカ

★熟した種子を食用にしたり（ピーナッツ）、油をとるなどのために利用します。黄色い花が咲いた後、子房柄が地中に入り、果実になります。春に種子をまいて、秋に収穫します。

花／がく筒

果皮／種子

発見 地中でできるマメ
①ラッカセイはマメですが、土の中で成長します。花が終わるとがく筒がたれ下がります。すると子房から子房柄がのびてきます。
②子房柄はそのまま地面にもぐり、先がふくらんできて果実（ラッカセイ）になります。

①　子房柄

②　果実

マメの果実

マメのなかまの種子はさや（果皮）の中に入っていますが、種子の数や大きさはさまざまです。

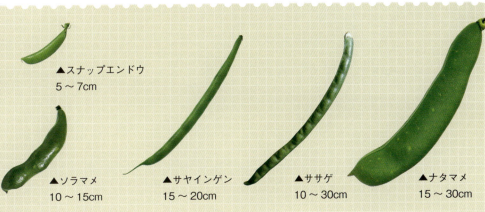

- ▲ダイズ 3〜5cm
- ▲スナップエンドウ 5〜7cm
- ▲ソラマメ 10〜15cm
- ▲サヤインゲン 15〜20cm
- ▲ササゲ 10〜30cm
- ▲ナタマメ 15〜30cm

豆ちしき　ラッカセイは江戸時代に日本に入ってきたころは南京豆と呼ばれました。沖縄ではジーマーミと呼ばれています。

ブドウ科

バラのなかま

♠ 高さ（長さ）　◆ 生活のすがた　❋ 花の咲く時期
♥ 原産地　★ 特徴など　🍎 実のなる時期

▶ **ヤブガラシ** 藪枯
ブドウ目ブドウ科
sorrel vine
◆ つる性多年草
❋ 6〜8月
★ 花には黄緑色をした4枚の花弁がありますが、開花後数時間で散ります。花の中心部にはオレンジ色をした花盤と呼ばれる部分があり目立ちます。

葉は5枚の小葉からなる
花盤

▲ **ブドウ** 葡萄
ブドウ目ブドウ科
grape
◆ 木本性つる植物　❋ 5〜6月　🍎 7〜9月
★ 世界でもっとも広く栽培されている果樹です。ヨーロッパブドウやアメリカブドウのほか、両者のかけあわせなど多くの品種があります。最近では種子がなく皮ごと食べられるものもあります。

発見 ブドウの花
ブドウの花には花弁がありません。つぼみのときはありますが、5本のおしべがのびると落ちてしまいます。

めしべ
おしべ

▶ **ツタ** 蔦
ブドウ目ブドウ科
Japanese ivy
◆ 木本性つる植物
❋ 6〜7月　🍎 秋
★ 吸盤で壁などをはい上ります。果実は秋に黒く熟します。葉は秋に美しく紅葉します。

果実

見てみよう
ツタの吸盤
ブドウの花

発見 吸盤
ツタの吸盤は葉の反対側からのびたつるの先にできます。吸いついているわけではなく、とても細い毛が木の幹やかべのすきまに入ってくっつくとされています。

◀ **ノブドウ** 野葡萄
ブドウ目ブドウ科
◆ 木本性つる植物　❋ 7〜8月
★ 茎は多数枝を出してのびます。果実は紫色や紺色で、多くはブドウタマバエやブドウトガリバガなどの幼虫が寄生しています。

豆ちしき　ツタの名前の由来は木やかべなどをつたってのびるからという説があります。

ユキノシタ科・フウ科・ユズリハ科・ベンケイソウ科

▲高さ ◆生活のすがた ✿花の咲く時期
♥原産地 ★特徴など 🍎実のなる時期

▶ フウ 楓
ユキノシタ目フウ科
Chinese sweet gum
▲20～60m ◆落葉高木
✿4月 ♥中国
★葉はカエデのように深く3～5つにさけ、果実はクリの若いいがのようです。日本では「カエデ」を「楓」と漢字で書きますが、本来はフウのことで、カエデに当てるのはあやまりです。

果実

▲ ユキノシタ 雪の下
ユキノシタ目ユキノシタ科
▲20～50cm ◆多年草 ✿5～6月
★葉や花茎にはあらい毛があります。根元から長く赤いランナーを出し、その先に小さな株をつけて増えます。

花

見てみよう
ユキノシタ

新しい葉
古い葉

◀ ユズリハ 譲葉
ユキノシタ目ユズリハ科
▲5～10m ◆常緑高木 ✿5～6月
★葉は枝の先に集まってつき、葉柄はふつう赤みを帯びます。

発見 ユズリハの葉
ユズリハは春～初夏に枝先に新しい葉が出てきます。新しい葉が十分に成長する夏～秋になると下の古い葉が落ちていきます。

果実

◀ モミジバフウ（アメリカフウ）
紅葉葉楓
ユキノシタ目フウ科
American sweet gum
▲25～45m ◆落葉高木 ✿3～5月
♥北アメリカ～南アメリカ
★葉は5～7つに深くさけます。日本には大正時代に導入され、街路樹として植えられました。

▶ コモチマンネングサ
子持万年草
ユキノシタ目ベンケイソウ科
▲20～60cm ◆一年草 ✿5～6月
★葉のつけ根にむかごができて増えるので、子持ちの名前がつきました。花は咲きますが、種子はできません。

むかご

豆ちしき　ユキノシタの葉はあつく、雪がつもってもその下には緑の葉がかれないでいるからユキノシタという説があります。

キンポウゲ科・ケシ科・メギ科
スズカケノキ科・ツゲ科

▲高さ　◆生活のすがた
❋花の咲く時期　♥原産地
★特徴など　🍎実のなる時期

キンポウゲのなかま

▶ **アズマイチゲ**　東一花
キンポウゲ目キンポウゲ科
▲15〜20cm　◆多年草　❋3〜5月
★茎は枝分かれすることはなく、1本の茎の先端に1つの花をつけます。花弁に見えるのはがくで、花弁はありません。

←がく

▲ **センニンソウ**　仙人草
キンポウゲ目キンポウゲ科
sweet autumn clematis
◆つる性多年草　❋8〜9月
★葉柄でほかのものにからみつきます。花弁のように見えるのはがくです。有毒です。

がく

見てみよう
アズマイチゲの開花

◀ **キツネノボタン**　狐牡丹
キンポウゲ目キンポウゲ科
▲30〜50cm　◆多年草　❋4〜7月
★全体に毛がありません。果実の先がくるっと曲がります。有毒です。

毛がない

◀ **ケキツネノボタン**　毛狐牡丹
キンポウゲ目キンポウゲ科
▲30〜80cm　◆多年草
❋3〜7月
★茎につく葉には短い葉柄があります。果実は金平糖のような星形をしています。有毒です。

果実
キツネノボタン　先が曲がる
ケキツネノボタン　あまり曲がらない
毛がある

花弁につやがある

▶ **ウマノアシガタ**（キンポウゲ）　馬足形
キンポウゲ目キンポウゲ科
buttercup
▲30〜60cm　◆多年草
❋4〜5月
★根元の葉には長い葉柄があり、茎の上部の葉には葉柄がありません。八重咲きのものをキンポウゲといい、観賞用に栽培することがあります。有毒です。

花

◀ **ナンテン**　南天
キンポウゲ目メギ科
sacred bamboo
▲1〜3m　◆常緑低木
❋5〜6月　🍎11〜12月
★葉は枝の先に集まってつきます。小葉の先はとがっています。果実は秋から冬にかけて赤く熟します。生薬としても利用されます。

▶ **ヒイラギナンテン**　柊南天
キンポウゲ目メギ科
Japanese mahonia
▲1.5〜3m　◆常緑低木
❋3〜4月　♥アジア　🍎6〜7月
★葉のつき方はナンテンに似て、ふちにはヒイラギのようにかたくてするどいとげのような鋸歯があります。果実は球形でナンテンのようにつき、黒紫色に熟します。

果実

豆ちしき　ナンテンは、縁起物として正月かざりにも使われます。

ナガミヒナゲシ
長実雛芥子
キンポウゲ目ケシ科
long-headed poppy
- ♠ 10～60cm
- ♦ 一年草
- ✤ 4～5月
- ♥ ヨーロッパ
- ★ 日本には1960年代に入ってきたとされます。果実は細長く、その中に小さな種子がたくさん入っています。

⋯⋯果実

▶ スズカケノキ（プラタナス）鈴懸木
ヤマモガシ目スズカケノキ科
oriental plane
- ♠ 10～35m
- ♦ 落葉高木
- ✤ 4～5月
- 🍎 秋～冬
- ♥ ヨーロッパ～中央アジア
- ★ 小さな果実が集まって丸くなります。このたれさがる様子が、山伏の着物（鈴懸）の飾りに似ているのでついた名前です。

▲ モミジバスズカケノキ
紅葉葉鈴懸木
ヤマモガシ目スズカケノキ科
London plane
- ♠ 約35m
- ♦ 落葉高木
- ✤ 5月
- 🍎 秋～冬
- ★ スズカケノキとアメリカスズカケノキとの雑種です。日本ではプラタナスとして街路樹として植えられることが多いです。

葉

▶ ムラサキケマン 紫華鬘
キンポウゲ目ケシ科
- ♠ 20～50cm
- ♦ 一年草
- ✤ 4～6月
- ★ 葉は不規則に切れこんでいます。花の色には白、ピンク、紫などがあります。果実は緑色のまま熟します。

▶ ジロボウエンゴサク
次郎坊延胡索
キンポウゲ目ケシ科
- ♠ 10～20cm
- ♦ 多年草
- ✤ 4～5月
- ★ 塊茎（地下で茎がいも状になったもの）から数本の花茎が出ます。昔ある地方ではスミレを太郎坊と呼んでいて、それに対して次郎坊になったという説もあります。

◀ タケニグサ
竹似草
キンポウゲ目ケシ科
plume poppy
- ♠ 1～2m
- ♦ 多年草
- ✤ 7～8月
- ★ 茎は中が空どうでタケに似るのでついた名前です。茎を折るとオレンジ色の液が出ます。欧米では園芸植物として栽培されています。

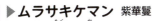
茎の中は空どう
裏は白

◀ クサノオウ 瘡王
キンポウゲ目ケシ科
- ♠ 30～90cm
- ♦ 一年草
- ✤ 5～7月
- ★ 葉や茎を切ると黄色の液が出ます。毒があります。

◀ ツゲ 黄楊
ツゲ目ツゲ科 Japanese box tree
- ♠ 2～4m
- ♦ 常緑低木
- ✤ 3～4月
- ★ 庭木や街路樹などにも利用され、いろいろな形にかりこまれます。葉のつけ根に花が集まってつきます。中央にめ花が1つあり、その周囲に数個のお花があります。材は緻密で、印鑑やくし、将棋の駒など工芸品に利用されます。

花

もっと！知りたい

- ♠高さ　◆生活のすがた　✿花の咲く時期
- ♥原産地　★特徴など　🍎実のなる時期

イネ

「米」をとる植物です。コムギ、トウモロコシとともに三大穀物のひとつとされ、日本では稲作は縄文時代に始まったといわれています。

花
花弁はなく、えいが開くとおしべやめしべが出てきます。花は午前中に咲き、2時間ほどでしぼんでしまいます。穂の上のほうから咲き始め、全部の花が咲き終わるまで1週間ほどかかります。

（おしべ／めしべ／えい）

果実
- もみがら
- ぬか層
- ぬか層のついた米が玄米です。
- 胚乳　この部分を白米として食べます。
- 胚芽　芽や根になります。胚芽米にはこの部分が一部残っています。

▲ **イネ** 稲
イネ目イネ科 rice
- ♠80〜100cm　◆一年草（多年草）
- ✿8〜9月　♥アジア
- ★日本では約300品種のイネが栽培されているといわれています。

見てみよう　イネの受粉

本来は多年草
イネは多年草です。刈った後残った根から芽が出てくることもありますが、日本では成長できません。

◀ **エンバク**
燕麦
イネ目イネ科 oat
- ♠60〜150cm　◆一年草　✿5〜6月
- ♥中央アジア
- ★オートミールの原料です。食物繊維が豊富で、健康食品として注目されています。

◀ **コムギ** 小麦
イネ目イネ科 wheat
- ♠約1m
- ◆一年草
- ✿5〜6月（秋まき）
- ♥西アジア
- ★秋まきと春まきのものがあります。パンやパスタの原料になります。

▶ **アワ** 粟
イネ目イネ科 foxtail millet
- ♠1〜2m
- ◆一年草　✿7〜9月
- ♥東アジア
- ★日本ではイネより先に栽培されていたとされます。五穀のひとつです。

イネ科

♠高さ ◆生活のすがた ✿花の咲く時期 ♥原産地 ★特徴など 🍎実のなる時期

トウモロコシ 玉蜀黍
イネ目イネ科 corn
- ♠1～3m
- ◆一年草 ✿7～8月
- ♥中央～南アメリカ 🍎夏～秋
- ★種子は、食用および飼料として世界的にとても重要な作物です。未熟なものはゆでたり焼いたりして食べます。

▲オガルカヤ 雄刈萱
イネ目イネ科
- ♠60～100cm ◆多年草
- ✿8～11月 ♥アジア
- 🍎秋
- ★花の穂の形がスズメがとまっているようにも見えるので、スズメカルカヤと呼ばれることもあります。

▲シバ 芝
イネ目イネ科 Japanese lawn grass
- ♠10～20cm ◆多年草
- ✿5～6月
- ★地下に根茎を、地上にランナーを出して増えます。かりこみをすると草たけを低くできます。

▲スズメノカタビラ
雀の帷子
イネ目イネ科 annual bluegrass
- ♠10～30cm ◆一年草
- ✿3～11月
- ★葉の先がボート形になります。花は早春のまだ寒い時から咲き始めます。

▲カズノコグサ
イネ目イネ科
- ♠30～100cm ◆一年草
- ✿7～8月
- ★小穂のようすがカズノコに似ていることから名づけられました。

▲シマスズメノヒエ
縞雀稗
イネ目イネ科 dallis grass
- ♠80～100cm ◆多年草
- ✿8～10月 ♥南アメリカ
- ★小穂に毛があります。開花時、おしべのやくやめしべの柱頭が黒っぽい色です。

▲メガルカヤ 雌刈萱
イネ目イネ科
- ♠70～100cm ◆多年草
- ✿9～10月 🍎秋
- ★カルカヤというとふつうこの種を指します。小穂の先に5cmほどの芒という突起があります。種子は水がつくと回転して地面に落ち、土の中にもぐります。

◀セイバンモロコシ
イネ目イネ科
- ♠1～2m ◆多年草
- ✿7～9月 ♥地中海沿岸
- ★葉がススキに似ていて、真ん中の脈は白く目立ちます。

▶トダシバ 戸田芝
イネ目イネ科
- ♠30～120cm ◆多年草
- ✿8～10月
- ★茎は細く断面は円形です。同じトダシバでもかなりちがって見えるものもあります。

見てみよう
メガルカヤの種子

猫草とは

猫草はネコがよく食べる草で、ペットショップなどで売られています。これはエンバクなどの若い葉であることが多いようです。

豆ちしき トウモロコシは、コメ、コムギとともに世界三大穀物のひとつです。

イネ科

イネのなかま

♠高さ ◆生活のすがた ❀花の咲く時期
♥原産地 ★特徴など 🌰実のなる時期

1 エノコログサ
狗尾草
イネ目イネ科
foxtail grass
♠20〜70cm
◆一年草 ❀8〜11月
★花の穂にかたくて長い毛（芒）があります。穂には小穂が多数つき、先端はあまりたれません。

3 アキノエノコログサ
秋狗尾草
イネ目イネ科
giant foxtail
♠40〜100cm
◆一年草 ❀9〜11月
★エノコログサより花の穂が太めで先端がたれます。

5 オヒシバ
雄日芝
イネ目イネ科
goose grass
♠30〜80cm
◆一年草 ❀8〜10月
★茎はメヒシバより太く、ふみつけに強い植物です。

7 カモガヤ（オーチャードグラス） 鴨茅
イネ目イネ科
orchard grass
♠30〜120cm ◆多年草
❀5〜8月 ♥ヨーロッパ
★小穂が枝の一方にかたよってつきます。日本へは牧草として伝わりましたが、繁殖力が強く、各地で野生化しています。イネ科植物による花粉症の原因植物のひとつです。

2 キンエノコロ
金狗尾
イネ目イネ科
yellow bristle grass
♠20〜50cm ◆一年草
❀8〜10月
★花の穂に黄金色のかたい毛（芒）があります。

4 メヒシバ 雌日芝
イネ目イネ科
crab grass
♠10〜50cm ◆一年草
❀7〜11月
★オヒシバより茎が細く、葉がやわらかです。

6 チカラシバ 力芝
イネ目イネ科
dwarf fountain grass
♠30〜80cm
◆多年草 ❀8〜11月
★穂は長く、褐色のかたい毛が目立ちます。

8 イヌムギ 犬麦
イネ目イネ科
rescue brome
♠40〜100cm ◆多年草
❀6〜7月 ♥南アメリカ
★短い芒があります。多くは花を開かなくても果実ができます。牧草として伝わったものが野生化したと思われます。

豆ちしき　エノコログサの名は、穂が犬のしっぽに似ているためにイヌコロクサと呼ばれるようになったからという説があります。

9 カラスムギ 烏麦
イネ目イネ科
wild oats
- ♠ 60～100cm
- ◆ 一年草 ❋ 6～7月
- ♥ 西アジア～ヨーロッパ
- ★ 芒はよじれていて、4cmくらいもあります。日本へは古い時代に帰化したようです。

10 カモジグサ 髢草
イネ目イネ科
- ♠ 40～100cm
- ◆ 多年草 ❋ 5～7月
- ★ 穂は弓のように曲がります。芒はふつう紫がかっています。

13 イヌビエ 犬稗
イネ目イネ科
barnyard grass
- ♠ 50～120cm
- ◆ 一年草 ❋ 8～10月
- ★ 花の穂は小さい穂（小穂）の集まりになっています。

15 スズメノヒエ 雀稗
イネ目イネ科
Japanese paspalum
- ♠ 40～90cm
- ◆ 多年草 ❋ 8～10月
- ★ 葉や節に長い毛がつきます。小穂には毛がありません。

おしべ

めしべ

11 スズメノテッポウ
雀の鉄砲
イネ目イネ科
orange fox-tail
- ♠ 20～40cm
- ◆ 一年草 ❋ 4～6月
- ★ 短い葉は白みがかった緑色をしています。

12 チガヤ 千茅
イネ目イネ科
blady grass
- ♠ 30～80cm
- ◆ 多年草
- ❋ 4～6月
- ★ 地下茎を広げ、群落をつくります。開花前の若い穂をかむと、かすかなあまみがあります。

14 カゼクサ 風草
イネ目イネ科
eragrostis ferruginea
- ♠ 30～80cm
- ◆ 多年草 ❋ 8～10月
- ★ 葉鞘（葉が鞘のようになったところ）のふちに白い毛があります。根が地中深くまで張っているので、抜くことがむずかしい雑草です。

16 ススキ 薄
イネ目イネ科
Japanese plume grass
- ♠ 1～2m
- ◆ 多年草 ❋ 8～10月
- ★ 根元につく葉と、茎につく葉があります。秋の七草のひとつ。小穂には芒があります。

豆ちしき　スズメの名がつく植物はいろいろありますが、小さいという意味で使われていることが多いようです。少し大きいとカラスというようです。

ショウガ科、カヤツリグサ科、ヤシ科 ツユクサ科など

🔺高さ　◆生活のすがた
❀花の咲く時期　❤原産地
★特徴など　🍎実のなる時期

花

▶ショウガ
生姜
ショウガ目ショウガ科
ginger
- 🔺60～90cm　◆多年草
- ❀9月　❤南～東南アジア
- ★地下茎は独特のかおりと辛味があり、香辛料や薬味、食用、薬用などに利用されます。日本では、花はあまり咲きません。

◀ミョウガ　茗荷
ショウガ目ショウガ科
mioga ginger
- 🔺40～100cm
- ◆多年草　❀8～10月
- ★食用として未開花の若いつぼみを生で薬味に利用したり、漬物にしたりします。各地で栽培されますが、野生状態になったものもあります。収穫せずにいると、うすい黄色の花が次々に咲きます。1つの花は1日でしぼみます。

▶バナナ
ショウガ目バショウ科
banana
- 🔺2～5m　◆多年草
- ❤東南アジア
- ★日本でも大量に輸入されるくだものです。輸入されるのは緑色の未熟な果実で、日本で成熟させ黄色く色づいたものが売られます。

…果実
め花　苞

花

◀パイナップル
イネ目パイナップル科
pineapple
- 🔺30～50cm　◆多年草
- ❤南アメリカ
- ★小さい花が集まって咲き、花軸が太って果実になります。葉のふちにはするどいとげがあります。

エライオソーム

スズメノヤリなどの種子につくアリの好きな物質をエライオソームといいます。これに引きよせられたアリは種子を巣に運びます。エライオソームを食べたアリは残った種子を巣の外に捨てます。こうして種子は遠くに運ばれることになります。エライオソームをもつ植物はほかにスミレやカタクリなどがあります。

▲アオイスミレの種子を運ぶアリ（白い部分がエライオソーム）

◀スズメノヤリ
雀槍
イネ目イグサ科
- 🔺10～30cm
- ◆多年草　❀4～5月
- ★葉のふちに白くて長い毛があります。花は球形に集まっています。種子にはアリが好む物質があり、これでアリをおびきよせ種子を遠くへ運んでもらいます。

◀ハマスゲ　浜菅
イネ目カヤツリグサ科
purple nutsedge
- 🔺20～40cm
- ◆多年草　❀7～10月
- ★長くかたいランナーをのばします。根茎のふくらんだ部分は薬用にされます。

苞

▶カヤツリグサ
蚊帳吊草
イネ目カヤツリグサ科
- 🔺20～60cm
- ◆一年草　❀8～10月
- ★茎の切り口が三角形で、根元で枝分かれします。茎の先に3～4枚の葉のような長い苞がつきます。

豆ちしき　バナナは高さも数mになるため木のように見えますが、多年草です。

◀ **ツユクサ** 露草
ツユクサ目ツユクサ科
dayflower
♠20〜50cm
◆一年草 ❋7〜9月
★花弁の2枚は大きく、1枚は小さいです。下のほうの茎は地面に横たわり、節から根を出します。花は朝咲いて午後にはしぼみます。

▶ **ノハカタカラクサ（トキワツユクサ）**
野博多唐草
ツユクサ目ツユクサ科
spiderwort
♠約30〜60cm ◆多年草
❋5〜8月 ♥南アメリカ
★茎は地面をはい、地面に接した節から根を出します。

▼ **トウジュロ** 唐棕櫚
ヤシ目ヤシ科
♠4〜6m
◆常緑高木
❋初夏 ♥中国
★いくつにもさけた葉の先は折れ曲がりません。西日本で寺院や庭園に植えられています。

見てみよう ツユクサの受粉

発見 受粉
ツユクサは花の咲いている時間が短いので、虫などが来なくても受粉できるしくみがあります。花がしぼむとき、花粉のできるおしべとめしべがまきあがってくっつき、受粉します。

めしべ / おしべ

◀ **ナガイモ**
長芋
ヤマノイモ目ヤマノイモ科
Chinese yam
♠つる性 ◆多年草
❋8〜9月 ♥中国
★茎や葉柄が紫色をしています。いも（食用）はこんぼう形のほか、ひらたいグローブ形、球形のものなどがあります。

ざらざらしている

◀ **ヤブミョウガ**
藪茗荷
ツユクサ目ツユクサ科
♠50〜100cm ◆多年草 ❋8〜9月
★ショウガ科のミョウガに葉が似ているのでついた名前です。果実は熟すと白から藍色になります。

▼ **カナリーヤシ（フェニックス）**
ヤシ目ヤシ科 Canary date palm
♠10〜20m ◆常緑高木 ❋4〜6月 ♥スペイン領カナリヤ諸島
★日本ではフェニックスと呼ばれることが多く、暖かいところでは街路樹として植えられています。

▲ **シュロ（ワジュロ）**
棕櫚
ヤシ目ヤシ科 windmill
♠3〜8m ◆常緑高木 ❋5〜6月
★葉柄は長く、いくつにもさけた葉の先は折れ曲がってたれています。果実は熟すと黒っぽくなります。

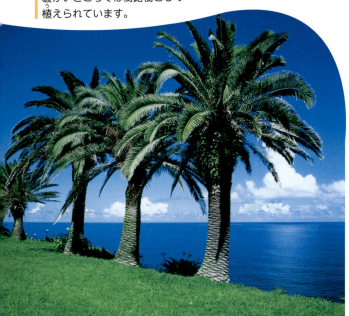

97

ラン科・アヤメ科・キジカクシ科 ヒガンバナ科

▲高さ　◆生活のすがた
❋花の咲く時期　♥原産地
★特徴など　●実のなる時期

◀ トキソウ
朱鷺草
キジカクシ目ラン科
▲10～30cm　◆多年草
❋5～7月
★花の色がトキの羽根の色（朱鷺色）に似ています。1本の茎に1枚の葉とひとつの花をつけます。最近数が減っています。

▶ ツルボ　蔓穂
キジカクシ目キジカクシ科
▲20～40cm
◆多年草　❋8～9月
★花茎はまっすぐ立ち、多数の花が集まってつきます。

▶ ネジバナ　捩花
キジカクシ目ラン科
▲10～40cm　◆多年草
❋4～10月
★花の穂がらせん状にねじれてつきます。花は下から咲き、右回りのもの、左回りのもののほか、途中で向きが変わったり、ねじれないものもあります。

◀ ハナショウブ
花菖蒲
キジカクシ目アヤメ科
Japanese iris
▲60～120cm　◆多年草
❋5～6月
★ノハナショウブを日本で改良してつくられました。花色は、青、紫、うす紫、白などです。

1日でしおれる

いずれがアヤメ カキツバタ

アヤメやカキツバタ（117ページ）は同じアヤメ科の花でよく似ています。見分け方は、下の花弁の元のほうにある模様です。

▶アヤメ
あみ目の模様

▲カキツバタ
白い模様

▲ハナショウブ
黄色い模様

◀ アヤメ　菖蒲
キジカクシ目アヤメ科
Siberian iris
▲30～60cm
◆多年草　❋5～7月
★葉には細い脈があります。草原に生えます。

▲ ニワゼキショウ
庭石菖
キジカクシ目アヤメ科
blue-eyed grass
▲10～20cm　◆多年草
❋5～6月　♥北アメリカ
★花の色は紫、ピンクなどがあります。

豆ちしき　「いずれがアヤメかカキツバタ」は、どちらもすぐれていて区別がつきにくいという意味の慣用句です。

◀ ジャノヒゲ　蛇鬚
キジカクシ目キジカクシ科
dwarf lily-turf
♠ 7〜12cm　◆ 多年草　✿ 7〜8月
★ 花茎はやや平らです。秋になると球形でコバルト色の種子が熟します。細い葉を、おじいさんの能面（尉）のひげにたとえたとされます。

▶ ヤブラン　藪蘭
キジカクシ目キジカクシ科
big blue lily-turf
♠ 30〜50cm　◆ 多年草　✿ 8〜10月
★ 葉は線形で先がたれます。根の一部がふくらみます。花の後、黒い球体ができますが、これは果実ではなく種子そのものです。

▶ トウギボウシ（オオバギボウシ）　唐擬宝珠
plantain lily
キジカクシ目キジカクシ科
♠ 50〜100cm　◆ 多年草　✿ 6〜8月
★ 葉は根元に集まってつきます。春先の新芽は、ウルイとも呼ばれ、山菜として利用されます。

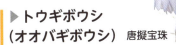

…… 花は1〜2個ぶら下がる

◀ アマドコロ　甘野老
キジカクシ目キジカクシ科
Solomon's seal
♠ 30〜80cm　◆ 多年草　✿ 4〜5月
★ 茎は縦にもり上がった筋があって、角ばっています。根茎が太く、トコロ（ヤマノイモ）に似ています。

◀ シロバナマンジュシャゲ
白花曼殊沙華
white spider lily
キジカクシ目ヒガンバナ科
♠ 40〜70cm　◆ 多年草　✿ 9月
★ 赤い花が咲くヒガンバナと黄色い花が咲くショウキズイセンがかけあわさったものといわれています。花が咲いても種子はできません。

▼ ヒガンバナ（マンジュシャゲ）
彼岸花
red spider lily
キジカクシ目ヒガンバナ科
♠ 30〜50cm　◆ 多年草　✿ 9月
★ 葉は花が終わってからのび、冬の間しげっています。別名にハミズハナミズ（葉見ず花見ず）があります。花が咲くときには葉がないので花は葉を見ることができず、葉が出るときには花はかれていて葉は花を見ることができないことを表したものです。

発見　ヒガンバナの1年

夏が過ぎて温度が下がりだすと花茎が出ます。その後の成長は早く、1日に20cmのびることもあります。

9月のお彼岸のころに花が咲きます。花が終わるとまれに種子ができますが、成長できません。

花茎がかれるころ葉が出てきます。光合成をして養分を鱗茎にたくわえ、春にかれてしまいます。

豆ちしき　ヒガンバナの鱗茎には毒があります。

ヒガンバナ科・サトイモ科

♠高さ ◆生活のすがた ✿花の咲く時期 ♥原産地 ★特徴など ●実のなる時期

葉　花茎
葉の中は空どう

◀ タマネギ　玉葱
キジカクシ目ヒガンバナ科　onion
- ♠ 50〜110cm　◆ 多年草
- ✿ 5〜6月　♥ 中央アジア
- ★ 鱗茎を食用とするために栽培されます。葉はネギと同じく中が空どうですがやや平たく、表面には蝋物質がありやや白っぽいです。

見てみよう
タマネギ

花

▶ ニンニク　葫
キジカクシ目ヒガンバナ科　garlic
- ♠ 70〜80cm　◆ 多年草
- ✿ 6〜7月　♥ 中央アジア
- ★ 鱗茎を食用とするために栽培されます。独特のにおいがあり、薬味や調味料として役立ちます。夏に花茎をのばしてむかごをまじえた花を咲かせますが、種子はできません。むかごや鱗茎で増えます。

▲ ネギ　葱
キジカクシ目ヒガンバナ科　welsh onion
- ♠ 約70cm　◆ 多年草
- ✿ 5〜6月　♥ 中国
- ★ 食用に栽培されます。白い部分（葉鞘）を食用にする根深ネギや、緑色の葉を食用とする葉ネギなどがあります。晩春から初夏にかけて花茎をのばし白い花を球状につけます。この花の集まりを「ねぎ坊主」といいます。

花
総苞

発見　ネギの花
ネギの花はうすいまくに包まれていますが、これは総苞です。総苞が破れると上のほうから小さな花が咲いていきます。

▲ ニラ　韭
キジカクシ目ヒガンバナ科　Chinese chive
- ♠ 30〜50cm　◆ 多年草
- ✿ 8〜9月　♥ 中国
- ★ 葉や花茎を食用とするために栽培されます。全体に特有のにおいがあります。野生で見られるものは、栽培していたものが野生化したのではないかと考えられています。

花

▶ ノビル　野蒜
キジカクシ目ヒガンバナ科　Chinese garlic
- ♠ 40〜60cm　◆ 多年草　✿ 5〜6月
- ★ 葉は細く、ニラのようなにおいがします。花は初夏に咲きますが、茶色いむかごがまざっていたり、穂のすべてがむかごの場合も多くあります。地下には鱗茎があります。

花　むかご

鱗茎
鱗茎は地下茎のひとつの形です。あつくなった葉が重なり合ってできています。

▲タマネギ
▲ラッキョウ　▲ニンニク

豆ちしき　ネギやニンニクは奈良時代に日本に伝わったとされます。ニンニクは薬として用いられていました。

◀ コンニャク 蒟蒻
オモダカ目サトイモ科
elephant foot
- ♠ 50〜200cm ◆ 多年草
- ❀ 初夏 ♥ 東南アジア
- ★ 食品のこんにゃくの原料を、球茎からつくるために畑で栽培されます。山の斜面で作られることもあります。

▶ スイセン（ニホンズイセン）水仙
キジカクシ目ヒガンバナ科
narcissus
- ♠ 30〜50cm ◆ 多年草
- ❀ 12〜（翌年）4月 ♥ 中国
- ★ かおりのよい花を咲かせます。本州の関東以西に野生化しています。全草、特に鱗茎に毒があります。

果実

◀ カラスビシャク
烏柄杓
オモダカ目サトイモ科
- ♠ 20〜40cm ◆ 多年草
- ❀ 5〜8月
- ★ 葉柄の途中にむかごがつきます。葉は3枚の小葉に分かれます。繁殖力が強いので、いったん畑に入ってしまうと、取りのぞくのがむずかしくなります。有毒です。

◀ キツネノカミソリ
狐剃刀
キジカクシ目ヒガンバナ科
- ♠ 30〜50cm ◆ 多年草
- ❀ 8〜9月
- ★ 葉は早春にのび始めて、花が咲く前の夏にかれます。その後花茎だけがのびて花を咲かせます。有毒です。

◀ サトイモ 里芋
オモダカ目サトイモ科 cocoyam
- ♠ 1〜1.5m ◆ 多年草 ♥ 南〜東南アジア
- ★ いも（塊茎）を食用にするために栽培されます。長い葉柄もずいきと呼ばれ食用にします。日本では、めったに花が咲きません。

発見 サトイモの葉
サトイモやハスの葉が水てきをはじく様子はよく見ることができます。これは葉の表面の構造によるものです。サトイモやハスの葉の表面にはとても細かい突起がたくさんあります。このため、水にふれる面積が小さくなり、ぬれないのです。

花

サトイモの葉の上の水てき

▲ ラッキョウ 辣韭
キジカクシ目ヒガンバナ科 baker's garlic
- ♠ 40〜50cm ◆ 多年草 ❀ 9〜10月 ♥ 中国
- ★ 鱗茎を食用とするために栽培されます。葉は秋に出て、翌年の6月ごろ地下に鱗茎を残してかれます。花は秋に咲きますが種子はできません。鱗茎を酢に漬けてらっきょうとして食べます。

豆ちしき　スイセンの葉をニラとまちがえて食べ、食中毒を起こす事故がよくあります。

モクレン科・ロウバイ科・コショウ科 ドクダミ科など

◆高さ ◆生活のすがた
※花の咲く時期 ♥原産地
★特徴など 🍎実のなる時期

◀ ドクダミ 蕺
コショウ目ドクダミ科　rainbow plant
- ♠30〜50cm ◆多年草 ※6〜7月
- ★半日かげに生え、独特のにおいがあります。白く花弁のように見えるのは総苞で、つぼみのときは花を包んでいます。葉や茎は生薬や漢方薬として利用されます。十薬とも呼ばれるのは10のききめがあるからといわれます。

▲ ゲッケイジュ（ローレル） 月桂樹
クスノキ目クスノキ科　laurel
- ♠12mまで ◆常緑高木
- ※4〜5月 ♥地中海沿岸
- ★葉によいかおりがあり、スパイスとして煮こみ料理などに使います。日本へは明治時代に入ってきました。

発見 ドクダミの花
総苞の上に穂のようにあるのが花（花穂）です。小さな花の集まりで、花弁はありません。ひとつの花には3本のおしべと先が3つに分かれためしべがあります。

ひとつの花 / おしべ / めしべ / 花穂

◀ ウマノスズクサ 馬の鈴草
コショウ目ウマノスズクサ科
- ♠つる性 ◆多年草 ※7〜9月
- ★根などを生薬として利用していました。果実が馬につける鈴に似ていたことからこの名がつきました。

▼ コショウ 胡椒
コショウ目コショウ科　pepper
- ♠つる性 ◆多年草 ♥インド
- ★果実は香辛料のこしょうとして利用されます。日本ではこしょうの生産用には栽培されていません。

▶ ロウバイ 蠟梅
クスノキ目ロウバイ科　winter sweet
- ♠2〜4m ◆落葉低木
- ※1〜2月 ♥中国
- ★漢字で梅の字がつきますが、ウメのなかまではありません。かおりのよい蠟細工のような花をつけることからついた名といわれています。

花弁の中は暗紫色

◀ ソシンロウバイ 素心蠟梅
クスノキ目ロウバイ科
- ♠2〜4m ◆落葉低木 ※1〜2月 ♥中国
- ★ロウバイを改良してつくられました。花弁の中まで黄色いのが特徴です。

果実

豆ちしき　黒胡椒は未熟な果実から、白胡椒は完熟した果実から作ります。

ライブ LIVE 情報

冬の植物

気温の低い冬は植物にとってもきびしい季節です。
草と木それぞれの冬の過ごし方のくふうを見てみましょう。

セイヨウタンポポ

オオマツヨイグサ

オニノゲシ

ロゼット

タンポポやオオマツヨイグサ、オニノゲシなどの葉は放射状に地面にはりつくように出ています。このような葉のつき方を「ロゼット」といいます。ロゼットは寒い風をよけ、地面の熱を受けやすい形です。葉はできるだけ重ならないように広がっているので、日光も効率よく当たります。

種子

アサガオやエノコログサなど、種子で冬を越す植物も多くあります。

▶アサガオの果実と種子

地下茎

ススキやユリのなかまなどは、地上の茎や葉がかれても地下茎が残って冬を越します。

◀冬を越して発芽するヤマユリの鱗茎

そのまま

ツワブキやヤブランなどは、冬も葉をしげらせて花や果実をつけます。

▶冬でも花を咲かせるツワブキ

芽生え

オオイヌノフグリやホトケノザなどは、秋に芽生えて冬を越します。春先にはすぐに花を咲かせます。

◀冬のオオイヌノフグリ

落葉樹

葉には光合成をして養分をつくるはたらきがあります。冬になり、太陽の光が弱く、当たる時間も短くなると、つくれる養分は少なくなります。そうすると、葉がつくる養分よりも葉をつけているために必要な養分が多くなってしまいます。そこで葉を落とすことで木全体が栄養不足にならないようにしているのです。

冬になり落葉した木

常緑樹

冬に葉がつくれる養分が、葉をつけているために必要な養分よりも多い木が常緑樹となります。常緑樹の葉は、光合成の効率がよく、少ない養分でつけていられるような、あつく小さな葉が多いようです。

雪の中でも葉をしげらせて花を咲かせるカンツバキ

いろいろな冬芽

冬芽には「鱗片」というコートのような役目をするものが何枚もついていて、中にある花や葉の芽を守っています。鱗片の数は種類によってそれぞれちがいます。また、毛や粘液をつけた鱗片もあります。なかには、アジサイのように、鱗片のない「裸芽」とよばれる冬芽もあります。

サクラ 鱗片がたくさんあります。

リンゴ 毛でおおわれています。

ホオノキ 鱗片が1枚です。

トチノキ 鱗片が粘液でべたべたしています。

アジサイ 鱗片がありません。

アジサイの冬芽の断面。葉のもとがつまっています。

何に見える？

葉の落ちたあとを「葉こん」といいます。葉こんの形やもようは種類によっていろいろですが、動物や人の顔に見えるものもあります。あなたには何に見えますか？

オニグルミ

ホオノキ

カラスザンショウ

ニセアカシア　ガマズミ

マツ科・イチョウ科 ヒノキ科

マツのなかま

♠高さ　◆生活のすがた
✿花の咲く時期　♥原産地
★特徴など　🍎実のなる時期

▶ダイオウショウ　大王松
マツ目マツ科　longleaf pine
- ♠20〜35m　◆常緑高木　✿4月
- ♥北アメリカ　🍎翌年4月
- ★葉は3本がたばになっています。1本の葉の長さは成長した木で20〜30cm、若い木では40〜60cmもあり、マツのなかまではもっとも長いです。

若い松ぼっくり

▲ヒマラヤスギ
マツ目マツ科　Himalayan cedar
- ♠20〜50m　◆常緑高木
- ✿10〜11月　♥中央アジア
- 🍎翌年10〜11月
- ★幹は真っすぐにのび、枝は水平に広がります。世界中の公園などに植えられています。名前にスギとありますが、スギのなかまではなく、マツのなかまです。

お花

見てみよう　イチョウの受粉

◀コノテガシワ
児手柏
ヒノキ目ヒノキ科　Chinese arborvitae
- ♠5〜10m　◆常緑高木
- ✿3月　♥中国　🍎10〜11月
- ★葉のついた枝が平たくててのひらのように見えるので、児手柏という名前になりました。

▲イチョウ　銀杏・公孫樹
イチョウ目イチョウ科　ginkgo
- ♠20〜45m　◆落葉高木　✿4〜5月　♥中国　🍎10月
- ★熟した種子の種皮は黄色でいやなにおいを出し、ふれるとかぶれます。種子はぎんなんとして食用にしますが、一度に大量に食べると中毒を起こすことがあります。

め花

発見　イチョウの花
イチョウは雌雄異株で、花に花弁はありません。ひとつのめ花には2〜4の胚珠があり、そのうちひとつが成長して種子（ぎんなん）になります。

ぎんなん

▶ラクウショウ
落羽松
ヒノキ目ヒノキ科　bald cypress
- ♠20〜50m
- ◆落葉高木　✿4〜5月
- ♥北アメリカ
- ★湿地では、膝根と呼ばれる気根を地面から出して育ちます。

▼カイヅカイブキ　貝塚伊吹
ヒノキ目ヒノキ科
- ♠5〜10m　◆常緑高木　✿4月
- ★イブキ（ヒノキ科）の園芸品種です。枝の先がとがるように葉がつきますが、庭木や生け垣としていろいろな形に刈りこまれることもあります。

気根

若い球果
中に数十個の種子が入っている

▶メタセコイア
ヒノキ目ヒノキ科　dawn redwood
- ♠20〜30m　◆落葉高木　✿2〜3月　♥中国
- ★生きた化石と呼ばれています。1945年に中国で発見されました。メタセコイアのなかまの化石は日本でも見つかっています。

豆ちしき　イチョウは受粉すると果実の中で精子ができ、卵細胞と受精します。

カビ・変形菌

★特徴など

カビのなかま

カビは植物ではなく菌類というなかまです。からだは菌糸でできていて、胞子をつくって増えます。病気の原因になることもありますが、食品や薬をつくる際に利用されることもあります。

カビの生えたもち

見てみよう コウジカビの胞子

コウジカビの胞子

カビの生活

カビの胞子は菌糸体でつくられます。胞子は風などによって運ばれ、成長するのに適した場所で発芽し、菌糸を広げます。広がった菌糸は成長し、また胞子をつくります。

▲コウジカビ
ユーロチウム目マユハキタケ科
★増殖するときにタンパク質やでんぷんを分解し、栄養源をつくりだします。

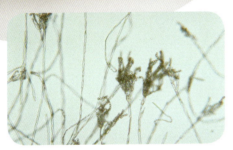
▲アオカビ
ユーロチウム目マユハキタケ科
★食品などに生えます。ほかの細菌が育たなくする物質をうみだすことから、ペニシリンという抗生物質をつくるのに利用されます。

▲ミズカビ
ミズカビ目ミズカビ科
★水中の生物の死がいなどに生えます。

カビの利用

カビなどの微生物はいろいろなものを分解する際に、人の役に立つ食べ物や薬などの成分を生み出すことがあります。コウジカビはタンパク質やでんぷんを分解する性質を、味噌やしょうゆ、日本酒づくりに利用されています。また、アオカビはブルーチーズや薬などに利用されています。

変形菌のなかま

変形菌はキノコやカビと同じく胞子で増えます。胞子は発芽して変形体となり、アメーバのように動き回ってバクテリアなどを捕食します。その後動かない子実体という状態になると、胞子をつくります。

◀ツノホコリ
ツノホコリ目ツノホコリ科
★くさった木の上などに見られます。もっともよく見られる変形菌のひとつです。

▶ウツボホコリ
ケホコリ目ウツボホコリ科
★赤のほかに、ピンク色や褐色などの色をしている場合もあります。

◀ススホコリ
モジホコリ目モジホコリ科
★くさった木などに見られます。世界に広く分布しています。

▶ムラサキホコリ
ムラサキホコリ目ムラサキホコリ科
★くさった木などの上に見られます。

◀ススホコリの変形体

変形菌のなかまの変形体

LIVE情報

夜、メマツヨイグサにやってきたセスジスズメ

夜の植物

動物の中には、夜眠るものと夜活動するものがいます。同じように植物の中にも、昼と夜で様子がかわるものがたくさんあります。夜に花を咲かせる植物があれば、夜になると休む植物もあります。

夜に咲く花

ゲッカビジンなどは日が落ちて暗くなってから花を咲かせます。ガなどの夜活動する昆虫がやってきて、昼に咲いている花と同じように花粉を運んでもらいます。

マツヨイグサのなかま

カラスウリやオオマツヨイグサの花も夜咲きます。夜咲く花には、暗いところでも目立つ、白や黄色をしているものが多くあります。暗い中でも目立つことで、ガなどの目印になります。

ゲッカビジンの花は、夜になると咲き、翌朝にはしぼんでしまいます。

カラスウリ

夜に休む植物

カタバミの花や葉は昼は開いていますが、暗くなると閉じてしまいます。このような運動のことを「就眠運動」といいます。就眠運動をする植物はカタバミ以外にもオジギソウやコウゾリナ、ネムノキなど、たくさんあります。

夜になり花と葉を閉じるカタバミ。

オジギソウの昼と夜。夜には葉を閉じています。

花だんや室内、温室の植物

野菜やくだものなども掲載しています。

ルピナス

花言葉について

花言葉は植物に象徴的な意味を持たせるために作られた言葉です。花言葉には決まりがなく、いろいろなところで言い伝えられたり、新しく作られたりしています。ですから同じ花でも多くの言葉があります。ここでは代表的なものをいくつか紹介しています。

花だんや室内、温室の植物

🔺高さ　◆生活のすがた　✲花の咲く時期　♥原産地　★特徴など　●花言葉

　花だんや温室、生花店などでよく見られる植物です。これらの植物はおもに園芸植物で、世界各地に原産するものを栽培しやすく改良したものです。花などの見ごろの季節ごとにまとめてありますが、気候や地形によって変化するものなので、見つからないときは前後の季節も調べてみてください。

　ここでは、季節を 春〜夏 夏〜秋 秋〜冬 に、そのほか、サボテン・多肉植物 室内・温室 観葉植物 野菜など くだものなど に分けて紹介しています。

| 春〜夏 | 夏〜秋 | 秋〜冬 | サボテン・多肉植物 |
| 室内・温室 | 観葉植物 | 野菜など | くだものなど |

春〜夏

キンセンカ 金盞花
キク目キク科　pot marigold
🔺15〜50cm　◆一年草　✲12〜5月　♥ヨーロッパ　★花の色はオレンジや黄色などです。　●「悲しみ」「不安」など

ヒナギク 雛菊
キク目キク科　daisy
🔺10〜20cm　◆一年草　✲3〜5月　♥ヨーロッパ　★赤、白、ピンクなどの花の色があります。　●「平和」など

ノースポール
キク目キク科　snow daisy
🔺10〜20cm　◆一年草　✲4〜6月　♥アフリカ　★秋に種をまいて次の年の春から初夏にかけて咲き続けます。　●「誠実」「高潔」など

ヤグルマギク 矢車菊
キク目キク科　cornflower
🔺40〜90cm　◆一年草　✲4〜5月　♥ヨーロッパ　★花の色はいろいろあります。一重の花が矢車に似ていることからヤグルマギクと名付けられました（写真は八重咲き）。　●「無邪気」「幸福」など

ブルーデージー
キク目キク科　blue daisy
🔺20〜60cm　◆多年草　✲5〜6月、9〜10月　♥アフリカ　★青い花は多くないので人気があります。　●「純粋」「幸福」など

マーガレット
キク目キク科　marguerite
🔺50〜80cm　◆多年草　✲3〜5月　♥カナリア諸島　★成長すると茎の根元が木化することから、木春菊と名付けられました。　●「秘められた愛」「誠実」など

シャスターデージー
キク目キク科　Shasta daisy
🔺50〜100cm　◆多年草　✲4〜6月　★白い花の色を、雪におおわれたアメリカのシャスタ山にたとえて名付けられました。　●「たえ忍ぶ」など

ミヤコワスレ 都忘れ
キク目キク科
🔺15〜60cm　◆多年草　✲4〜6月　★日本の山地に生育するミヤマヨメナの園芸品種です。　●「従順」「かくれた美しさ」など

エーデルワイス
（セイヨウウスユキソウ）
キク目キク科　edelweiss
🔺20〜30cm　◆多年草　✲7〜8月　♥ヨーロッパ〜アジア　★花弁に見えるのは苞葉です。全体に白い毛がびっしり生えるので薄雪草の名がつきました。　●「大切な思い出」「勇気」など

豆ちしき　エーデルワイスのなかまは石灰岩の山地に育ちます。日本のハヤチネウスユキソウが育っている岩手県の早池峰山も石灰岩の山です。

ガーベラ
キク目キク科　African daisy

♠20～50cm　◆多年草　❀3～5月、9～11月　♥アフリカ　★春から初夏にかけて咲き、秋にまた咲きます。●「神秘」「希望」など

ホワイトレースフラワー
セリ目セリ科　bishop's weed

♠60～130cm　◆一年草　❀5～7月　♥地中海沿岸　★白い小さな花がレースのように丸く広がって咲きます。●「かれんな心」など

チェリーセージ
シソ目シソ科　cherry sage

♠40～100cm　◆常緑低木　❀5～10月　♥北アメリカ　★花や葉にさくらんぼのようなあまいかおりがあり、ハーブとしても使われます。●「燃える思い」など

ゲンペイカズラ　源平葛
シソ目シソ科　glorybower

♠つる性　◆常緑低木　❀4～9月　♥アフリカ　★白と赤のコントラストが美しい花ですが、白いのはがくで赤いのが花弁です。●「親友」など

カンパニュラ
キク目キキョウ科　Canterbury bells

♠60～120cm　◆多年草　❀4～6月　♥ヨーロッパ　★花の色は青、ピンク、藤色などいろいろあります。●「感謝」「誠実」など

オオデマリ　大手鞠
マツムシソウ目レンプクソウ科　Japanese snow ball

♠1～3m　◆落葉低木　❀4～5月　★ヤブデマリの園芸種で、種子はできません。●「約束」「はなやかな恋」など

ラベンダー　シソ目シソ科
lavender

♠30～100cm　◆常緑低木　❀5～6月　♥カナリア諸島～インド　★香料として栽培され園芸品種も多くあります。●「清潔」「期待」など

ライラック（リラ）
シソ目モクセイ科　lilac

♠2～7m　◆落葉高木　❀4～5月　♥ヨーロッパ　★かおりのよい花です。●「思い出」「友情」など

ロベリア
キク目キキョウ科　edging lobelia

♠15～30cm　◆一年草　❀5～7月　♥アフリカ　★花がチョウのような形なのでルリチョウチョウとも呼ばれます。花の色はるり色（青紫）のほかに白、赤紫などがあります。●「けんそん」など

ツキヌキニンドウ　突抜忍冬
マツムシソウ目スイカズラ科

♠つる性　◆常緑低木　❀5～10月　♥北アメリカ　★つる性で、茎が葉の中心を突きぬけているように見えます。●「愛のきずな」など

アジュガ　シソ目シソ科

♠10～30cm　◆多年草　❀4～6月　♥ヨーロッパ　★地面をはうようにのびる枝を出して広がります。●「心安まる家庭」など

ハゴロモジャスミン
羽衣ジャスミン　シソ目モクセイ科

♠つる性　◆常緑低木　❀3～5月　♥中国　★春にピンクがかった白い花をたくさん咲かせます。花は、よいかおりがします。●「ゆうわく」「優雅」など

豆ちしき　ラベンダーやジャスミンは園芸のほかに香料をとるためにも栽培されますが、香料用としていちばん多く栽培されるのはバラです。

春〜夏

キンギョソウ 金魚草
シソ目オオバコ科　snapdragon
♠20〜90cm　◆一年草　❁4〜6月　♥地中海沿岸　★名前は花の形が金魚に似ているから。花の色は白、黄色、ピンク、赤などいろいろあります。●「おしゃべり」など

ネモフィラ
ムラサキ科　baby blue eyes
♠15〜30cm　◆一年草　❁4〜6月　♥北アメリカ　★地面をはうように茎をのばして広がります。●「かれん」「すがすがしい心」など

トルコギキョウ トルコ桔梗
リンドウ目リンドウ科　prairie gentian
♠50〜100cm　◆多年草　❁4〜7月　♥北アメリカ　★花の色は、はじめはあわい紫だけでしたが、白、ピンク、こい紫などいろいろ作られています。●「優美」「希望」など

プリムラ・ジュリアン
ツツジ目サクラソウ科　julian primrose
♠10〜15cm　◆多年草　❁2〜4月　★プリムラ・ポリアンサより小型です。●「永遠の愛」など

ジギタリス（キツネノテブクロ）
シソ目オオバコ科　foxglove
♠1〜1.5m　◆多年草　❁5〜7月　♥ヨーロッパ〜アジア　★花の色は白、ピンク、赤などがあります。●「熱愛」など

ワスレナグサ 勿忘草
ムラサキ科　forget-me-not
♠20〜50cm　◆多年草　❁5〜6月　♥ヨーロッパ〜アジア　★恋人に贈るために、この花をつもうとした兵士が足をすべらせ、「わたしを忘れないで」とさけびながら川に沈んでしまったという伝説があります。●「真実の愛」など

サクラソウ 桜草
ツツジ目サクラソウ科　primrose
♠10〜40cm　◆多年草　❁4〜5月　★野生のものは絶滅危惧種です。園芸品種は色や形が多くあります。●「青春」「少年時代の希望」など

プリムラ・ポリアンサ
ツツジ目サクラソウ科　polyanthus primrose
♠10〜20cm　◆多年草　❁2〜4月　♥ヨーロッパ　★花の色はいろいろです。●「無言の愛」など

リナリア（ヒメキンギョソウ）
シソ目オオバコ科　clovenlip toadflax
♠30〜60cm　◆一年草　❁3〜7月　♥アフリカ〜ヨーロッパ　★リナリアの語源はリネンで、リネンをつくるアマに似ています。●「幻想」「この恋に気づいて」など

ツルニチニチソウ 蔓日日草
リンドウ目キョウチクトウ科　greater periwinkle
♠つる性　◆多年草　❁4〜5月　♥ヨーロッパ　★茎ははじめはまっすぐ立っていますがのびるにつれて横に広がります。根元の茎は木のようにかたくなります。●「楽しい思い出」など

プリムラ・オブコニカ
ツツジ目サクラソウ科　German primrose
♠20〜30cm　◆多年草　❁12〜5月　♥中国　★かぶれる成分を持つものも。●「初恋」「青春」など

アザレア
ツツジ目ツツジ科　azalea
♠20〜100cm　◆常緑低木　❁11〜5月　♥東アジア　★ベルギーで改良されたツツジです。●「愛の楽しみ」「節制」など

豆ちしき　ツルニチニチソウのなかまのニチニチソウにも毒がありますが、その有毒成分の中から抗がん剤がつくられました。

シバザクラ 芝桜
ツツジ目ハナシノブ科　moss phlox
♠10〜15cm　◆多年草　❀4〜5月　♥北アメリカ　★しばふのように広がります。●「合意」「一致」など

スターチス
ナデシコ目イソマツ科　statice
♠45〜70cm　◆一年草　❀4〜7月　♥地中海沿岸　★花びらのように見えるのはがくで、さまざまな色があります。花が終わったあともがくは色あせずに残るので、ドライフラワーとしてよく使われます。●「変わらぬ心」など

カーネーション
ナデシコ目ナデシコ科　carnation
♠30〜50cm　◆多年草　❀7〜8月　♥ヨーロッパ　★花の色は、白、黄色、ピンク、赤など。本来の開花は夏ですが、温室栽培によってほとんど1年中見られます。●「純粋な愛」「感動」など

マツバギク 松葉菊
ナデシコ目ハマミズナ科　fig marigold
♠10〜20cm　◆多年草　❀5〜6月　♥アフリカ　★あまり高くならず、地をはうように広がります。関東以南では露地植えで冬を越せます。●「忍耐」など

セイヨウシャクナゲ
ツツジ目ツツジ科
♠30〜150cm　◆常緑低木　❀4〜6月　★アジアのシャクナゲがヨーロッパで改良されたものです。●「威厳」「荘厳」など

セキチク 石竹
ナデシコ目ナデシコ科　Chinese pink
♠15〜40cm　◆多年草　❀5〜10月　♥中国　★日本には平安時代に入って来ました。花の色は赤、白、ピンクなどがあります。

カスミソウ 霞草
ナデシコ目ナデシコ科　baby's breath
♠30〜70cm　◆一年草　❀4〜6月　♥中央アジア　★1本の茎に100個以上の小さな花を咲かせるので、まさに霞のようです。ドライフラワーとしても利用されます。●「清い心」「無邪気」など

ゴウダソウ（ルナリア）
合田草
アブラナ目アブラナ科　honesty
♠40〜100cm　◆一年草　❀5〜6月　♥ヨーロッパ　★うちわのような実の形がおもしろいので、ドライフラワーに利用されます。●「はかない美しさ」など

アルメリア
ナデシコ目イソマツ科　sea pink
♠10〜25cm　◆多年草　❀4〜5月　♥北アメリカ　★もともと海岸に生えていたので、塩分には強い花です。●「思いやり」など

スイセンノウ 酔仙翁
ナデシコ目ナデシコ科　rose campion
♠60〜100cm　◆多年草　❀6〜8月　♥ヨーロッパ　★白い毛が生えてビロードのような茎や葉と濃いピンクの花が目立ちます。

ブーゲンビレア
ナデシコ目オシロイバナ科　paper flower
♠つる性　◆常緑低木　❀気温が高ければ一年中　♥南アメリカ　★花びらのように見えるのは花全体を包む苞葉です。●「薄情」「情熱」など

ストック
アブラナ目アブラナ科　stock
♠20〜60cm　◆一年草　❀3〜6月　♥地中海沿岸　★よいかおりがします。八重咲きの花も。●「不変の愛」「逆境に堅実」など

豆ちしき　ブーゲンビレアは1767年にフランスの探検隊が発見しましたが、隊長のブーガンヴィルの名をとって名づけられました。

春〜夏

花だんや室内、温室の植物

ブラシノキ
フトモモ目フトモモ科　bottlebrush
- 1〜3m
- 常緑低木
- 5〜6月
- オーストラリア
- 花の穂がびんを洗うブラシにそっくりです。ブラシの毛のように見えるのは、おしべとめしべです。
- 「はかない恋」など

ゴデチア
フトモモ目アカバナ科　farewell to spring
- 15〜90cm
- 一年草
- 5〜7月
- 北アメリカ
- 花の色は赤、ピンク、紫などがあり、草丈が低いものや高いもの、大輪のものなど多くの品種があります。
- 「変わらぬ熱愛」など

パンジー（サンシキスミレ）　三色菫
キントラノオ目スミレ科　pansy
- 15〜30cm
- 一年草
- 10〜5月
- ヨーロッパ
- 色や形など多くの品種があります。
- 「物思い」「私のことを忘れないで」など

コデマリ　小手鞠
バラ目バラ科　reeves spirea
- 1〜2m
- 落葉低木
- 4〜5月
- 中国
- 花は集まって咲き、小さなまりのようです。
- 「努力する」「友情」など

スモークツリー
ムクロジ目ウルシ科　smoke tree
- 2〜5m
- 落葉低木
- 6〜7月
- ヨーロッパ〜中国
- 花が終わると花の柄が長くのびて雲のように見えるので、霞の木とか煙の木などと呼ばれます。
- 「煙にまく」など

ヒルザキツキミソウ
昼咲き月見草
フトモモ目アカバナ科　pinkladies
- 30〜45cm
- 多年草
- 5〜7月
- 北アメリカ
- ピンクの花が長く咲き続けます。ツキミソウのなかまですが明るいうちから花を開きます。
- 「自由な心」など

ビオラ
キントラノオ目スミレ科　viola
- 10〜20cm
- 一年草
- 10〜5月
- ヨーロッパ
- 花の小さなパンジーがビオラ。
- 「誠実」など

ハナカイドウ　花海棠
バラ目バラ科　hall crabapple
- 1.5〜5m
- 落葉低木
- 4〜5月
- 中国
- リンゴと同じなかまで、小さな果実がなることもあります。
- 「温和」「美人のねむり」など

フクシア
フトモモ目アカバナ科　fuchsia
- 30〜150cm
- 落葉低木
- 4〜7、10〜11月
- 中央アメリカ〜南アメリカ
- すずしく湿った場所を好みますが、日本の暑さにたえる品種もできています。
- 「恋の予感」など

球根ベゴニア
ウリ目シュウカイドウ科　tuberous begonia
- 30〜50cm
- 多年草
- 5〜7月
- 南アメリカ
- 豪華で美しい花が咲きますが、暑さに弱いので育てるのは大変です。

モッコウバラ　木香薔薇
バラ目バラ科　banksia rose
- 1.5〜3m
- 常緑低木
- 4〜5月
- 中国
- 一重咲きと八重咲きがあります。多くのバラの原種でもあります。
- 「純潔」「初恋」など

ハナモモ　花桃
バラ目バラ科　hana peach
- 5〜8m
- 落葉高木
- 3〜4月
- 中国
- 花を観賞するために改良されたモモで、いろいろな品種があります。ひな祭りに飾られます。
- 「気立てのよさ」など

豆ちしき　ヒルザキツキミソウのなかまのツキミソウは夕方から白い花を咲かせ、夜の間にピンク色が濃くなり明け方しぼんでしまいます。

ユキヤナギ 雪柳
バラ目バラ科　Thunberg's meadowsweet
♠1〜2m ◆落葉低木 ✼3〜5月
♥東アジア ★最近は色のついた品種も出ています。 ●「愛きょう」など

ルピナス
マメ目マメ科　lupine
♠50〜150cm ◆一年草、多年草 ✼5〜7月 ♥北〜南アメリカ、地中海沿岸 ★花の色は黄色、赤、紫、青などいろいろあります。花の穂のすがたが同じマメ科のフジに似て、下から咲いていくので「昇り藤」とも呼ばれます。 ●「想像力」「貪欲」など

ヒマラヤユキノシタ
ヒマラヤ雪の下
ユキノシタ目ユキノシタ科　bergenia
♠30〜50cm ◆多年草 ✼3〜4月 ♥中央アジア ★冬も葉が枯れないので、花だんのふちどりにも使われます。 ●「深い愛情」など

ケマンソウ 華鬘草
キンポウゲ目ケシ科　bleeding heart
♠30〜60cm ◆多年草 ✼4〜6月 ♥中国 ★ぶら下がった花の形が、お寺の本尊のまわりを飾る華鬘に似ていることから名前がつきました。 ●「従順」など

シジミバナ 蜆花
バラ目バラ科　bridalwreath
♠1〜2m ◆落葉低木 ✼4〜5月 ♥中国 ★八重咲きで花の中央がくぼんでいるので、エクボバナとも呼ばれます。 ●「ひかえめだがかわいらしい」など

ボタン 牡丹
ユキノシタ目ボタン科　tree peony
♠50〜180cm ◆落葉低木 ✼4〜5月 ♥中国 ★成長すると茎が木化します。よく似たシャクヤクは草本です。 ●「高貴」「壮麗」など

ハナビシソウ 花菱草
（カリフォルニアポピー）
キンポウゲ目ケシ科　California poppy
♠30〜50cm ◆一年草 ✼5〜6月 ♥北アメリカ ★花の色は黄色のほかに白、赤、ピンクなどがあり、八重咲きもあります。夜は花が閉じ、朝になるとまた開きます。 ●「希望」「富」など

アイスランドポピー
キンポウゲ目ケシ科　Iceland poppy
♠30〜60cm ◆一年草 ✼3〜5月 ♥シベリア ★園芸品種では花の直径が10cm以上になります。夏の暑さには弱く、暖かいところでは花が終わるとかれてしまいます。 ●「なぐさめ」「忍耐」など

スイートピー
マメ目マメ科　sweet pea
♠つる性 ◆一年草 ✼5〜6月 ♥地中海沿岸 ★つるは3mくらいまで伸びるものがありますが、鉢植え用に、30cmくらいにしかならない品種もあります。 ●「門出」「永遠の喜び」など

シャクヤク 芍薬
ユキノシタ目ボタン科　peony
♠60〜100cm ◆多年草 ✼5月 ♥東アジア ★ボタンと同じように豪華で大きな花が特徴です。根は漢方の生薬として利用されます。 ●「はじらい」「威厳」など

オニゲシ
（オリエンタルポピー）
鬼罌粟　キンポウゲ目ケシ科
oriental poppy
♠50〜70cm ◆多年草 ✼5〜6月 ♥西アジア ★花の直径は10cm以上になります。夏には葉がかれて地下の根だけが残ります。 ●「夢想家」「妄想」など

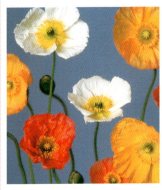

ポピー（ヒナゲシ）雛罌粟
キンポウゲ目ケシ科　corn poppy
♠40〜70cm ◆一年草 ✼5〜6月 ♥ヨーロッパ ★古代中国の虞美人が敵に攻められて自害した時に流した血からこの花が生まれたという伝説があります。 ●「思いやり」「恋の予感」など

豆ちしき ある種のケシの実からは阿片という麻薬がとれるので栽培が禁止されていますが、このページのケシ科の花は麻薬成分がありません。

春〜夏

花だんや室内、温室の植物

セイヨウオダマキ 西洋苧環
キンポウゲ目キンポウゲ科　columbine
♠60〜90cm　◆多年草　✿5〜6月　♥ヨーロッパ〜アジア　★花の色は白、紫、藤色、黄色などさまざまで、八重咲きの品種もあります。苧環は麻から紡いだ糸を巻く道具。●「必ず手に入れる」など

オダマキ 苧環
キンポウゲ目キンポウゲ科
♠20〜50cm　◆多年草　✿5〜6月　★オダマキは日本の山野に生えるミヤマオダマキの栽培品種です。●「必ず手に入れる」「おろか」など

クレマチス
キンポウゲ目キンポウゲ科　clematis
♠つる性　◆木本　✿4〜6、9〜11月　♥北半球の温帯　★原種は250種以上もあり、これらをかけ合わせて多くの園芸種が作られています。日本に自生するハンショウヅル、カザグルマ、センニンソウなどもクレマチスの原種です。●「美しい心」「旅人のよろこび」など

デルフィニウム
キンポウゲ目キンポウゲ科　larkspur
♠20〜60cm　◆一年草　✿4〜6月　♥アジア北部　★花の根元が長くのびているのをイルカ（ドルフィン）の尾に見立ててデルフィニウムの名がつきましたが、花弁に見えるのはがくです。●「高貴」「清明」など

クリスマスローズ
キンポウゲ目キンポウゲ科　Christmas rose
♠20〜40cm　◆多年草　✿12〜4月　♥西アジア〜ヨーロッパ　★もともとはクリスマスの時期から咲く品種のことでしたが、今は春に咲くものも指すようになりました。花弁に見えるのはがくです。多くの品種があります。●「追憶」「なぐさめ」など

フリージア
キジカクシ目アヤメ科　freesia
♠30〜40cm　◆多年草　✿3〜4月　♥南アフリカ　★日本に初めて移入されたのがあわい黄色の花だったので浅黄水仙の名がつきました。●「期待」「あどけなさ」など

クロタネソウ 黒種草
キンポウゲ目キンポウゲ科　devil in a bush
♠40〜100cm　◆一年草　✿5〜7月　♥地中海沿岸　★種子が黒いことから名がつきました。花びらに見えるのはがくです。鉢植えや切り花、ドライフラワーに利用されます。●「とまどい」「夢で会えたら」など

ラナンキュラス 花金鳳花
キンポウゲ目キンポウゲ科　Persian buttercup
♠30〜60cm　◆多年草　✿4〜5月　♥西アジア〜ヨーロッパ東南部　★花の色は赤、紫、ピンク、黄色などさまざまです。●「魅力的」「名誉」など

アネモネ
キンポウゲ目キンポウゲ科　windflower
♠25〜30cm　◆多年草　✿4〜5月　♥地中海沿岸　★花弁に見えるのはがくです。種子には毛があり風にふかれて飛んでいきます。●「信じて従う」など

クロッカス
キジカクシ目アヤメ科　crocus
♠10〜20cm　◆多年草　✿2〜3月、10〜11月　♥地中海沿岸　★花の色は黄色、紫、青、白などさまざまです。●「青春のよろこび」など

豆ちしき　アネモネの名前はギリシャ語で「風」という意味のアネモスからつけられました。風で飛ぶ種子から連想したのかもしれません。

ヒアシンス 風信子
キジカクシ目キジカクシ科　hyacinth
♠20〜30cm　◆多年草　✿3〜4月　♥地中海沿岸　★ギリシャ神話に出てくる美少年ヒアキントスから名前がつきました。●「スポーツ」「ゲーム」など

ラグラス(ウサギノオ)
イネ目イネ科　lagurus ovatus
♠30〜60cm　◆一年草　✿4〜5月　♥地中海沿岸　★大きくならないようにしたバニーテイルという品種もあります。●「感謝」など

イチハツ 一初
キジカクシ目アヤメ科　roof iris
♠30〜60cm　◆多年草　✿5月　♥中国　★昔は嵐を防ぐと信じられて家の屋根に植えられたので英名も「屋根のアヤメ」です。●「付き合い上手」「ほのお」など

スノーフレーク（スズランズイセン）
キジカクシ目ヒガンバナ科　summer snowflake
♠20〜40cm　◆多年草　✿2〜4月　♥ヨーロッパ　★つりがね形の花びらの先に緑色の斑点があります。●「純粋」「純潔」など

アッツザクラ アッツ桜
キジカクシ目コキンバイザサ科　rose grass
♠5〜15cm　◆多年草　✿4〜6月　♥アフリカ　★サクラの花弁は5枚ですが、これは6枚あります。●「かれん」など

カキツバタ 杜若
キジカクシ目アヤメ科　water iris
♠40〜80cm　◆多年草　✿5〜6月　♥東アジア　★3枚の外側の花弁の根元に白いすじがあるのがカキツバタ。アヤメは網目模様です。●「幸運」「雄弁」など

アマリリス
キジカクシ目ヒガンバナ科　amaryllis
♠30〜50cm　◆多年草　✿5〜6月　♥南アメリカ　★花の色は白、赤、オレンジなどがあり、八重咲きもあります。●「誇り」「内気」など

ハナニラ 花韮
キジカクシ目ヒガンバナ科　spring starflower
♠15〜20cm　◆多年草　✿4〜5月　♥南アメリカ　★葉の形やにおいがニラに似ていることから、ハナニラの名がつきました。●「耐える愛」など

コバンソウ 小判草
イネ目イネ科　great quaking grass
♠10〜60cm　◆一年草　✿5〜7月　♥ヨーロッパ　★小判形の穂はドライフラワーに使われます。●「心をゆさぶる」など

ジャーマンアイリス（ドイツアヤメ）
キジカクシ目アヤメ科　bearded iris
♠70〜100cm　◆多年草　✿5月　♥ヨーロッパ　★野生のアヤメに比べて内側の3枚の花弁は大きくなり、外側の3枚の花弁にはひげのようなものがあります。●「情熱」など

スノードロップ（マツユキソウ）
キジカクシ目ヒガンバナ科　snow drop
♠15〜20cm　◆多年草　✿2〜3月　♥ヨーロッパ　★花が少し大きいオオマツユキソウという品種もあります。●「希望」「なぐさめ」など

ラッパズイセン 喇叭水仙
キジカクシ目ヒガンバナ科　trumpet daffodil
♠30〜50cm　◆多年草　✿3〜4月　♥地中海沿岸　★1本の茎に1個の花をつけ、真ん中の花弁（ラッパ）が長いのが特徴です。●「尊敬」など

豆ちしき　毒のある植物は、ほとんどがケシ科、キンポウゲ科、ヒガンバナ科、キョウチクトウ科、ナス科にあります。

春〜夏

花だんや室内、温室の植物

シラー
キジカクシ目キジカクシ科　squill
- ♠15〜30cm　◆多年草　✻4〜6月　♥地中海沿岸〜中央アジア　★ツルボのなかまです。多くの品種があります。　●「さびしさ」など

ムスカリ
キジカクシ目キジカクシ科　grape hyacinth
- ♠15〜20cm　◆多年草　✻3〜5月　♥西アジア〜地中海沿岸　★ムスカリはギリシャ語でジャコウという香料を意味しますが、香りのない品種もあります。　●「明るい未来」など

アツバキミガヨラン（ユッカ）
厚葉君が代蘭
キジカクシ目キジカクシ科　Spanish dagger
- ♠1〜2m　◆常緑低木　✻5〜6月、10月　♥北アメリカ　★花がたくさんつきますが、日本では花粉を運ぶユッカガという蛾がいないため、種子ができません。　●「勇壮」など

シラン　紫蘭
キジカクシ目ラン科　urn orchid
- ♠50〜60cm　◆多年草　✻4〜5月　♥東アジア　★里山の草原などに生えますが、野生のものは準絶滅危惧種。園芸用が広く出回っています。　●「変わらぬ愛」など

チューリップ
ユリ目ユリ科　tulip
- ♠10〜70cm　◆多年草　✻3〜5月　♥北アフリカ〜西アジア　★花の色、花弁の形など数多くの種類があります。オランダやトルコでは国花に指定されています。　●「博愛」「思いやり」など

見てみよう　チューリップの開花

バイモ（アミガサユリ）
貝母　ユリ目ユリ科　zhe bei mu
- ♠50〜60cm　◆多年草　✻3〜5月　♥中国　★下向きに咲く花びらの内側に紫色の網目模様があるので、編笠百合とも呼ばれます。　●「けんきょ」「努力」など

ドイツスズラン　ドイツ鈴蘭
キジカクシ目キジカクシ科　lily of the valley
- ♠20〜30cm　◆多年草　✻5〜6月　♥ヨーロッパ　★スズランより花が大きくかおりが強い花です。園芸店で見られるのはほとんどドイツスズランです。　●「純愛」「希望」など

アリウム・ギガンテウム（ハナネギ）
ユリ目ユリ科　flowering onion
- ♠80〜120cm　◆多年草　✻6〜7月　♥中央アジア　★花を観賞するタマネギやニンニクのなかまです。ギガンテウムは巨大なという意味で、その名の通り小さな花がソフトボールほどの球形に集まって咲きます。　●「円満」など

サンダーソニア
ユリ目イヌサフラン科　Christmas bell
- ♠50〜80cm　◆多年草　✻6〜8月　♥アフリカ　★長さ2cmほどのかわいらしい花がつり下がって咲きます。英名は、南半球のクリスマスのころに咲くから。　●「祝福」「祈り」など

アルストロメリア（ユリズイセン）
ユリ目ユリズイセン科　lily of the Incas
- ♠50〜80cm　◆多年草　✻5〜6月　♥南アメリカ　★花の色は白、黄色、ピンクなどがあります。花弁の斑点はないものもあります。　●「未来への憧れ」など

カラー
オモダカ目サトイモ科　calla
- ♠60〜100cm　◆多年草　✻6〜7月　♥南アフリカ　★花の色は白、黄色、ピンクなどがありますが、花弁のように見えるのは花の穂を包む仏炎苞です。　●「清浄」など

豆ちしき　野菜のネギは花が咲く前に収穫したものですが、そのまま放っておくとたくさんの白い花がハナネギのように丸く咲きます。

夏〜秋

アスター
キク目キク科　China aster

♠20〜80cm　◆一年草　❀7〜8月　♥東アジア　★花の色は白、ピンク、赤、赤紫など、花の形は一重咲き、八重咲き、ポンポン咲きがあります。　●「追憶」など

アゲラータム
キク目キク科　floss flower

♠20〜60cm　◆一年草　❀7〜10月　♥中央アメリカ　★花の色は青紫、紫、ピンク、白など。アザミのような花をつけます。　●「信頼」など

ガザニア
キク目キク科　treasure flower

♠20〜40cm　◆多年草　❀5〜10月　♥アフリカ　★花の色は白、黄色、オレンジ、赤などです。花は日光が当たると開き、夜や曇りの日は閉じます。　●「あなたを誇りに思う」「潔白」など

マリーゴールド
キク目キク科　marigold

♠30〜100cm　◆一年草　❀4〜10月　♥メキシコ　★花は1週間くらいで咲き終わりますが、新しい花が次々に咲いて春から秋まで楽しめます。　●「信頼」「友情」など

ヒャクニチソウ　百日草
キク目キク科　common zinnia

♠30〜100cm　◆一年草　❀7〜10月　♥メキシコ　★花が咲いている期間が長く、ひとつの花も長持ちするので、百日草と名付けられました。　●「きずな」など

ベニバナ　紅花
キク目キク科　safflower

♠80〜100cm　◆一年草　❀6〜7月　♥エジプト　★花は赤い色素を少しふくむので、紅色の染料を作ります。種子からは食用の油をとります。　●「情熱」など

ルドベキア
キク目キク科　coneflower

♠30〜130cm　◆多年草または一年草　❀7〜10月　♥真夏でも咲き、害虫にも強いじょうぶな花です。　●「正義」「公平」など

ダリア
キク目キク科　dahlia

♠30〜150cm　◆多年草　❀7〜10月　♥メキシコ　★15種ほどの野生種をかけ合わせて、2万種以上もの栽培品種が作られています。花の色は青を除いてほとんどの色があり、花の形も一重咲き、オーキッド咲き、カクタス咲き、フリル咲き、ポンポン咲きなどいろいろあります。　●「華麗」「移り気」など

アベリア
マツムシソウ目スイカズラ科　glossy abelia

♠1〜3m　◆常緑低木　❀6〜10月　★よく生け垣に植えられます。花のかおりが強く、夏の間長く咲き続けるので、ハチやチョウが多く集まります。　●「強運」「気品」など

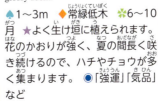

コエビソウ　小海老草
シソ目キツネノマゴ科　shrimp plant

♠30〜200cm　◆常緑低木　❀春〜秋　♥メキシコ　★エビのしっぽのように赤い葉が重なり合い、そのすき間から筒型の白い花が咲きます。花はあたたかい場所なら一年中咲きます。　●「おてんば」など

アカンサス
シソ目キツネノマゴ科　bear's breech

♠90〜180cm　◆多年草　❀6〜9月　♥地中海沿岸　★ひとつひとつの花の上にがくがあり、下にはとげが生えた苞葉があります。ギリシャ語でとげを表す言葉からアカンサスと名付けられました。　●「芸術」「技巧」など

トレニア
シソ目アゼナ科　wishbone flower

♠15〜30cm　◆一年草　❀8〜10月　♥東南アジア　★スミレに似た花を咲かせるので、ナツスミレと呼ぶこともあります。めしべの先が二つに分かれていますが、さわると閉じてしまいます。　●「ひらめき」「温和」など

豆ちしき　ベニバナの花には水溶性の黄色の色素と油溶性の赤の色素があるので、水にさらして黄色を取り除いてから赤の色素を取り出します。

夏～秋

花だんや室内、温室の植物

バーベナ
シソ目クマツヅラ科　garden verbena

♠20〜150cm　◆一年草、多年草　✿5〜11月　♥南アメリカ　★花の色は赤、ピンク、藤色、紫などいろいろ。地面をはうように広がる低い種類と、1m以上になる種類があります。　●「一致団結」「勤勉」など

ハナトラノオ　花虎の尾
シソ目シソ科　dragonhead

♠60〜120cm　◆多年草　✿7〜9月　♥北アメリカ　★長い花の穂から4方向に花が咲くので、上から見ると四角形です。寒さに強い花です。　●「達成」など

サルビア
シソ目シソ科　scarlet sage

♠30〜80cm　◆一年草　✿7〜10月　♥ブラジル　★寒さに弱いので日本では一年草としてあつかわれています。花は赤以外にピンク、紫、白などもあります。　●「燃える思い」「尊敬」など

ペチュニア
ナス目ナス科　garden petunia

♠20〜50cm　◆一年草　✿4〜10月　♥南アメリカ　★花の色は白、赤、黄色、紫などさまざまです。　●「心のやすらぎ」など

ランタナ
シソ目クマツヅラ科　common lantana

♠30〜100cm　◆常緑低木　✿5〜10月　♥中央〜南アメリカ　★花の色がしだいに変化するので、アジサイと同じように七変化と呼ばれます。　●「厳格」「協力」など

ブルーサルビア
シソ目シソ科　blue salvia

♠30〜60cm　◆一年草　✿5〜10月　♥北アメリカ　★日本では冬の寒さに耐えられないので一年草のあつかいです。　●「知恵」など

エンジェルストランペット
ナス目ナス科　angel's trumpet

♠1〜3m　◆低木　✿6〜10月　♥中央〜南アメリカ　★大きなラッパ型の花が上からぶら下がるようすから天使のトランペット（エンジェルストランペット）と名付けられました。　●「いつわりの魅力」など

ホオズキ　鬼灯
ナス目ナス科　Chinese lantern

♠60〜90cm　◆多年草　✿6〜7月　♥東アジア　★花は地味で目立ちませんが、花が終わるとがくが大きく成長し果実を包んでしまいます。これが赤く色づいてほおずきになります。　●「心の平安」など

コリウス
シソ目シソ科　coleus

♠20〜100cm　◆一年草、多年草　✿6〜10月　♥東南アジア　★緑、赤、ピンク、紫などさまざまな色の美しい葉を観賞する植物です。種子から育てる大きくならない品種と、挿し木苗を育てる大きくなる品種があります。

モナルダ
シソ目シソ科　bee balm

♠30〜90cm　◆多年草　✿6〜9月　♥北アメリカ　★真っ赤な花びらが高く盛り上がるように咲きます。モナルダにはほかにヤグルマハッカと呼ばれる、やや平たい花が咲く品種もあります。　●「安らぎ」など

ゴシキトウガラシ　五色唐辛子
ナス目ナス科　ornamental pepper

♠30〜40cm　◆一年草　✿7〜8月　♥南アメリカ　★花よりも夏から秋にかけてできる果実を観賞します。果実は緑から赤、黄色、紫などの色に変わります。寒さに弱いので、日本では一年草のあつかいです。

ニオイバンマツリ
匂い蕃茉莉　ナス目ナス科　yesterday-today-and-tomorrow

♠1〜3m　◆常緑低木　✿5〜7月　♥南アメリカ　★花の咲き始めは紫色ですが、日がたつにつれて藤色に変わり、最後は白になります。　●「浮気な人」「幸運」など

豆ちしき　五色唐辛子のように実を観賞する唐辛子には、実が黄色になる「花祭り」や実も葉も黒っぽい紫の「ブラックパール」などがあります。

フォックスフェイス（ツノナス）
ナス目ナス科　nipple fruit
- ♠1～2m
- ◆低木
- ❋7～9月
- ♥中央～南アメリカ
- ★花よりも秋にできる果実を鑑賞するものです。
- ●「いつわりの言葉」など

ヨルガオ　夜顔
ナス目ヒルガオ科　moonflower
- ♠つる性
- ◆一年草
- ❋7～10月
- ♥中央～南アメリカ
- ★夏の夜に花が開きます。アサガオと同じなかまです。
- ●「妖艶」「夜」など

ルコウソウ　縷紅草
ナス目ヒルガオ科　cypress vine
- ♠つる性
- ◆一年草
- ❋6～9月
- ♥中央～南アメリカ
- ★垣根などにはわせると細い葉がレースのように広がります。花は赤、白、ピンクで、星型。
- ●「忙しい」「世話好き」など

エキザカム
リンドウ目リンドウ科　persian violet
- ♠15～30cm
- ◆一年草
- ❋6～9月
- ♥ソコトラ島（イエメン）
- ★原産地では多年草。小さなかわいらしい花はよいかおりがします。
- ●「愛のささやき」など

ニチニチソウ　日日草
リンドウ目キョウチクトウ科　madagascar periwinkle
- ♠20～50cm
- ◆一年草
- ❋6～10月
- ♥マダガスカル島、モーリシャス島
- ★原産地では多年草ですが、寒さに弱いので、日本では一年草として植えられます。
- ●「楽しい思い出」など

インパチェンス
ツツジ目ツリフネソウ科　impatiens
- ♠20～30cm
- ◆一年草
- ❋5～11月
- ♥アフリカ
- ★長い間次々に花を咲かせるので、人気があります。花の色は、赤、ピンク、オレンジ、白などがあります。
- ●「豊かさ」「短気」など

フロックス
ツツジ目ハナシノブ科　annual phlox
- ♠20～50cm
- ◆一年草
- ❋5～6月
- ♥北アメリカ
- ★花の色は白、黄色、ピンク、赤、紫などいろいろあります。
- ●「協調」など

ポーチュラカ
ナデシコ目スベリヒユ科　green purslane
- ♠10～20cm
- ◆多年草
- ❋6～10月
- ★育てやすい花ですが、寒さには強くないので、冬は室内に入れます。
- ●「無邪気」など

マツバボタン　松葉牡丹
ナデシコ目スベリヒユ科　rose moss
- ♠10～15cm
- ◆一年草
- ❋7～9月
- ♥南アメリカ
- ★暑さに強く、夏の間次々に咲き続けます。原産地では多年草ですが、寒さに弱いので日本では一年草のあつかいです。
- ●「かれん」など

センニチコウ　千日紅
ナデシコ目ヒユ科　globe amaranth
- ♠30～60cm
- ◆一年草
- ❋7～10月
- ♥中央～南アメリカ
- ★筒のような形の花弁のようなものが球状に集まっていますが、これは花を包む苞葉です。
- ●「変わらぬ愛」など

ケイトウ　鶏頭
ナデシコ目ヒユ科　cockscomb
- ♠20～130cm
- ◆一年草
- ❋7～10月
- ♥南～東南アジア
- ★花が集まった房の形は、厚い帯のような形や球のような形などさまざまです。
- ●「おしゃれ」「博愛」など

ウモウゲイトウ　羽毛鶏頭
ナデシコ目ヒユ科
- ♠20～70cm
- ◆一年草
- ❋7～10月
- ♥南～東南アジア
- ★花は羽毛を集めたようです。

豆ちしき　ヨルガオとよくまちがえられるユウガオはヒョウタンのなかまで、大きな果実を細長くむいて干瓢をつくるために栽培されています。

夏〜秋

花だんや室内、温室の植物

ナスタチウム（キンレンカ）
アブラナ目ノウゼンハレン科　garden nasturtium
- 🌱つる性　◆一年草　✿5〜6月、10〜11月　♥南アメリカ　★花や葉はサラダの材料になります。花の色は赤、オレンジ、黄色などがあります。　●「愛国心」など

ハイビスカス
アオイ目アオイ科　hibiscus
- 🌱1〜3m　◆常緑低木　✿6〜10月　★花の色は赤、黄色、ピンク、白など、また一重も八重もあり、2000以上の園芸品種があります。寒さには強くありません。　●「勇敢」「華やか」など

フヨウ　芙蓉
アオイ目アオイ科　cotton rose hibiscus
- 🌱2〜3m　◆落葉低木　✿7〜10月　♥中国　★夏の間、直径10〜14cmの大きな花が次々に咲きます。朝咲いて夕方にはしぼんでしまう「一日花」です。　●「繊細」「しとやか」など

アメリカフヨウ（クサフヨウ）　アメリカ芙蓉
アオイ目アオイ科　American hibiscus
- 🌱1〜2m　◆多年草　✿7〜9月　♥北アメリカ　★大きな花が夏の間次々に咲きます。アメリカフヨウを改良したサウザンベルは一年草で花の直径が30cmにもなります。　●「日ごとの美しさ」など

マロウ（ウスベニアオイ）
アオイ目アオイ科　mallow
- 🌱30〜180cm　◆多年草　✿5〜7月　♥ヨーロッパ　★若い葉はサラダに、花はハーブティーに利用されますが、まれにアレルギー反応を起こすことがあります。　●「おだやか」など

タチアオイ　立葵
アオイ目アオイ科　hollyhock
- 🌱1〜2m　◆一年草　✿6〜8月　♥西アジア〜ヨーロッパ　★茎が高く立ち上がるのでタチアオイといいます。強い風にふかれるとたおれてしまうので支柱が必要です。　●「平安」「高貴」など

トロロアオイ　黄蜀葵
アオイ目アオイ科　sunset hibiscus
- 🌱1〜1.5m　◆一年草　✿8〜9月　♥中国　★根からとれる粘液を「ねり」といい、和紙をすくときに使います。花は直径10cm以上になります。　●「あなたを信じる」など

モミジアオイ　紅葉葵
アオイ目アオイ科　scarlet rose mallow
- 🌱1〜2m　◆多年草　✿7〜9月　♥北アメリカ　★葉の形がモミジの葉に似ているのでモミジアオイ。ほかのアオイ科の花に比べて花弁が細く、重なりません。　●「やさしさ」など

ケナフ
アオイ目アオイ科　kenaf
- 🌱1.5〜4m　◆一年草　✿8〜10月　♥インド、アフリカ　★とても成長が早く、茎がかたくなるので、じょうぶな繊維がたくさんとれます。この繊維を使って布や紙が作られます。　●「開放感」など

スイフヨウ　酔芙蓉
アオイ目アオイ科
- 🌱1.5〜4m　◆落葉低木　✿7〜10月　★花は白からだんだんピンクに変わっていきます。お酒に酔っていくようにも見えるので、この名になりました。　●「しあわせの再来」「心変わり」など

フウセンカズラ　風船葛
ムクロジ目ムクロジ科　baloon vine
- 🌱つる性　◆一年草　✿7〜8月　♥北アメリカ　★原産地では多年草です。花は地味で風船のような果実を観賞します。　●「多忙」「あなたと飛び立ちたい」など

豆ちしき　江戸幕府をおこした徳川家の家紋の「三つ葉葵」はアオイのなかまとはまったく関係がないフタバアオイの葉をデザインしたものです。

シコンノボタン　紫紺野牡丹
フトモモ目ノボタン科　glorybush
🌱 1〜3m　◆常緑低木　✿7〜11月　♥南アメリカ　★長いおしべがクモの足のように見えることから別名ブラジリアンスパイダーフラワー。　●「自然」など

オモチャカボチャ（ペポカボチャ）玩具南瓜
ウリ目ウリ科　summer squash
🌱つる性　◆一年草　✿6〜8月　♥中央アメリカ　★果実はほとんど食べられませんが、ハロウィーンの飾りに使います。

オオベンケイソウ　大弁慶草
ユキノシタ目ベンケイソウ科　ice plant
🌱20〜80cm　◆多年草　✿9〜10月　♥東アジア　★冬は茎や葉がかれます。園芸店ではベンケイソウとして売られています。　●「おだやか」など

カンナ（ハナカンナ）
ショウガ目カンナ科　canna
🌱1〜1.5m　◆多年草　✿6〜10月　♥中央〜南アメリカ、インド〜東南アジア　★花弁のように見えるのはおしべが変化したもので、正常なおしべは1本あります。初夏から秋まで長いあいだ咲き続けます。　●「情熱」「尊敬」など

ハツユキソウ　初雪草
キントラノオ目トウダイグサ科　mountain snow
🌱80〜100cm　◆一年草　✿7〜9月　♥北アメリカ　★クリスマスのころに出回るポインセチアのなかまです。夏の終わりごろから花のまわりの葉が白く縁どられます。　●「好奇心」など

オジギソウ　お辞儀草
マメ目マメ科　sensitive plant
🌱20〜40cm　◆一年草　✿7〜9月　♥ブラジル　★本来は常緑低木ですが日本では一年草としてあつかわれます。葉にふれたり周囲を暗くすると葉がとじて下向きにたれ下がってしまいます。

見てみよう　オジギソウ　トケイソウ

ミセバヤ　見せばや
ユキノシタ目ベンケイソウ科　October plant
🌱10〜60cm　◆多年草　✿10〜11月　★秋にオオベンケイソウに似たピンクの花をつけます。茎は横にのびて、長くなるとたれ下がります。　●「つつましさ」など

ジンジャー
ショウガ目ショウガ科　ginger lily
🌱80〜200cm　◆多年草　✿8〜10月　♥インド〜東南アジア　★夏至をすぎて昼の長さが短くなると花を咲かせます。　●「信頼」「豊かな心」など

トケイソウ　時計草
キントラノオ目トケイソウ科　passion flower
🌱つる性　◆多年草　✿7〜9月　♥中央〜南アメリカ　★おしべやめしべを時計の針に、平らに開いた花びらを文字盤に見立てて時計草の名がつきました。　●「聖なる愛」「信じる心」など

アスチルベ
ユキノシタ目ユキノシタ科　astilbe
🌱40〜80cm　◆多年草　✿6〜9月　♥東アジア、北アメリカ　★小さな花が円錐状に集まって咲き、泡立つように見えます。日本のチダケサシのなかまをドイツで改良したものです。　●「自由」など

ダンドク　檀特
ショウガ目カンナ科　Indian shot
🌱50〜100cm　◆多年草　✿6〜10月　♥中央〜南アメリカ　★カンナのなかまで、黒く丸い種子は銃の弾のよう。日本には江戸時代に入ってきました。　●「快活」など

DVDも見よう

アルピニア
ショウガ目ショウガ科　shell ginger
🌱1〜3m　◆多年草　✿6〜7月　★沖縄では庭にも植えるゲットウ（月桃）のなかまで、観葉植物とされるフイリゲットウや花が美しいレッドジンジャーなど多くの品種があります。　●「さわやかな愛」など

豆ちしき　くだものとして売られているパッションフルーツは、トケイソウのなかまのクダモノトケイソウの果実です。

夏～秋

花だんや室内、温室の植物

ブライダルベール
ツユクサ目ツユクサ科
Tahitian bridal veil
♣15～25cm ◆多年草 ✿一年中 ♥メキシコ ★花は温度や日光の条件がよければ一年中咲きます。
●「幸福」など

グラジオラス
キジカクシ目アヤメ科　sword lily
♣60～150cm ◆多年草 ✿6～10月 ♥アフリカ ★ラテン語のグラディウス（剣）から名付けられました。名前のとおり剣のようにすらりとのびた葉が特徴です。
●「用心」など

リコリス
キジカクシ目ヒガンバナ科　spider lily
♣30～70cm ◆多年草 ✿8～10月 ♥東アジア ★日本に生えているヒガンバナやキツネノカミソリのなかまとその園芸品種をまとめてリコリスと呼んでいます。

アガパンサス（ムラサキクンシラン）
キジカクシ目ヒガンバナ科　African lily
♣70～130cm ◆多年草 ✿6～9月 ♥アフリカ ★寒さに強く育てやすい花です。花の色は白、紫、青紫などがあります。
●「恋のおとずれ」など

ムラサキツユクサ 紫露草
ツユクサ目ツユクサ科　spiderwort
♣40～60cm ◆多年草 ✿5～8月 ♥北アメリカ ★じょうぶで寒さにも強いので、各地で野生化しています。

見てみよう ムラサキツユクサ ●

ヒオウギ 檜扇
キジカクシ目アヤメ科　blackberry lily
♣50～100cm ◆多年草 ✿7～8月 ★葉が開くようすが扇を開いたように見えることからヒオウギ（檜扇）と名付けられました。
●「誠意」「個性美」など

サフランモドキ サフラン擬き
キジカクシ目ヒガンバナ科
pink rain lily
♣15～30cm ◆多年草 ✿6～8月 ♥中央アメリカ、西インド諸島 ★雨のあとに咲くことが多いので、英語でレイン・リリーと呼ばれます。
●「便りがある」「清純」など

ヘメロカリス
キジカクシ目ワスレグサ科　day-lily
♣30～100cm ◆多年草 ✿6～8月 ★日本にも生えているノカンゾウやヤブカンゾウのなかまの園芸品種です。

ムラサキゴテン 紫御殿
ツユクサ目ツユクサ科　purple heart
♣15～50cm ◆多年草 ✿8～10月 ♥メキシコ ★茎や葉からがくまで赤紫色のふしぎな植物です。ピンク色の花は朝咲いて昼ごろしぼんでしまいます。

ヒメヒオウギズイセン
姫檜扇水仙　キジカクシ目アヤメ科
montbretia
♣50～80cm ◆多年草 ✿6～8月 ♥アフリカ ★とてもじょうぶでどんどん増えるので、各地で野生化して問題になっています。
●「陽気」「良い便り」など

タマスダレ 玉簾
キジカクシ目ヒガンバナ科　fairy lily
♣20～30cm ◆多年草 ✿7～9月 ♥南アメリカ ★ほとんど種を作らないので、球根を分けて増やします。葉はニラに似て、球根はノビルの根に似ていますが、有毒です。
●「けがれなき愛」など

グロリオサ
ユリ目イヌサフラン科　flame lily
♣つる性 ◆多年草 ✿7～8月 ♥アフリカ、南～東南アジア ★夏に、炎がゆらめくような花を咲かせます。地下に塊茎がありますが有毒です。
●「栄光」など

豆ちしき グロリオサは冬は地上部がかれてしまうので、地下の長い塊茎をヤマノイモとまちがえて中毒する事故があります。

秋〜冬

ユリオプスデージー
キク目キク科　gray-leaved euryops
♠60〜120cm　◆常緑低木　✿11〜5月　♥南アフリカ　★小さいうちは草のようですが、何年もたつとかたい木になります。寒さに強く育てやすいキクです。●「円満な関係」など

シオン　紫苑
キク目キク科　Tatarian aster
♠50〜150cm　◆多年草　✿9〜10月　★野生種は今は九州の一部の地域にしか生えていません。根茎が漢方で咳止めや痰を出すための生薬になります。●「君を忘れない」「思い出」など

ジャノメエリカ　蛇の目エリカ
ツツジ目ツツジ科　heath
♠50〜200cm　◆常緑低木　✿11〜4月　♥アフリカ　★おしべの先が黒いので蛇の目もように見えることから名前がつきました。●「孤独」「博愛」など

スイートアリッサム
アブラナ目アブラナ科　sweet alyssum
♠20〜30cm　◆一年草　✿6〜10月　♥地中海沿岸　★花の色は白、ピンク、赤、紫などがあります。●「優美」「飛躍」など

サイネリア（シネラリア）
キク目キク科　cineraria
♠20〜40cm　◆一年草　✿12〜4月　♥カナリア諸島　★本来は多年草ですが、日本では一年草あつかいです。花は色もさまざまで目立つので人気があります。●「喜び」など

ポットマム
キク目キク科　potmum
♠10〜50cm　◆多年草　✿9〜11月　♥中国　★ポットマムは品種名ではなくポット・クリサンセマム（鉢植え菊）を略した呼び名です。鉢植えで見栄えがするように、大きくならない品種を使っています。

ワビスケ　侘助
ツツジ目ツバキ科
♠2〜3m　◆常緑低木　✿12〜4月　★太郎冠者と呼ばれる椿の品種から生まれたのが侘助です。侘助のなかまは30種以上あります。●「ひかえめ」「簡素」など

ハボタン　葉牡丹
アブラナ目アブラナ科　flowering cabbage
♠20〜100cm　◆多年草　✿3〜4月　♥ヨーロッパ　★ふつうは秋に種子をまいて冬のあいだ葉の彩りを楽しみますが、そのまま2年以上育てると、木のように枝をのばし、その先にハボタンがついた「踊り葉牡丹」といわれる形になります。●「利益」「祝福」など

コウテイダリア　皇帝ダリア
キク目キク科　tree dahlia
♠2〜4m　◆多年草　✿11〜12月　♥メキシコ〜中央アメリカ　★茎が木のようにかたくなり、よく育つと4m以上になります。花も巨大で直径20cmほどになります。寒さには強くありません。●「乙女の真心」など

シロタエギク　白妙菊
キク目キク科　dusty miller
♠40〜80cm　◆多年草　✿6〜9月　♥地中海沿岸　★夏に黄色の小さな花が咲きますが、花よりも白い粉をつけたような葉を観賞します。●「あなたを支える」など

シクラメン
ツツジ目サクラソウ科　florist's cyclamen
♠10〜50cm　◆多年草　✿11〜3月　♥地中海沿岸　★花の色はいろいろで、八重咲きや花弁が波打つロココ咲きもあります。球根の形から豚の饅頭とも呼ばれます。●「内気」「はにかみ」など

ポインセチア
キントラノオ目トウダイグサ科　poinsettia
♠50〜100cm　◆常緑低木　✿11〜2月　♥メキシコ〜中央アメリカ　★赤い花弁のように見えるのは花を包む苞葉です。寒さには弱いです。●「祝福」「清純」など

豆ちしき　キク科の植物のように、夏から秋に向かって昼の長さが短くなるのを感じて花を咲かせる性質を「短日性」といいます。

秋〜冬

花だんや室内、温室の植物

オキザリス
カタバミ目カタバミ科
🔺10〜30cm ◆多年草 ✳9〜11月 ❤アフリカ、南アメリカなど ★カタバミのなかで球根を持つものをまとめてオキザリスといいます。

ベゴニア（シキザキベゴニア）
ウリ目シュウカイドウ科　wax begonia
🔺20〜60cm ◆多年草 ✳3〜11月 ❤ブラジル ★ベゴニアの中では寒さに耐えられる育てやすい種類です。 ◉「片思い」「愛の告白」など

シュウカイドウ　秋海棠
ウリ目シュウカイドウ科　hardy begonia
🔺30〜60cm ◆多年草 ✳8〜10月 ❤東〜東南アジア ★寒さに強く、日本の屋外でも冬を越すことができます。 ◉「片思い」「親切」など

シュウメイギク　秋明菊
キンポウゲ目キンポウゲ科
Japanese anemone
🔺50〜100cm ◆多年草 ✳9〜11月 ❤中国 ★名前にキクがついていますがアネモネのなかまです。京都の貴船山でよく栽培されていたので、キブネギクとも呼ばれます。 ◉「忍耐」「淡い思い」など

パンパスグラス
イネ目イネ科　pampas grass
🔺1.5〜3m ◆多年草 ✳9〜10月 ❤南アメリカ ★ふさふさした長い花の穂をつけた姿は、日本の植物にはない雄大さがあります。葉のへりにガラス質のするどい歯が並んでいるので注意。 ◉「光輝」「人気」など

サフラン
キジカクシ目アヤメ科　saffron crocus
🔺10〜15cm ◆多年草 ✳10〜12月 ❤地中海沿岸 ★めしべの花柱などから香辛料をつくるため栽培されます。 ◉「喜び」など

ネリネ（ダイヤモンドリリー）
キジカクシ目ヒガンバナ科
diamond lily
🔺30〜40cm ◆多年草 ✳10〜12月 ❤アフリカ ★花弁が日光を受けてきらきらかがやくのでダイヤモンドリリーといいます。花は1か月近くしぼまずに咲き続けます。 ◉「幸せな思い出」など

ハゲイトウ　葉鶏頭
ナデシコ目ヒユ科　Joseph's coat
🔺1〜2m ◆一年草 ✳7〜9月 ❤南〜東南アジア ★花よりも秋に色づく葉を楽しみます。花は葉の付け根に咲きます。 ◉「不老不死」など

キダチアロエ
キジカクシ目ススキノキ科　aloe
🔺1〜2.5m ◆多年草 ✳12〜3月 ❤アフリカ ★葉の中のゼリー状のものがやけどや便秘に効果があるといわれ、広く栽培されています。 ◉「健康」「万能」など

イヌサフラン（コルチカム）　犬サフラン
ユリ目イヌサフラン科　autumn crocus
🔺15〜30cm ◆多年草 ✳9〜10月 ❤地中海沿岸 ★春に出た葉は夏にかれ、秋には花が咲き、冬は地上に何もなくなります。有毒です。 ◉「楽しい思い出」など

豆ちしき　香辛料のサフランは1グラム作るのに160個の花が必要だといわれ、パエリアやクスクスなどの料理の色付けに欠かせません。

サボテン・多肉植物

葉や茎に水分をたくわえるため肉厚になっている植物を多肉植物といいます。その中でサボテン科に属するものがサボテンです。茎が筒状や球状になっているものが多く、葉はとげになったり退化していたりします。美しい花を咲かせるものがたくさんあります。

ゲッカビジン　月下美人
ナデシコ目サボテン科
Dutchman's pipe cactus
♠ 1～3m　◆ 多年草
✱ 6～9月　♥ 中央アメリカ
★ ふつうは1年に1回、夏の夜に花を咲かせて翌朝はしぼんでしまいます。

見てみよう ゲッカビジン

リトープス
ナデシコ目ハマミズナ科　living stone
◆ 多年草　✱ 10～11月　♥ アフリカ
★ 真ん中で割れて昆虫のように脱皮しながら成長します。アフリカの乾燥地に生きる植物なので、水やりは年に数回です。

柱サボテン　柱仙人掌
ナデシコ目サボテン科
◆ 多年草　♥ 北～南アメリカ
★ 茎が柱のようにのびるサボテンです。高さが5mくらいになるものもあります。

金鯱

シャコバサボテン　蝦蛄葉仙人掌
ナデシコ目サボテン科　Christmas cactus
♠ 15～40cm　◆ 多年草　✱ 11～3月　♥ ブラジル
★ 海にすむシャコのような形のサボテンです。花の色は白、ピンク、オレンジ、黄色などいろいろあります。

カランコエ
ユキノシタ目ベンケイソウ科　kalanchoe
♠ 20～40cm　◆ 多年草　✱ 1～5月　♥ マダガスカル
★ アフリカ南部、東南アジアなどに100種以上あるカランコエのなかまのひとつです。

縮玉

玉サボテン　玉仙人掌
ナデシコ目サボテン科
◆ 多年草　♥ 北～南アメリカ
★ 球状のサボテンをまとめて玉サボテンと呼びます。写真の金鯱は玉サボテンのなかでもっとも大きくなる種類で、花が咲くようになるまで30年もかかるといわれます。

クジャクサボテン　孔雀仙人掌
ナデシコ目サボテン科
orchid cactus
♠ 50～100cm
◆ 多年草　✱ 5～6月
♥ メキシコ～ブラジル
★ 茎にとげがなく、初夏に豪華な花が咲きます。

カゲツ　花月
ユキノシタ目ベンケイソウ科　dollar plant
♠ 1～3m　◆ 常緑低木　✱ 11～2月　♥ アフリカ
★ 葉が分厚く丸みを帯びて1ドルコインに似ているから英語でdollar plant。そこで日本でも「金の成る木」の名がつきました。

ウチワサボテン　団扇仙人掌
ナデシコ目サボテン科
◆ 多年草
★ うちわ型や卵型の平らな茎がつながったサボテンです。

豆ちしき　サボテンは、昔、西洋人が服の汚れをこの汁でふき取ったのを見てシャボン（石鹸）のような植物として名付けられたといわれています。

室内・温室

花だんや室内、温室の植物

セントポーリア
シソ目イワタバコ科　African violet
♠5〜15cm　◆多年草　✿9〜6月
♥アフリカ　★夏の暑い時以外、ほとんど一年中花が咲き続けます。
◉「小さな愛」「同情」など

ペンタス
リンドウ目アカネ科　star cluster
♠20〜50cm　◆多年草　✿一年中
♥アフリカ〜西アジア　★花弁が5つに分かれて開くので、ラテン語で5を表すペンタから名付けられました。
◉「願いごと」「博愛」など

アブチロン
アオイ目アオイ科　abutilon
♠70〜200cm　◆低木・つる植物　✿7〜9月　♥中央〜南アメリカ　★夏に下向きの花が咲きます。半つる性のものと自分で立つものがあります。
◉「尊敬」「思いやり」など

ベニヒモノキ　紅紐の木
キントラノオ目トウダイグサ科　chenille plant
♠2〜4m　◆常緑低木　♥東南アジア　★花びらのない赤い花がたくさん集まり毛糸のようになってたれ下がります。
◉「自由きまま」など

デュランタ
シソ目クマツヅラ科　sky flower
♠1〜4m　◆常緑低木　✿5〜10月　♥中央〜南アメリカ　★あたたかい地方ではよく育つので生け垣や花だんのふちどりなどに使われます。花の色は白、ピンク、青紫などがあります。
◉「あなたを見守る」など

コーヒーノキ　コーヒーの木
リンドウ目アカネ科　coffee
♠1〜3m　◆常緑低木　✿5〜8月　♥アフリカ　★日本では観葉植物として出回っていますが、高さ1.3mをこえると花が咲くようになります。

ゼラニウム（テンジクアオイ）
フウロソウ目フウロソウ科　geranium
♠20〜100cm　◆一年草、多年草　♥アフリカ　★真夏と真冬以外はいつも咲いているうえに、じょうぶで育てやすい人気のある花です。
◉「尊敬」「信頼」など

ヒスイカズラ
マメ目マメ科　jade vine
♠つる性　◆木本　✿3〜5月　♥フィリピン　★原産地ではコウモリがこの花の色を好み、花粉を運ぶといわれています。
◉「わたしを忘れないで」など

イクソラ（サンタンカ）
リンドウ目アカネ科　Chinese ixora
♠1〜3m　◆常緑低木　✿5〜9月　♥インド、東南アジア　★花の色は赤、黄色、オレンジ、白などがあります。
◉「喜び」「がんばる」など

カカオノキ　カカオの木
アオイ目アオイ科　cacao
♠6〜10m　◆常緑高木　♥中央〜南アメリカ　★熱帯で育ち、種子からとった脂肪分でチョコレートなどを作ります。花は幹から咲く幹生花です。

ハナキリン　花麒麟
キントラノオ目トウダイグサ科　crown of thorns
♠1〜2m　◆多年草　♥マダガスカル　★条件がよいと一年中花が咲きますが、寒さには弱いです。成長するとするどいとげが生えます。
◉「純愛」など

ストレリチア
ショウガ目ゴクラクチョウカ科　bird of paradise
♠1〜2m　◆多年草　♥アフリカ　★花は条件がよければ一年中いつでも咲きます。
◉「気取った恋」「万能」など

豆ちしき　鳥の顔のようなストレリチアの花ですが、くちばしのような部分は花を守る苞葉で、上にオレンジ色のがくと1枚の青い花びらがあります。

クルクマ
ショウガ目ショウガ科　curcuma

♠30〜80cm　◆多年草　✿5〜10月　♥東南アジア　★タイなどでは仏花にも使われます。ウコンも同じなかまです。●「忍耐」など

オンシジウム
キジカクシ目ラン科　dancinglady orchid

♠10〜70cm　◆多年草　✿4〜6月、9〜10月　♥中央〜南アメリカ　★花の色は黄色、オレンジ、ピンク、紫など。小さいけれども華やかな花が長く咲き続けます。●「清楚」など

シンビジウム
キジカクシ目ラン科　cymbidium

♠30〜80cm　◆多年草　✿11〜4月　♥インド〜東南アジア　★育てやすく花も豪華なので、人気のある洋ランです。花の色は白、ピンク、赤、黄色、オレンジなどです。●「素朴」など

カトレア
キジカクシ目ラン科　cattleya

♠20〜60cm　◆多年草　✿5〜7月、12〜3月　♥中央〜南アメリカ　★ランの女王と言われるほどの華やかな美しい花です。コスタリカの国花です。●「優雅な女性」など

デンドロビウム
キジカクシ目ラン科　dendrobium

♠20〜80cm　◆多年草　✿2〜5月　♥東南アジア〜オセアニア　★育てやすくたくさんの花が集まった豪華な花穂をつけるので、とても人気があります。●「思いやり」など

パフィオペディルム
キジカクシ目ラン科　lady's slipper

♠15〜50cm　◆多年草　✿1〜5月　♥東南アジア　★唇弁と呼ばれる下の花びらが袋のようにたれ下がるのが特徴です。パフィオペディルムはギリシャ語の「女神のサンダル」から名付けられました。●「優雅なよそおい」など

バンダ（ヒスイラン）
キジカクシ目ラン科　vanda orchid

♠20〜60cm　◆多年草　✿不定期　♥東南アジア、フィリピン　★初めは紫の花が紹介されましたが、いまはピンク、黄色、白の花もあります。●「エレガント」など

コチョウラン　胡蝶蘭
キジカクシ目ラン科　moth orchid

♠10〜100cm　◆多年草　✿不定期　♥東〜東南アジア　★チョウが羽を広げたような花の形なので、この名がつきました。花の期間が長く、1か月以上楽しめます。●「幸せが飛んでくる」「清純」など

クンシラン　君子蘭
キジカクシ目ヒガンバナ科　kaffir lily

♠30〜90cm　◆多年草　✿4〜5月　♥アフリカ　★花が豪華なうえに葉も見ごたえがあり、一年中楽しめます。上手に育てれば数十年も生き続けます。●「高貴」など

バニラ
キジカクシ目ラン科　vanilla

♠つる性　◆多年草　♥中央アメリカ　★種子を発酵・乾燥させてかおりを取り出したものがバニラエッセンスです。日本では花が咲くほど大きく育てるのはとてもむずかしい作業です。

アンスリウム
オモダカ目サトイモ科　anthurium

♠30〜80cm　◆多年草　✿5〜7月　♥南アメリカ　★赤く色づく葉は「仏炎苞」といってミズバショウの白く丸まった葉と同じものです。その中心から小さな花がたくさん集まったひものような花穂がのびます。●「かわいい」など

豆ちしき　アイスクリームに見られる小さな黒い粒はバニラの実から作ったバニラビーンズの中の種子で、洋菓子に欠かせない香料です。

観葉植物

花だんや室内、温室の植物

アイビー（セイヨウキヅタ）
セリ目ウコギ科　English ivy
- ♠つる性　◆常緑木本　♥ヨーロッパ、アフリカ、西アジア　★木や建物にからまって上っていき、時には10m以上になりますが、切り詰めて鉢植えにしても楽しめます。

インドゴムノキ　印度護謨の木
バラ目クワ科　rubber tree
- ♠1〜2m　◆常緑高木　♥インド、ミャンマー　★昔は樹液からゴムをつくるために植えられましたが、いまは観葉植物として出回っています。原産地では樹高30mにもなります。

ドラセナ・フレグランス（コウフクノキ）
キジカクシ目キジカクシ科　cornstalk dracaena
- ♠20〜200cm　◆常緑低木　✽10〜12月　♥アフリカ　★花にはよいかおりがあり、フレグランスの名のもとになっています。

オモト　万年青
キジカクシ目キジカクシ科　lily of China
- ♠30〜60cm　◆多年草　✽5〜6月　★いつも青々とした葉を茂らせているので万年青と呼びます。江戸時代から人気があり武家でよく栽培されました。

シェフレラ
アオイ目アオイ科　dwarf schefflera
- ♠20〜200cm　◆常緑低木　♥東アジア　★カポックという別名は、アオイ科のカポックという木と葉が似ているから付けられた園芸上の名前です。

ベンジャミン
バラ目クワ科　benjamin tree
- ♠50〜200cm　◆常緑高木　♥インド、東南アジア　★原産地では樹高20mにもなります。若い幹はやわらかいので三つ編みにしたりして販売されます。●「友情」「信頼」など

サンセベリア（アツバチトセラン）
キジカクシ目クサスギカズラ科　snake plant
- ♠10〜100cm　◆多年草　♥アフリカ　★葉の模様から虎の尾ともいいますが、しま模様がない品種もあります。冬は水やりの必要がありません。

オリヅルラン　折鶴蘭
キジカクシ目キジカクシ科　spider plant
- ♠30〜80cm　◆多年草　✽5〜6月　♥南アフリカ　★長い葉が放射状にのびて広がるようすがとても優雅です。ランナー（ほふく枝）を出してその先に子株を作ります。

パキラ
アオイ目アオイ科　French peanut
- ♠50〜200cm　◆常緑高木　♥ブラジル　★原産地では高さ20mにもなります。●「快活」

ヘリコニア
ショウガ目オウムバナ科　lobster claw
- ♠50〜500cm　◆多年草　✽6〜11月　♥中央〜南アメリカ、南太平洋　★地下の根茎から偽茎というものをのばし、ここから葉が出たり花茎がのびて花が咲いたりします。

ドラセナ・コンシンナ
キジカクシ目キジカクシ科　Madagascar dragon tree
- ♠30〜200cm　◆常緑低木　♥モーリシャス島　★葉が赤くふちどられる（ふちどりされた葉や花びらを覆輪といいます）千年木のなかまなので、紅覆輪千年木とも呼びます。

カラジウム
オモダカ目サトイモ科　fancy-leafed caladium
- ♠20〜60cm　◆多年草　♥中央アメリカ〜ブラジル　★緑や赤のカラフルな葉を楽しむ観葉植物です。冬は葉がかれます。

豆ちしき　ヘリコニアの名は、ギリシャ神話の芸術の女神が住んでいたというヘリコン山から名付けられました。

スパティフィラム
オモダカ目サトイモ科　peace lily
♠30〜70cm　◆多年草　✿4〜6月、9〜11月　♥中央アメリカ　★花弁のように見えるのは仏炎苞と呼ばれる苞葉で、中心に花弁のない多数の花が集まって柱のように立っています。

ポトス　オモダカ目サトイモ科
golden pothos
♠つる性　◆多年草　♥ソロモン諸島　★原産地では木をはい上がり数十mにもなります。日本ではめったに花が咲かず、葉を楽しむ植物です。

モンステラ　オモダカ目サトイモ科
Swiss cheese plant
♠つる性　◆多年草　♥中央アメリカ〜南アメリカ　★成長するにつれて葉に深い切れこみができておもしろい形の葉になります。

ディフェンバキア
オモダカ目サトイモ科　dumb cane
♠30〜150cm　◆多年草　♥中央アメリカ〜南アメリカ　★大きな葉に斑が入った観葉植物。茎を切ると出る白い液は有毒です。

クワズイモ
オモダカ目サトイモ科
♠30〜50cm　◆多年草　♥南〜東南アジア　★大きな葉が特徴で、ろう質のつやがあるものもあります。沖縄で自生している種もあります。

パピルス（カミガヤツリ）
イネ目カヤツリグサ科　papyrus
♠1.5〜2.5m　◆多年草　✿7〜8月　♥アフリカ〜西アジア　★アフリカ北部の湿地に育つカヤツリグサのなかまです。古代エジプトでは、この繊維で紙をつくりました。●「愛の手紙」など

アレカヤシ　アレカ椰子
ヤシ目ヤシ科　areca palm
♠50〜700cm　◆常緑高木　♥マダガスカル　★園芸店では50〜150cmの鉢植えが出回っていますが、原産地では7m以上になります。

フリーセア
イネ目パイナップル科
♠20〜100cm　◆多年草　♥中央アメリカ〜南アメリカ　★鮮やかな赤や黄色の花のように見えるのは苞葉の集まりで、すき間から花が咲きます。

クロトン
キントラノオ目トウダイグサ科
croton
♠2〜5m　◆常緑低木　♥東南アジア〜南太平洋　★葉の形や色はさまざまな種類があります。

ミルクブッシュ
キントラノオ目トウダイグサ科
milk bush
♠5〜6m　◆高木　♥アフリカ　★ミドリサンゴやアオサンゴとも呼ばれます。本来は5m以上になる木です。

トックリラン
キジカクシ目キジカクシ科
ponytail palm
♠1〜1.5m　◆多年草　♥メキシコ　★まるくふくらんだ部分に水をためて乾燥した土地に育ちます。また、日かげでも育ちます。

チランジア
イネ目パイナップル科　tillandsia
♠10〜100cm　◆多年草　♥中央アメリカ〜南アメリカ　★根は水分を吸収する力が弱いので葉の根元に水分をためます。土がなくても育つのでエアプランツとも呼ばれます。

野菜

本当の大きさです

とれたて！

桜島大根

この大根の大きさは…
重さ：22.32kg
胴回り：113cm

世界最大のダイコン

桜島大根は、さまざまな種類があるダイコンのなかでも、世界最大とされているダイコンです。平均でも10kg前後の重さがあり、大きなものになると約30kgもの重さになることがあります。桜島のような水はけのよい火山灰質の土地が大きなダイコン作りには向いているようです。

見てみよう　桜島大根の収穫

桜島大根の花

桜島大根
アブラナ目アブラナ科
♠ 約10〜20kg（平均）　◆ 一年草
✿ 12〜2月
★ 鹿児島県の桜島特産だったことから名づけられました。煮物や切り干し大根、漬物などにして食べられます。

一般的なダイコン

ラディッシュ

♠重さ　◆生活のすがた　✿花の咲く時期　★特徴など

野菜など

穀物
種子や果実を食べ、主食とすることも多い作物です。おもにイネ科の植物で豆類を含めることもあります。

コメの種類（92ページ）

うるち米
ふつうに食べているコメ。とうめい感があります。

もち米
もちなどにします。うるち米よりもねばりがあります。

赤米、黒米
古代より栽培されているコメ。ぬか層に赤や黒の色素がふくまれます。

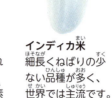
インディカ米
細長くねばりの少ない品種が多く、世界では主流です。

白米ができるまで

もみ 茎からはずしたもの。
▼

玄米 もみがらをとったもの。
▼

胚芽米 ぬか層をとったもの。胚芽の一部が残ります。
▼

白米 胚芽もとったもの。これらの過程を精米といいます。

いろいろな穀物

◀**コムギ** イネ目イネ科（92ページ）

◀**アワ** イネ目イネ科（92ページ）

◀**アマランサス** ナデシコ目ヒユ科

◀**オオムギ** イネ目イネ科

◀**ヒエ** イネ目イネ科

◀**キノア** ナデシコ目ヒユ科

◀**エンバク** イネ目イネ科（92ページ）

◀**キビ** イネ目イネ科

◀**ソバ** ナデシコ目タデ科（60ページ）

豆（マメ目マメ科）

 ◀**レンズマメ**

 ◀**ササゲ**

 ◀**ヒヨコマメ**

 ◀**アズキ**

 ◀**エンドウ**

 ◀**黄大豆（ダイズ）**（87ページ）

 ◀**青大豆（ダイズ）**

 ◀**黒豆（ダイズ）**

 ◀**金時豆（インゲンマメ）**（87ページ）

 ◀**落花生**（87ページ）

 ◀**うずら豆（インゲンマメ）**

 ◀**大福豆（インゲンマメ）**

 ◀**紫花豆（ベニバナインゲン）**

豆ちしき アマランサスやキノアは栄養価が高いので注目されています。

油

植物の種子や果実からとる油には多くの種類があります。
下のほかにもダイズ、トウモロコシ、ラッカセイ、ベニバナ、チャなどの種子からも油をとります。

▶ **ごま油**
ゴマ（シソ目ゴマ科）の種子からとります。

▶ **綿実油**
ワタ（アオイ目アオイ科）の種子からとります。

▶ **オリーブ油**
オリーブ（シソ目モクセイ科）の果肉からとります。

▶ **椿油**
ヤブツバキ（ツツジ目ツバキ科）の種子からとります。

▶ **ひまわり油**
ヒマワリ（キク目キク科）の種子からとります。

▶ **菜種油**
アブラナ（アブラナ目アブラナ科）の種子からとります。日本ではもっとも生産量の多い植物油です。

そのほかの作物

▲ **カカオ**
アオイ目アオイ科（229ページ）
種子をつぶしてカカオマスを取り出します。

▲ **コーヒーノキ**
リンドウ目アカネ科（128ページ）
種子を煎ってコーヒー豆にします。

◀ **サトウキビ**
イネ目イネ科
茎をしぼった液から砂糖をつくります。

▶ **ホップ**
バラ目アサ科
め花が咲いた後の毬花を利用します。

◀ **テンサイ**
ナデシコ目ヒユ科
茎をしぼった液から砂糖をつくります。

木の実

▲ **アーモンド**
バラ目バラ科（68ページ）

▲ **クリ**
ブナ目ブナ科（167ページ）

▲ **カシューナッツ**
ムクロジ目ウルシ科

▲ **ギンナン**
イチョウ目イチョウ科（106ページ）

▲ **クルミ**
ブナ目ブナ科

▲ **ピスタチオナッツ**
ムクロジ目ウルシ科

▲ **マカダミアナッツ**
ヤマモガシ目ヤマモガシ科

豆ちしき サトウキビのしぼり汁を煮つめてそのままかためたものが黒糖です。

雑木林や山の植物

オニユリ

キク科・キキョウ科

キクのなかま

🔺高さ　◆生活のすがた　❋花の咲く時期　❤原産地　★特徴など　🍎実のなる時期

◀ **イワギキョウ**
岩桔梗
キク目キキョウ科
🔺3〜15cm
◆多年草　❋7〜8月
★高山の岩場に育ちます。葉はうすく、花弁の内側やふちには毛がありません。群生しているのがよく見られます。

花弁のふちには毛がない

◀ **コヤブタバコ** 小藪煙草
キク目キク科
🔺50〜100cm
◆多年草　❋7〜10月
★林の中などに育ちます。緑白色から黄色の花が、下向きにつきます。

▶ **サワギキョウ** 沢桔梗
キク目キキョウ科
🔺50〜100cm　◆多年草　❋8〜9月
★山野の湿地に育ちます。葉には葉柄がなく、茎の上のほうでは小さくなります。

花は横向きに開く

▶ **アキノキリンソウ**
秋の麒麟草
キク目キク科
🔺35〜80cm
◆多年草
❋8〜11月
★葉柄に翼があります。帰化植物のセイタカアワダチソウと同じなかまです。

茎の上部にたくさんの黄色の頭花をつける

花

根出葉

▲ **オタカラコウ** 雄宝香
キク目キク科
🔺1〜2m
◆多年草　❋7〜10月
★根出葉は大きく、形はフキの葉のように見えます。茎につく葉は多くありません。

▼ **ゴマナ** 胡麻菜
キク目キク科
🔺1〜1.5m　◆多年草　❋9〜10月
★地中には太い根茎があります。葉がゴマの葉に似ていて、若い芽が食べられることからこの名前がつきました。

茎は上部で多くの枝に分かれ、たくさんの頭花をつける

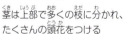

▼ **ヤブレガサ** 破傘
キク目キク科
🔺70〜120cm　◆多年草　❋7〜10月
★葉は深く切れこんでいます。芽が出たときの様子が、やぶれた傘に似ていることから名づけられました。

▲ **ミヤマウスユキソウ**
深山薄雪草
キク目キク科
pearly everlasting
🔺6〜15cm
◆多年草　❋7〜8月
★東北地方の鳥海山で発見されました。ヨーロッパアルプスに育つエーデルワイスと同じなかまです。

豆ちしき　小さな花が茎や枝の先に集まってひとつの花のように見えるものを頭花といいます。

スイカズラ科・ウコギ科・セリ科　レンプクソウ科・ミツガシワ科

♠高さ　◆生活のすがた
✿花の咲く時期　♥原産地
★特徴など　🍎実のなる時期

果実は赤く熟し、中の種子がすけて見える

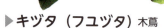

果実は翌年の春に黒く熟す

▶ キヅタ（フユヅタ）木蔦
セリ目ウコギ科
Japanese ivy
- ♠つる性　◆常緑木本　✿10〜12月
- 🍎（翌年の）5〜6月
- ★茎から多数の付着根を出し、岩や木をはい上ります。

▲ ウグイスカグラ
鶯神楽
マツムシソウ目スイカズラ科
- ♠1.5〜2.5m　◆落葉低木　✿4〜5月　🍎5〜6月
- ★葉のつけ根から、先が5つになったラッパ形の花が下向きに咲きます。茎や花には毛がありません。

▼ ニワトコ
接骨木
マツムシソウ目レンプクソウ科
red-berried elder
- ♠2〜6m　◆落葉低木　✿3〜5月　🍎6〜8月
- ★春にほかの木に先がけて葉が開き、黄白色の小さい花がたくさん咲きます。

◀ アシタバ
明日葉
セリ目セリ科
- ♠50〜120cm　◆多年草
- ✿8〜10月
- ★茎や葉を切ると黄色の液が出ます。畑で栽培もされています。「葉をつんでも次の日には新しい葉が出ているくらい成長が早い」ということから名づけられたといわれています。

▶ シシウド 猪独活
セリ目セリ科
- ♠1〜2m　◆多年草　✿8〜11月
- ★茎は太く、中が空どうで、直立します。花が咲くまで多年草のように毎年成長しますが、一度花が咲いて果実をつけるとかれてしまいます。

◀ アベリア（ハナツクバネウツギ）
マツムシソウ目スイカズラ科
glossy abelia
- ♠1〜3m
- ◆常緑低木
- ✿6〜10月
- ★よく生け垣に植えられます。花のかおりが強く、夏の間長く咲き続けるので、ハチやチョウが多く集まります。

◀ ウド 独活
セリ目ウコギ科
udo
- ♠1〜2m　◆多年草　✿8〜9月
- ★茎は太く円柱形ですが、木ではありません。茎・葉・花に毛があります。若い芽や茎は山菜として食べられます。日本原産の数少ない野菜のひとつです。

花

茎は太く円柱形

▲ウドの栽培の様子。地下のトンネルで光を当てないように育てると真っ白になります。

豆ちしき　ウドは大きく成長しますが、育ったころには食用にも材木にもなりません。

▶ガマズミ 莢蒾
マツムシソウ目レンプクソウ科
Japanese bush cranberry
- 約5m ◆落葉高木 ✿5〜6月 ●9〜11月
- ★枝の先に白い小さい花がたくさん集まって咲きます。

果実は赤く熟す

◀ヤブデマリ
藪手毬
マツムシソウ目レンプクソウ科
- 2〜6m
- ◆落葉低木 ✿5〜6月
- ★やぶのような場所に生え、花序が手まりのようにまるいことから名づけられました。

花序の中心部に両性花が集まり、その周囲に装飾花がある

▶オオカメノキ（ムシカリ）
大亀の木
マツムシソウ目レンプクソウ科
- 約6m ◆落葉高木
- ✿4〜6月 ●8〜10月
- ★葉の表面の葉脈はへこんでいて、裏面の葉脈はでっぱっています。

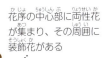

装飾花

花

◀ハクサンボウフウ
白山防風
セリ目セリ科
- 30〜90cm
- ◆多年草 ✿8〜9月
- ★少ししめった高山の草地に育ちます。

▼イワイチョウ
岩銀杏
キク目ミツガシワ科
- 20〜40cm ◆多年草 ✿7〜8月
- ★葉はイチョウの葉に似ています。地下には太い根茎があります。

▶マツムシソウ
松虫草
マツムシソウ目スイカズラ科
pincushion flower
- 60〜90cm
- ◆一年草 ✿8〜10月
- ★長い枝の先に小さな花が集まって咲きます。中心部の花は小さく、もり上がってつきます。

芽（タラノメ）

◀タラノキ
楤の木
セリ目ウコギ科
Hercules-club
- 2〜5m
- ◆落葉低木 ✿8月
- ★幹や枝にするどいとげがあります。若い芽はタラノメと呼ばれ、山菜として食べられます（148ページ）。

花

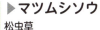
花

🫘豆ちしき　花のつき方や小さな花の集まり方を花序といいます。

ライブ LIVE 情報

山菜(さんさい)

野山に育ち、食べられる植物を「山菜」といいます。昔から人々は、春になるといろいろな山菜をとり、おひたしやごまあえ、てんぷらなどにして食べてきました。かんそうさせたり塩漬けにしたりして保存食にもします。

アイコ（ミヤマイラクサ）
山地のしめり気のある場所に育ちます。若い茎を、おひたしやいため物、汁物、みそ漬けなどにして食べます。

ワラビ
平地や山地の日当たりのよい場所に育ちます。20cmくらいの若芽と茎を食べます。

コゴミ
クサソテツの若い芽のことです。川ぞいの斜面に育ちます。ワラビやゼンマイよりあくがなく、食べやすい山菜です。

ウド
山地のしめり気のある場所に育ちます。茎はみそをつけ生で食べ、若い葉は天ぷらにして食べます。

ゼンマイ
山の急斜面に育ちます。かんそう保存し、食べるとき、お湯でもどしてから料理します。

タラノメ
タラノキの若い芽のこと。日当たりのよい荒れ地に育ちます。天ぷらなどにして食べます。

フキノトウ（フキ）
フキの花です。まだつぼみのものをとり、天ぷらやみそ汁に入れたりして食べます。

ネマガリタケ
チシマザサのたけのこのことです。汁物や煮物にして食べます。

コシアブラ
葉が開ききらない若い芽を、天ぷらやバターいためにして食べます。

シソ科・ハマウツボ科・モクセイ科 リンドウ科など

♠高さ ♥生活のすがた
❀花の咲く時期 ❤原産地
★特徴など 🍎実のなる時期

キクのなかま

花
果実

◀ ムラサキシキブ
紫式部
シソ目シソ科
Japanese beauty-berry
♠約3m ♦落葉低木
❀6〜8月 🍎10〜11月
★紫色の果実を平安時代の女性、紫式部にたとえて名づけられたといわれています。葉のつけ根から柄を出して小さい花を多数つけます。

▶ コムラサキ
小紫
シソ目シソ科
Chinese beauty-berry
♠約2m ♦落葉低木
❀7〜8月 🍎9〜12月
★紫色の果実が美しいので、庭にも植えられます。果実は直径3mmほどの球形です。

花

果実はムラサキシキブよりも密につく

茎につく葉は深く切れ込む

◀ メハジキ
目弾き
シソ目シソ科
Siberian motherwort
♠50〜150cm ♦一年草
❀7〜9月
★茎は弾力性があります。

▶ ジュウニヒトエ
十二単
シソ目シソ科
♠10〜25cm ♦多年草
❀4〜5月
★花が重なりあって咲きます。

茎や葉に細かい毛がある

◀ ナギナタコウジュ
薙刀香薷
シソ目シソ科
crested late-summer mint
♠30〜60cm ♦一年草
❀9〜10月
★もむと強いかおりがあります。茎にはやわらかい毛があり、多く枝分かれします。花は穂の一方にだけにそり返るようにつきます。花の形を薙刀にたとえて名づけられました。

▼ ミヤマシオガマ
深山塩竈
シソ目ハマウツボ科
Pedicularis apodochila
♠7〜20cm ♦多年草 ❀7〜8月
★葉は細かく切れこんでいます。半寄生植物でほかの植物の根からも栄養をとっています。

▶ ヨツバシオガマ
四葉塩竈
シソ目ハマウツボ科
Japanese Chamisso's lousewort
♠10〜35cm
♦多年草 ❀7〜8月
★葉は細かく切れこんでいて、ふつう4枚ずつ輪生します。ミヤマシオガマと同じく半寄生植物です。

花は輪生し、何段にもつく

▲ ヒトツバタゴ（ナンジャモンジャ）
一つ葉田子
シソ目モクセイ科
Chinese fringetree
♠25〜30m ♦落葉高木
❀5〜6月 🍎9〜10月
★別名のナンジャモンジャとは、この木の名前がわからなかったことから呼ばれたものだといわれています。

実

豆ちしき ヒトツバタゴのほかにも、見慣れない植物が愛称としてナンジャモンジャと呼ばれていた場合もあります。

▶ トウヤクリンドウ
当薬竜胆
リンドウ目リンドウ科
arctic gentian
- ♠ 10〜20cm ◆ 多年草
- ✿ 8〜9月
- ★ 根元の葉は束になってつきます。高山に育ち、薬用にもされました。

茎につく葉は向かいあってつく

▲ ヤマルリソウ
山瑠璃草
ムラサキ科
- ♠ 7〜20cm ◆ 多年草 ✿ 4〜5月
- ★ 茎は根元から数本出て、花が咲くにつれてのびます。花は咲きはじめのころはピンク色で、次第に青紫色（るり色）に変わります。

▶ ミヤマリンドウ　深山竜胆
リンドウ目リンドウ科
- ♠ 5〜10cm ◆ 多年草 ✿ 8〜9月
- ★ 高山のしめった草原などに育ちます。日の当たらないくもりや雨の日、夜などは花を閉じています。

▶ センブリ
千振
リンドウ目リンドウ科
Japanese green gentian
- ♠ 5〜20cm ◆ 一年草
- ✿ 8〜11月
- ★ 花は白く紫色のすじがあります。胃腸薬になる薬草ですがとても苦く「千回ふり出しても（煎じても）まだ苦い」とたとえられることから名づけられました。

花

茎は紫色を帯びる

▲ リンドウ　竜胆
リンドウ目リンドウ科
autumn bellflower
- ♠ 20〜100cm ◆ 多年草 ✿ 9〜11月
- ★ 秋の代表的な花のひとつです。茎は紫色を帯びます。

発見 暗いと閉じるリンドウの花
リンドウの花は明るいと開き、暗いと閉じます。そのため、光が当たらない夜、くもりの日や雨の日などは、花は閉じています。明るいときは花弁の内側が成長するので花が開き、暗いときは外側が成長するので閉じるというわけです。

◀ クルマバソウ　車葉草
リンドウ目アカネ科
sweet woodruff
- ♠ 20〜30cm ◆ 多年草 ✿ 5〜7月
- ★ 葉が6〜10枚輪生します。地下には地下茎が長く横にはいます。

▶ ハシリドコロ
走野老
ナス目ナス科
- ♠ 30〜60cm ◆ 多年草 ✿ 4〜5月
- ★ 葉はやわらかく、花は下向きに咲きます。全草に猛毒があり、食べると苦くて走り回るというのでこの名前がついたといわれています。

葉は両面とも毛がない

豆ちしき　リンドウの花言葉は「悲しんでいるあなたを愛する」などです。

イワウメ科・エゴノキ科
サクラソウ科・ツツジ科

キクのなかま

♠高さ ▼生活のすがた
✿花の咲く時期 ♥原産地
★特徴など 🌰実のなる時期

◀ イワウメ
岩梅
ツツジ目イワウメ科
- ♠ 3〜7cm ◆ 常緑高木 ✿ 6〜7月
- ★ 花がウメの花に似ていて高山の岩場に育つのでついた名前です。茎は地をはって広がり、葉をびっしりつけてマット状になります。

花弁のふちが細かく切れこみ、下向きに咲く

◀ イワカガミ
岩鏡
ツツジ目イワウメ科
fringe-bell, fringed galax
- ♠ 10〜20cm ◆ 多年草 ✿ 4〜7月
- ★ まるくてつやのある葉を鏡に見立て、岩場に育つのでついた名前です。

◀ ハクサンコザクラ
（ナンキンコザクラ） 白山小桜
ツツジ目サクラソウ科
- ♠ 5〜20cm ◆ 多年草 ✿ 7〜8月
- ★ 葉は根元に7〜10枚集まってつきます。

▶ イチヤクソウ　一薬草
ツツジ目ツツジ科
- ♠ 15〜25cm ◆ 多年草 ✿ 6〜7月
- ★ 葉の間から花茎が直立し、花が3〜10個くらいつきます。薬草として利用されることから名づけられたといわれています。

◀ アセビ（アシビ）
馬酔木
ツツジ目ツツジ科
Japanese andromeda
- ♠ 1.5〜4m ◆ 常緑低木 ✿ 2〜5月 🌰 9〜10月
- ★ 枝の先に多数のつぼ状の花がたれて咲きます。有毒植物で、葉を煎じて殺虫剤として利用されたことがあります。葉をウマが食べると、よっぱらったようになってしまうことから「馬酔木」と名づけられました。

果実

▲ エゴノキ
ツツジ目エゴノキ科
Japanese snowbell
- ♠ 7〜8m ◆ 落葉高木 ✿ 5〜6月 🌰 8〜9月
- ★ 果実にえぐみがあることからついた名前です。果実は熟すとさけて中から種子が1個出ます。

葉はまるい

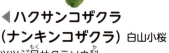
果実

▲ ハクウンボク
白雲木
ツツジ目エゴノキ科
fragrant snowbell
- ♠ 6〜15m ◆ 落葉高木 ✿ 5〜6月 🌰 9〜10月
- ★ 社寺によく植えられています。白い花を白い雲（白雲）にたとえて名づけられました。

▼ ベニバナイチヤクソウ
紅花一薬草
ツツジ目ツツジ科
- ♠ 15〜25cm ◆ 多年草 ✿ 6〜8月
- ★ 花の色がこいピンクで、めしべが長いのが特徴です。生育地によっては大きな群落をつくっていることがあります。

花
めしべが長い

葉は2〜5枚が根元に集まってつく

エゴノキの果実にはサポニンという物質がふくまれており、昔は若い果実を洗剤として利用しました。

▶ **ヤマツツジ**
山躑躅
ツツジ目ツツジ科　torch azalea
- ♠ 1〜5m　◆ 落葉低木
- ❀ 4〜6月
- ★ 春に出る葉は大きく、夏には小さい葉が出ます。

枝の先はななめに起き上がる

葉の裏と表にあらい毛が生える

▲ **ガンコウラン**　岩高蘭
ツツジ目ツツジ科
black crowberry
- ♠ 10〜20cm　◆ 常緑低木　❀ 5〜6月
- 🍎 8〜9月
- ★ 高山の地面をはってマット状に広がります。果実は黒みを帯びたあい色に熟し、食べられます。

◀ **モチツツジ**
ツツジ目ツツジ科
- ♠ 1〜2m
- ◆ 常緑低木　❀ 4〜5月
- ★ 花の柄とがくは毛から粘液を出してねばねばします。夏に出た葉はそのまま冬を越します。

◀ **ミツバツツジ**　三葉躑躅
ツツジ目ツツジ科
- ♠ 2〜3m　◆ 落葉低木
- ❀ 4〜5月
- ★ 葉が枝先に3枚ずつつきます。

▶ **サラサドウダン**
（フウリンツツジ）
更紗灯台
ツツジ目ツツジ科
red vein
- ♠ 3〜5m　◆ 落葉低木　❀ 5〜7月
- ★ 日本の固有種で、深い山に育ちます。花のもようを更紗染めのもように見立てて名づけられました。

葉

おしべは5本

おしべは5本

◀ **ミヤマキリシマ**
ツツジ目ツツジ科
- ♠ 50〜100cm　◆ 落葉低木　❀ 4〜5月
- ★ 九州の山にのみ生えて、群落をつくります。

▲ **レンゲツツジ**
蓮華躑躅
ツツジ目ツツジ科　Japanese azalea
- ♠ 1〜2m　◆ 落葉低木　❀ 5〜6月
- ★ 葉が出るのと花が咲くのは同じころです。黄色い花をつけるものもあり、キレンゲツツジと呼ばれます。

▶ **コケモモ**
苔桃
ツツジ目ツツジ科
cowberry
- ♠ 5〜15cm　◆ 常緑低木
- ❀ 6〜7月　🍎 秋
- ★ 葉はあつくつやがあり、つりがね形の花が集まってつきます。果実は赤く熟し、食べられます。

果実

ツツジ科・ツバキ科・ミズキ科
アジサイ科・ナデシコ科など

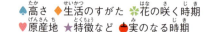
♠ 高さ ◆ 生活のすがた ✿ 花の咲く時期
♥ 原産地 ★ 特徴など 🍎 実のなる時期

◀ **ツガザクラ** 栂桜
ツツジ目ツツジ科
♠ 10〜20cm
◆ 常緑低木 ✿ 7〜8月
★ 高山の岩地に育ちます。花の色が桜色で葉がツガという針葉樹に似ているのでついた名前です。

▲ **サワフタギ**
沢蓋木
ツツジ目ハイノキ科
sapphire-berry
♠ 1〜3m ◆ 落葉低木 ✿ 5〜6月
★ 湿地や湿原などのしめり気が多いところに育ちます。おしべが長く黄色のやくが目立ちます。

果実

距はうず巻き形

▲ **ハクサンシャクナゲ**
白山石楠花
ツツジ目ツツジ科
♠ 1〜2m ◆ 常緑低木
✿ 7〜8月
★ 枝が太く、よく枝分かれします。昔から庭木としても用いられてきました。

▲ **ツリフネソウ**
釣舟草
ツツジ目ツリフネソウ科
♠ 50〜80cm ◆ 一年草 ✿ 8〜10月
★ 花は茎の先につきます。長い花の奥にあるみつをもとめてやってくるハナバチなどに、花粉を運んでもらいます。

▲ **マタタビ**
木天蓼
ツツジ目マタタビ科 silver vine
◆ 落葉つる性木本
✿ 6〜7月 🍎 秋
★ 枝先の葉は花が咲くころ、白くなって目立ちます。ネコ科の動物が好む植物です。

果実は黄色に熟す

発見 薬になるマタタビ
植物が昆虫に寄生されると、虫こぶができることがあります。マタタビミタマバエやマタタビアブラムシに寄生されて虫こぶになったマタタビのつぼみは、木天蓼と呼ばれ薬として利用されます。

距はかぎ形

◀ **キツリフネ**
黄釣舟
ツツジ目ツリフネソウ科
♠ 40〜80cm
◆ 一年草 ✿ 7〜9月
★ 花は葉のわきにつきます。黄色のツリフネソウという意味の名前です。

花糸は黄色

◀ **ユキツバキ**
雪椿
ツツジ目ツバキ科
camellia rusticana
♠ 2〜4m ◆ 常緑低木 ✿ 4〜5月
★ 太い幹をつくらず、細くてしなやかな幹です。枝が地面に着いたところから根を出します。

▶ **ヤブツバキ** 藪椿
ツツジ目ツバキ科 camellia
♠ 5〜15m ◆ 常緑高木
✿ 11〜12月または2〜4月
★ 海岸近くから山地まで広く見られます。枝の先に花が1個ずつつきます。花弁は赤色で、開ききることがありません。種子からは椿油がとれます。

豆ちしき　ヤブツバキは、いろいろあるツバキの園芸品種の基本種になっています。

赤い実図鑑

LIVE情報

種子植物は、花が咲いたあと、実（果実）をつけます。実の中に種子があります。この種子を、鳥や動物に遠くまで運んでもらうために、実の色を真っ赤にして目立たせていると考えられています。実の色には、ほかにも黒や青、黄色などがありますが、赤がいちばん多いといわれています。赤い実にはどんなものがあるのか、見てみましょう。

- タラヨウ（149ページ）
- アオキ（46ページ）
- ウメモドキ（45ページ）
- サネカズラ（185ページ）
- カラタチバナ（53ページ）
- ウグイスカグラ（146ページ）
- クコ（50ページ）
- ズミ（159ページ）
- ガマズミ（147ページ）
- ピラカンサ（63ページ）
- サンシュユ（55ページ）
- サンゴジュ（45ページ）
- センリョウ（103ページ）
- アキグミ（158ページ）

バラ科・イラクサ科 グミ科・クワ科など

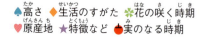
- ♠ 高さ
- ♦ 生活のすがた
- ✤ 花の咲く時期
- ♥ 原産地
- ★ 特徴など
- 🍎 実のなる時期

◀ カテンソウ　花点草
バラ目イラクサ科
- ♠ 10～30cm
- ♦ 多年草
- ✤ 4～5月
- ★ 花は茎の上に集まってつきます。竹やぶによく育ちます。おしべの花糸が内側に曲がっていて、開花と同時にばねのように外側にはねかえり、花粉を飛び散らします。

▲花粉を飛ばすカテンソウ

▲ ケンポナシ　玄圃梨
バラ目クロウメモドキ科　Japanese raisin tree
- ♠ 15～25m
- ♦ 落葉高木
- ✤ 6～7月
- 🍎 9～10月
- ★ 果実が熟すころに、果実の柄の部分がふくらみます。このふくらんだ部分は食べることができます。

果実は黒っぽく熟す／柄／この中に種子がある

◀ イラクサ　刺草

▼茎のとげ

バラ目イラクサ科
- ♠ 40～80cm
- ♦ 多年草
- ✤ 9～10月
- ★ 茎や葉には、長さ1～2mmのさわると痛くなる毛があります。

◀ ナツグミ　夏茱萸

花／がく／果実は赤く熟し、細長い柄でぶら下がる／葉の裏は白みを帯びる

バラ目グミ科　cherry elaeagnus
- ♠ 2～4m
- ♦ 落葉低木
- ✤ 4～5月
- 🍎 5～6月
- ★ 葉のつけ根から花が1～2個たれて咲きます。花弁に見えるのはがくです。果実は食べられます。

▶ コウゾ　楮
バラ目クワ科
- ♠ 約6m
- ♦ 落葉高木
- ✤ 4～5月
- 🍎 6～7月
- ★ ヒメコウゾとカジノキとの雑種が起源とされています。樹皮を和紙の原料とするために栽培されています。

め花

発見 和紙の原料になるコウゾ
コウゾは和紙の原料となる植物です。コウゾの繊維は太くて長くじょうぶなので、障子の紙をはじめ、さまざまな和紙の原料として使用されています。

▶コウゾの寒ざらし。和紙をつくる過程で、コウゾを川にさらすことで、あくや不純物を取りのぞきます。

▶ アキグミ　秋茱萸

バラ目グミ科　Japanese silverberry
- ♠ 1～2.5m
- ♦ 落葉低木
- ✤ 4～5月
- 🍎 9～11月
- ★ がくははじめ白く、あとで黄色に変わります。果実は食用になりますが、しぶみがあります。

▶ ヤマグワ（クワ）　山桑
バラ目クワ科　Japanese mulberry
- ♠ 3～10m
- ♦ 落葉高木
- ✤ 4～5月
- 🍎 6～7月
- ★ 花は新しい枝につきます。葉は大きく、ふちには鋸歯があります。カイコの食べ物です。

果実

豆ちしき　生糸をつくる養蚕業がさかんだった日本には、クワの畑がたくさんあり、地図記号にもなっています。(𡖊)

バラ科

バラのなかま

🔷高さ　◆生活のすがた　✳花の咲く時期　❤原産地　★特徴など　🍎実のなる時期

▲カジイチゴ　構苺
バラ目バラ科
- 🔷1.5〜2.5m　◆落葉低木
- ✳4〜5月　🍎5〜6月
- ★枝の先に花をつけ、花や果実は上向きにつきます。果実は食べられます。

果実

▲モミジイチゴ　紅葉苺
バラ目バラ科
- 🔷50〜200cm　◆落葉低木
- ✳3〜5月　🍎6〜7月
- ★枝や葉柄、葉の裏の脈などにとげがあります。花や果実は下向きにつきます。果実は黄色に熟し、食べることができます。

果実は冬に熟す
果実

▶フユイチゴ
冬苺
バラ目バラ科
- 🔷つる性　◆常緑低木
- ✳8〜10月　🍎11〜1月
- ★ランナーは褐色の毛が生え、地面をはい、ところどころで根を出します。果実は食べられます。葉のつけ根に花をつける枝ができます。

果実

▲サンショウバラ　山椒薔薇
バラ目バラ科
- 🔷約5m　◆落葉高木
- ✳5〜6月　🍎9〜10月
- ★葉がサンショウの葉に似ているところからこの名前がつきました。果実の表面には、するどいとげがたくさんあります。

▼ノイバラ（ノバラ）　野薔薇
バラ目バラ科
polyantha rose
- 🔷約2m　◆落葉低木
- ✳5〜6月　🍎9〜11月
- ★枝にはとげがあります。花はあまいかおりがします。果実は秋に赤く熟します。

果実

▶ナナカマド
七竈
バラ目バラ科
Japanese mountain-ash
- 🔷6〜10m　◆落葉高木
- ✳5〜7月　🍎9〜10月
- ★木を7回かまどに入れても燃え残るほど、燃えにくいといわれることからついた名前です。秋には果実が赤く熟し、葉も真っ赤に紅葉します。

果実

160

LIVE情報

特定外来生物とは

外来生物とは、外国から日本にやってきた生物です。外来生物には人や環境などに被害をおよぼすものもあり、問題になっています。そこで、環境省は外来生物の中でも特に人や環境に被害をおよぼすおそれのあるものを特定外来生物に指定しています。特定外来生物を許可なく飼育、栽培したり、ほかの場所に持っていったり、すてることは禁止されています。

♠高さ（長さ）　◆生活のすがた　❀花の咲く時期　♥原産地　🍎実のなる時期　★特徴など

ボタンウキクサ（ウォーターレタス） 牡丹浮草
オモダカ目サトイモ科　water lettuce
- ♠10～15cm　◆多年草
- ❀5～10月　♥アフリカ　★池や沼、水田などにういて育ちます。水上にうかぶ葉の形がレタスに似ています。

オオフサモ 大総藻
ユキノシタ目アリノトウグサ科　parrotfeather
- ◆多年草　❀5～6月　♥南アメリカ
- ★沼や池などに育ちます。日本では兵庫県の須磨寺の池から広がったので、スマフサモとも呼ばれます。

アレチウリ 荒れ地瓜
ウリ目ウリ科　bur cucumber
- ♠つる性　◆一年草　❀8～10月　♥北アメリカ
- 🍎10～12月　★道ばたや川原などに育ちます。とても成長が早く、群生しているのがよく見られます。果実にはするどいとげがあり、注意が必要です。

果実

ナガエツルノゲイトウ
長柄蔓野鶏頭　ナデシコ目ヒユ科
alligatorweed
- ♠50～100cm　◆多年草　❀4～10月
- ♥南アメリカ　★沼などに育ちます。かんそうに強く、陸地でも育つといわれています。

ブラジルチドメグサ
セリ目ウコギ科　floating marshpennywort
- ◆多年草　❀10～12月　♥南アメリカ
- ★沼などに育ちます。大量にふえて水面に広がるので、水中に光が届かなくなり、生態系に影響をあたえてしまうことがあります。

ナルトサワギク 鳴門沢菊
キク目キク科　madagascar ragwort
- ♠30～70cm　◆一年草または多年草　❀一年中
- ♥マダガスカル　★海辺や道ばた、川原などに育ちます。日本では1976年に鳴門市で確認されました。

オオハンゴンソウ
大反魂草
キク目キク科　cutleaf coneflower
- ♠50～300cm　◆多年草
- ❀7～10月　♥北アメリカ
- ★観賞用に導入されたものが野生化しました。じょうぶでよくふえ、現在では全国に広がっています。八重咲きの花をつける品種はヤエザキハンゴンソウと呼ばれます。

オオキンケイギク
大金鶏菊
キク目キク科　lanceleaf tickseed
- ♠30～60cm
- ◆多年草　❀5～7月
- ♥北アメリカ
- ★道ばたや川原などに育ちます。もとは観賞用や緑化用として日本に入ってきました。

ほかにも、次の植物などが特定外来生物に指定されています。

- ●スパルティナ・アングリカ（イネ科。河口などの湿地に育ちます）
- ●ミズヒマワリ（キク科。川原のふちや川の中などに育ちます）
- ●オオカワヂシャ（オオバコ科。水辺や水田などの湿地に育ちます）
- ●アゾラ・クリスタータ（シダ植物。池や沼、水田などにういて育ちます）
- ●ルドウィギア・グランディフロラ（アカバナ科。水上と水中で育ちます）

アオイ科・ミカン科・ウルシ科　ムクロジ科・フウロソウ科など

🔺高さ　◆生活のすがた
❀花の咲く時期　♥原産地
★特徴など　🍎実のなる時期

バラのなかま

◀ アオギリ
青桐
アオイ目アオイ科
Chinese parasol tree
- 🔺15m以上　◆落葉高木
- ❀5〜7月　🍎9〜11月
- ★庭園樹や街路樹としてよく植えられます。果実は熟す前に果皮が開き、果皮のふちに種子がついているように見えます。

▶割れたアオギリの果実。ふくろ状の果皮のふちには、いくつかの種子がついています。

◀ ホルトノキ
カタバミ目ホルトノキ科
- 🔺10〜20m
- ◆常緑高木
- ❀7〜8月　🍎11月
- ★巨木になることもあります。常緑樹ですが、古い葉は赤く色づいて落葉します。

◀ サンショウ
山椒
ムクロジ目ミカン科
Japanese pepper
- 🔺1〜5m　◆落葉低木
- ❀4〜5月　🍎9〜10月
- ★枝や葉のつけ根に2本のとげが対生します。若葉は「木の芽」と呼ばれて料理の薬味に使われます。葉をアゲハの幼虫が好んで食べます。

とげ

果実は熟すと2つに割れて黒い種子が出る

◀ ハゼノキ（ロウノキ）櫨木
ムクロジ目ウルシ科
- 🔺6〜10m　◆落葉高木
- ❀5〜6月　🍎9〜10月
- ★果実はつやがあり黄白色に熟します。さわるとかぶれることもあるので注意が必要です。葉は秋に紅葉します。

▶ マツカゼソウ　松風草
ムクロジ目ミカン科
- 🔺40〜80cm　◆多年草
- ❀8〜10月
- ★木かげなどに育ちます。葉は、明かりにすかしてみると、こまかい点が散らばって見えます。

▲ ウルシ　漆
ムクロジ目ウルシ科　Japanese lacquer tree
- 🔺7〜10m　◆落葉高木
- ❀5〜6月　♥中国　🍎8〜9月
- ★木からとれる樹液はウルシぬりに使われます。葉は、秋に紅葉します。果実には毛がありません。中国原産で日本では栽培されますが、ところによっては野生化しています。樹液をさわるとかぶれることがあります。

発見　ウルシぬり
ウルシの樹液はむかしからぬり物に利用されてきました。職人が何度もぬり重ねることで、美しいぬり物ができます。

花

ハゼノキの別名ロウノキは、むかし果実からろうをとったことに由来しています。

◀ メグスリノキ
目薬木
ムクロジ目ムクロジ科　Nikko maple
- 10〜15m　◆落葉高木
- 5月　8〜9月
- ★むかし葉や樹皮を煎じて目を洗ったことからついた名前です。

葉が大きく、ふちの切れこみが浅い

▶ ハウチワカエデ（メイゲツカエデ）羽団扇楓
ムクロジ目ムクロジ科
- 10〜15m　◆落葉高木　5〜6月　7〜9月
- ★葉の形を天狗のうちわに見立てた名前です。

▶ ヤナギラン
柳蘭
フトモモ目アカバナ科
- 1〜1.5m
- ◆多年草　6〜8月
- ★葉の形がヤナギに似ているのでついた名前です。花は下から順に咲きます。果実は熟すと4つに割れ、白く長い毛をつけた種子を散らします。

▶ ウリハダカエデ　瓜膚楓
ムクロジ目ムクロジ科　snake-bark maple
- 8〜10m　◆落葉高木
- 5月　7〜9月
- ★若木の樹皮は暗緑色で黒い筋があり、このようすがウリ（マクワウリ）に似ているところからついた名前です。成木になると、樹皮の色は灰褐色となります。

◀ キブシ
木付子
クロッソソマ目キブシ科
- 3〜7m　◆落葉低木
- 3〜4月　7〜10月
- ★葉が展開する前に、花が多数連なってたれて咲きます。

▶ イタヤカエデ（アサヒカエデ）
板屋楓
ムクロジ目ムクロジ科　painted maple
- 15〜20m　◆落葉高木
- 4〜5月　7〜9月
- ★春先にとれる樹液から砂糖をつくることができます。秋には葉が黄色になります。

▶ ハクサンフウロ
白山風露
フウロソウ目フウロソウ科
- 30〜80cm
- ◆多年草　7〜8月
- ★高山の草原に育ちます。花は2つで順番に咲きます。

▶ タチフウロ
立風露
フウロソウ目フウロソウ科
- 60〜80cm　◆多年草
- 7〜9月
- ★花弁にこい色の脈があります。茎や葉には毛があります。

◀ ヌルデ（フシノキ）白膠木
ムクロジ目ウルシ科　Japanese sumac
- 3〜10m　◆落葉高木
- 8〜9月　10〜11月
- ★葉の軸に翼があります。葉に虫こぶができることがあります。

163

スミレ科・ニシキギ科・オトギリソウ科
ドクウツギ科・トウダイグサ科

バラのなかま

♠高さ　●生活のすがた　✿花の咲く時期　♥原産地　★特徴など　🍎実のなる時期

葉の表の面は光沢がある

葉は3つに分かれて、ふちは深い切れこみがある

◁ **タカネスミレ**
高嶺菫
キントラノオ目スミレ科
♠5～12cm　●多年草
✿7～8月
★高山に育つので、草丈はのびませんが、地下茎で増え、大株になります。

▲ **エイザンスミレ**
叡山菫
キントラノオ目スミレ科
♠5～15cm　●多年草　✿4～5月
★花にかすかにかおりがあります。花の色はうすい赤紫色が多いですが、こい色や白いものもあります。

▲ **スミレサイシン**
菫細辛
キントラノオ目スミレ科
♠10～15cm　●多年草　✿4～6月
★日本に育つスミレのなかまのなかでも、大型の花をつけます。地下茎が太く、ヤマノイモのようにすってとろろのようにして食べることができます。

▷ **スミレ**
菫
キントラノオ目スミレ科
violet
♠5～15cm
●多年草　✿4～5月
★葉が根元から多数出ます。果実がさけて種子をはじきとばします。

きょ距

▼ **ナガバノ**
スミレサイシン
長葉の菫細辛
キントラノオ目スミレ科
♠5～12cm　●多年草　✿4～5月
★スミレサイシンによく似ていますが、葉が細長く、太平洋側の地域に分布しています。花が咲くころにはまだ葉がのびきっていないことが多いようです。

葉柄は長く、せまい翼がある

発見
種子をまくスミレ
スミレの果実は熟すと3つにさけます。中にはたくさんの種子が入っています。さけた果皮がかわいてちぢむと、果皮のはばがせばまり、種子をはじきとばします。

はじきとばす前　　はじきとばしたあと

▷ **キスミレ**
黄菫
キントラノオ目スミレ科
♠10～15cm
●多年草　✿4～5月
★菫色ではなく黄色い花をつけます。茎の上部に葉を3～4枚つけ、下部には葉はありません。絶滅危惧種です。

◁ **ナガハシスミレ**
（テングスミレ） 長嘴菫
キントラノオ目スミレ科
♠約15cmまで　●多年草　✿4～5月
★スミレのなかまの花には、距とよばれるつき出た部分があります。その部分がとても長く、天狗の鼻のように見えるところから、テングスミレという名前もあります。

豆ちしき　スミレの種子にはエライオソーム（96、205ページ）がついています。はじきとばされた種子は、アリに運ばれます。

ブナ科

バラのなかま

♠高さ ◆生活のすがた ✤花の咲く時期 ♥原産地 ★特徴など ⏲実のなる時期

※168、169ページには、22種の日本のどんぐりがのっています。

▶コナラ
小楢
ブナ目ブナ科
Japanese oak
♠5〜15m ◆落葉高木
✤4〜5月 ⏲秋
★葉の裏に毛があって白っぽく見えます。ミズナラの別名をオオナラ（大楢）といいますが、それよりも果実（どんぐり）や葉が小さいのでコナラ（小楢）と呼ばれるようになりました。

▲ブナ　山毛欅
ブナ目ブナ科
siebold's beech
♠20〜30m ◆落葉高木 ✤5月ごろ ⏲10月ごろ
★め花は枝先に2個ずつつきます。果実（どんぐり）は三角すいで、上からながめると三角形に見えます。果実は小さいですがしぶ味がなく、食べられます。

▲アベマキ　橡
ブナ目ブナ科
Japanese cork oak
♠10〜20m ◆落葉高木
✤4〜5月 ⏲翌年の秋
★葉の裏に毛が生えて白っぽく見えます。樹皮にはコルク層が発達しています。

▶ナラガシワ　楢柏
ブナ目ブナ科
♠約25m ◆落葉高木 ✤4月ごろ ⏲秋
★葉がコナラとカシワの葉の中間のような形なのでついた名前です。朝鮮半島では、果実（どんぐり）などからどんぐり豆腐を作ります。

▶ミズナラ
水楢
ブナ目ブナ科
♠20〜30m ◆落葉高木
✤5〜6月 ⏲秋
★葉柄はほとんどありません。材には大量の水分をふくみ、燃えにくいところから「水楢」と名づけられました。材の木目が美しく、高級家具に使われます。

▼ウバメガシ　姥目樫
ブナ目ブナ科
♠3〜10m ◆常緑高木 ✤4〜5月 ⏲翌年の秋
★果実（どんぐり）は浅いおわん状の殻斗に包まれています。材から備長炭がつくられます。

▶クヌギ（ツルバミ）
櫟
ブナ目ブナ科
sawtooth oak
♠10〜15m ◆落葉高木 ✤4〜5月 ⏲翌年の秋
★葉はかれても翌年まで残っています。お花はめ花よりも早く咲きます。果実（どんぐり）は花の咲いた翌年の秋に熟します。木にはよく、樹液を求めてカブトムシなどの昆虫が集まります。

◀ マテバシイ　馬刀葉椎
ブナ目ブナ科
- 🌳 10～15m　◆ 常緑高木　✿ 6月ごろ　🍎 翌年の秋
- ★ 古くから栽培されていたために、自然分布などがよくわかっていません。果実（どんぐり）は生で食べることができます。果実から殻斗をとると、おしりの部分がへこんでいます。

▶ スダジイ
ブナ目ブナ科
- 🌳 10～20m　◆ 常緑高木　✿ 5～6月　🍎 翌年の秋
- ★ 果実（どんぐり）は袋状の殻斗に包まれています。種子はしぶ味がなく食べることができます。花には虫に花粉を運んでもらうための、虫を引き寄せる独特のにおいがあります。

カシワ（モチガシワ）
柏・槲
ブナ目ブナ科
daimyo oak
- 🌳 10～15m　◆ 落葉高木
- ✿ 5～6月　🍎 秋
- ★ 大きな葉のふちは波形になっています。殻斗には細長い鱗片が多数あります。柏餅を包みます。

▲ シラカシ
白樫
ブナ目ブナ科
Japanese white oak
- 🌳 10～20m　◆ 常緑高木　✿ 5月　🍎 秋
- ★ 幹の材がアカガシの材に比べて白っぽいのでついた名前です。葉のふちに浅い鋸歯があります。果実（どんぐり）の殻斗は浅いおわん形です。

◀ アラカシ　粗樫
ブナ目ブナ科
ring cupped oak
- 🌳 10～20m　◆ 常緑高木　✿ 4～5月　🍎 秋
- ★ 全体が粗い様子からついた名前です。果実（どんぐり）は上の方が幅が広くなっています。

▶ イチイガシ
一位樫
ブナ目ブナ科
- 🌳 20～30m
- ◆ 常緑高木
- ✿ 4～5月　🍎 秋
- ★ 名前の由来は、よく燃える木という意味の「最火の木」からだという説があります。

◀ ウラジロガシ
裏白樫
ブナ目ブナ科
- 🌳 15～20m
- ◆ 常緑高木
- ✿ 5月ごろ
- 🍎 翌年の秋
- ★ 葉の裏面が白っぽいのでついた名前です。花は5月に咲きますが、果実（どんぐり）は翌年の春から大きくなり、秋に熟します。

葉のふちは波打つ
葉の裏

▶ クリ　栗
ブナ目ブナ科　Japanese chestnut
- 🌳 5～17m　◆ 落葉高木
- ✿ 6～7月　🍎 秋
- ★ お花の穂のつけ根のところに、め花がつきます。果実はいが（とげのある殻斗）の中にできます。栽培されるクリは、野生のものに比べて果実が大きくなっています。

葉のふちには、先のとがったとげ状の鋸歯がある

花

どんぐりを割る

どんぐりはブナ科の植物の果実をまとめた呼び方です。中には種子がひとつ入っています。春になるとかたい果皮をやぶって発芽します。

ぼうしと呼ばれる部分は「殻斗」といい、どんぐりがまだ小さいときに実をすっぽりとおおって守る役目があります。

見てみよう　どんぐりの発芽

- 種皮：種子をつつんでいる皮です
- 幼根：根になるところです
- 子葉：養分をたくわえているところです
- 果皮：中身を守るかたい殻です

▼穴のあいたどんぐり。

どんぐり虫

どんぐりを割ると中から虫が出てくることがあります。「どんぐり虫」と呼ばれることもあるこの虫の正体は、どんぐりに卵を産みつけるゾウムシなどの幼虫です。栄養たっぷりのどんぐりの中で成長した幼虫は、大きくなると外に出て、成虫になる準備をします。

◀ゾウムシのなかまの幼虫がいるどんぐりの中

🫘ちしき　海外にもどんぐりのなるブナ科の木がたくさんあります。そうした木はオークと呼ばれます。

どんぐりの背比べ

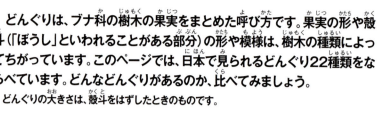

本当の大きさです　どんぐりの背比べ

どんぐりは、ブナ科の樹木の果実をまとめた呼び方です。果実の形や殻斗（「ぼうし」といわれることがある部分）の形や模様は、樹木の種類によってちがっています。このページでは、日本で見られるどんぐり22種類をならべています。どんなどんぐりがあるのか、比べてみましょう。

どんぐりの大きさは、殻斗をはずしたときのものです。

1 ツブラジイ

0.6～1.2cm　殻斗は熟すとさけます。コジイとも呼ばれます。

2 イヌブナ

1～1.2cm　殻斗には長い柄があり、熟するとさけます。ふたつのどんぐりが入っています。

4 イチイガシ

1.2～2cm　殻斗にはリング模様があり、毛でおおわれます。

5 スダジイ

1.2～2cm　殻斗は熟すとさけます。落ちたばかりのものはこい茶色をしています。

6 アラカシ

1.5～2cm　殻斗はリング模様です。関西でもっとも身近などんぐりのひとつです。

7 ウラジロガシ
1.5～2cm　リング模様の殻斗はうすく、短い毛がたくさん生えています。

9 ツクバネガシ

1.5～2cm　殻斗はリング模様で、毛でおおわれます。

10 ハナガガシ
1.5～2cm　殻斗はリング模様です。四国と九州南部にのみ分布します。

13 ウバメガシ

約2cm　殻斗はうろこ模様です。海岸や岩場に多く見られます。

14 コナラ

1.5～2.5cm　殻斗はこまかいうろこ模様です。

40ミリ
35ミリ
25ミリ
20ミリ
15ミリ
10ミリ
5ミリ

1　2　3　4　5　6　7　8　9　10　11　12　13　14　15

3 ブナ
約1.5cm　殻斗は熟するとさけます。ふたつのどんぐりが同じ殻斗に入っています。

8 シラカシ
1.5～2cm　殻斗はリング模様です。関東でもっとも身近などんぐりのひとつです。

15 カシワ
1.5～2.5cm　殻斗はとげ状で、クヌギやアベマキよりうすくてやわらかく、そりかえります。

12 アカガシ
約2cm　殻斗はリング模様で、毛でおおわれます。

17 アベマキ
2～2.5cm　殻斗はとげ状です。クヌギに似ています。

16 ナラガシワ
2～2.5cm　殻斗はうろこ模様です。全体に毛があります。

11 シリブカガシ
約2cm　殻斗はうろこ模様です。表面が白いロウ質におおわれ、みがくとつやが出ます。

18 クヌギ
2～2.5cm　丸い形のものがよく見られます。殻斗はとげ状です。

19 ミズナラ
2〜3cm 殻斗はうろこ模様です。寒い地方でよく見られます。

20 マテバシイ
1.5〜3cm 殻斗はうろこ模様です。白いロウ質でおおわれています。

21 クリ
2.5〜3.5cm 果実はいがと呼ばれるとげ状の殻斗でつつまれています。

世界最大のどんぐり！

リトカルプス・カルクマニイ
殻斗をふくめると世界最大といわれているどんぐりです。殻斗が実をおおっています。

7cm

協力：千葉県立中央博物館

22 オキナワウラジロガシ
2.5〜3.5cm 奄美大島以南にのみ分布します。日本でいちばん大きいどんぐりです。

カバノキ科・クルミ科・マメ科・ブドウ科

バラのなかま

- 🔺高さ　生活のすがた
- 🌸花の咲く時期　❤原産地
- ⭐特徴など　🍎実のなる時期

▲シラカンバ（シラカバ）
白樺
ブナ目カバノキ科　Japanese white birch
- 🔺10～20m　◆落葉高木
- 🌸4～5月　🍎秋
- ⭐名前は木の皮（樹皮）が白いカバノキという意味です。お花の穂はたれ下がり、め花の穂は上向きにつきます。山地の日当たりのよいところに林をつくります。

▼ダケカンバ
岳樺
ブナ目カバノキ科　Erman's birch
- 🔺10～20m　◆落葉高木　🌸5～6月　🍎9～10月
- ⭐樹皮が赤味を帯びて、つやがあります。シラカンバよりも高所に育ちます。

▶イヌシデ
犬四手
ブナ目カバノキ科　Korean hornbeam
- 🔺10～15m　◆落葉高木　🌸4～5月　🍎秋
- ⭐葉柄には褐色の毛があります。若い枝は、白く長い毛におおわれます。

◀ネムノキ　合歓木
マメ目マメ科　pink siris
- 🔺3～10m　◆落葉高木
- 🌸7～8月　🍎10～12月
- ⭐花はつつ状で小さく、長いおしべが目立ちます。葉は夕方になると閉じてたれます。

花

▶オニグルミ
鬼胡桃
ブナ目クルミ科　Siebold walnut
- 🔺5～15m　◆落葉高木
- 🌸5～6月　🍎9～10月
- ⭐お花の穂は前年の枝に、め花の穂はその年にのびた新しい枝につきます。葉や未熟な果皮にふれるとかぶれることがあります。種子は食べられます。

発見　眠るネムノキ

ネムノキは、夕方になると葉を閉じます。さわると葉が閉じるオジギソウとちがって、ネムノキは夕方にならなければ葉を閉じません。まるで眠るようなので、これを「就眠運動」といいます。「眠る木」が変化して「ネムノキ」という名前になったという説があります。

▶アズキ
小豆
マメ目マメ科　small red bean
- 🔺30～70cm　◆一年草
- 🌸夏～秋
- ⭐熟した種子は、餡や菓子の原料、赤飯などに利用されます。日本と結び付きの深い豆です。

▼ヌスビトハギ　盗人萩
マメ目マメ科
- 🔺60～120cm　◆多年草　🌸7～9月
- ⭐果実のさやにかぎ状の毛があり、衣服や動物の体につきます。果実の形が、盗人のしのび足の形に似ているということから名づけられたという説があります。

果実と種

◀ヤマブドウ　山葡萄
ブドウ目ブドウ科　crimson glory vine
- 🔺つる性　◆落葉木本
- 🌸6～7月　🍎秋
- ⭐葉は五角形をしていて、秋には紅葉します。巻きひげを使って高い木にも上ります。果実は黒く熟して、生でも食べることができます。

果実

花

果実

3枚の小葉は、先端の小葉がほかの2枚よりもやや大きい。

ユキノシタ科・カツラ科 マンサク科

🔺高さ ◆生活のすがた
✳花の咲く時期 ♥原産地
★特徴など 🍎実のなる時期

◀カツラ 桂
ユキノシタ目カツラ科
katsura tree
🔺15〜20m ◆落葉高木 ✳3〜5月 🍎10〜11月
★葉が出る前に花が咲きます。大木になると樹皮にたての割れめが入ります。

花

種子

▶ヤマネコノメソウ 山猫目草
ユキノシタ目ユキノシタ科
🔺10〜20cm ◆多年草 ✳3〜4月
★茎の根元にむかごができます。全体に白い毛があります。日かげで育ちます。

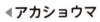
葉は根元に集まってつく。

▲ダイモンジソウ 大文字草
ユキノシタ目ユキノシタ科
🔺10〜40cm ◆多年草 ✳7〜10月
★花を正面から見ると、花弁が漢字の「大」の字に似ているのでついた名前です。

◀アカショウマ
赤升麻
ユキノシタ目ユキノシタ科
🔺40〜80cm ◆多年草 ✳6〜7月
★花の穂は円すい形をしています。茎の根元が赤くなるのが特徴です。

▶ネコノメソウ
猫目草
ユキノシタ目ユキノシタ科
🔺5〜20cm ◆多年草 ✳4〜5月
★茎の先にうすい黄色の花をつけます。花のあとにつく果実の割れた形を、昼間のネコの目に見立てた名前です。しめった場所に育ちます。

◀マンサク 満作
ユキノシタ目マンサク科
Japanese witch hazel
🔺2〜8m ◆落葉高木 ✳3〜4月 🍎10月ごろ
★春、ほかの植物に先がけて花が咲きます。

花

▶チダケサシ
乳茸刺
ユキノシタ目ユキノシタ科
🔺30〜80cm ◆多年草 ✳7〜8月
★山地の少ししめったところに育ちます。長野県の山ではチダケというキノコをこの植物に刺したことからついた名前という説があります。

▶コチャルメルソウ 小哨吶草
ユキノシタ目ユキノシタ科
🔺10〜25cm ◆多年草 ✳3〜6月
★山地のしめったところに育ちます。果実の形が中国の楽器のチャルメラに似ていることから名づけられました。

キンポウゲ科・アケビ科

♠高さ ◆生活のすがた ❋花の咲く時期 ♥原産地 ★特徴など 🍎実のなる時期

キンポウゲのなかま

▶ムベ
（トキワアケビ）
郁子
キンポウゲ目アケビ科
stauntonia vine
♠つる性 ◆常緑木本
❋4〜5月 🍎10〜11月
★果実は紫色に熟しますが、アケビの果実のように割れることはありません。

◀アケビ
木通
キンポウゲ目アケビ科
five-leaved akebia
♠つる性 ◆落葉木本
❋4〜5月 🍎9〜10月
★果実が割れることから、開ける実がなまってついた名前といわれます。種子のまわりはあまいので人や動物が食べます。

…果実は紫色に熟し、たてに割れる。

▶ミツバアケビ
三葉木通
キンポウゲ目アケビ科
three-leaved akebia
♠つる性 ◆落葉木本
❋4〜5月 🍎10月ごろ
★名前は小葉が3枚のアケビという意味です。果実はアケビよりもずんぐりしています。

◀オキナグサ
翁草
キンポウゲ目キンポウゲ科
♠30〜40cm
◆多年草 ❋4〜5月
★からだに長く白い毛が密生します。1本の花茎に1つの花がつきます。果実の様子をしらがの老人に見立てて名前がつきました。

▶ニリンソウ
二輪草
キンポウゲ目キンポウゲ科
soft wind-flower
♠15〜30cm
◆多年草 ❋4〜5月
★1本の茎に2輪の花が咲くことからついた名前です。

◀カラマツソウ
唐松草
キンポウゲ目キンポウゲ科
columbine-leaved meadow rue
♠50〜120cm
◆多年草 ❋7〜9月
★白く見えるのはおしべです。花弁はなくがくも開花するとすぐ落ちます。この状態をカラマツに見立てました。

おしべ

▲イチリンソウ
一輪草
キンポウゲ目キンポウゲ科
♠20〜30cm ◆多年草
❋4〜5月
★1本の茎に1輪の花が咲くのでついた名前です。

葉に白い斑点があることが多い

豆ちしき アケビやミツバアケビは、実だけではなく、つるや若葉も食用にすることがあります。

◀ **シラネアオイ** 白根葵
キンポウゲ目キンポウゲ科
♠15〜30cm ◆多年草 ✤5〜7月
★茎の先に花を1つつけます。花は大きく、直径が5〜10cmもありますが、花弁に見えるのはがくで花弁はありません。

▶ **ボタンヅル** 牡丹蔓
キンポウゲ目キンポウゲ科
♠つる性 ◆落葉木本 ✤8〜9月
★低木やほかの草にからみついて成長します。葉がボタンの葉に似ています。全草に毒があります。

◀ **セツブンソウ**
節分草
キンポウゲ目キンポウゲ科
♠5〜15cm ◆多年草 ✤2〜3月
★早春のまだ寒い時期に花を咲かせます。初夏のころに地上部はかれ、地下に球状の塊茎をつくって休眠に入ります。

▼ **ハンショウヅル**
半鐘蔓
キンポウゲ目キンポウゲ科
♠つる性 ◆落葉木本 ✤5〜6月
★花の形を半鐘と呼ばれる鐘に見立ててついた名前です。

▶ **フクジュソウ（ガンジツソウ）** 福寿草
キンポウゲ目キンポウゲ科
adonis
♠15〜30cm ◆多年草 ✤3〜4月
★昔の暦（旧暦）の正月（今の2月上旬）に黄金色の花を咲かせることから、めでたい草という福寿草の名前がつきました。葉は花が咲き終わったあとものびて大きくなります。

ハクサンイチゲ 白山一花
キンポウゲ目キンポウゲ科
♠15〜40cm ◆多年草 ✤7〜8月
★葉は深く切れこんでいます。高山の草地に群落をつくります。イチゲ（一花）という名がついていますが、茎の先には1〜5輪の花をつけます。

キンポウゲ科・ケシ科・メギ科

♠高さ ◆生活のすがた ✿花の咲く時期 ♥原産地 ★特徴など 🍎実のなる時期

キンポウゲのなかま

◀ミヤマキンポウゲ
深山金鳳花
キンポウゲ目キンポウゲ科
- ♠10〜50cm
- ◆多年草
- ✿7〜8月
- ★高山のしゃ面などに育ちます。高山帯のお花畑を構成します。

葉は深く3〜5にさけ、さらにそれぞれが深く切れこむ。

▶ヤマトリカブト
山鳥兜
キンポウゲ目キンポウゲ科
- ♠80〜180cm
- ◆多年草 ✿8〜10月
- ★茎の先や葉のつけ根に青紫色の花を多数つけます。全草に毒があります。

▶ユキワリイチゲ
雪割一華
キンポウゲ目キンポウゲ科
- ♠20〜30cm
- ◆多年草 ✿3〜4月
- ★葉は秋のうちに出て冬を越し、春早くから花をつけるのでこの名前がつきました。

◀シナノキンバイ
信濃金梅
キンポウゲ目キンポウゲ科
- ♠20〜80cm
- ◆多年草 ✿7〜9月
- ★葉が深く切れこんでいます。花弁に見えるのはがくで、本当の花弁は線形でおしべよりも短く、目立ちません。

がく

▶クサボタン
草牡丹
キンポウゲ目キンポウゲ科
- ♠50〜100cm
- ◆多年草 ✿8〜9月
- ★山地の草地や林のふちなどに育ちます。葉の形がボタンに似ています。全草に毒があります。

▶レンゲショウマ 蓮華升麻
キンポウゲ目キンポウゲ科
- ♠40〜80cm ◆多年草
- ✿7〜8月
- ★うす紫色のきれいな花が下向きに咲きます。花の形がハスの花に似ているのでレンゲの名がついています。

▶サラシナショウマ
晒菜升麻
キンポウゲ目キンポウゲ科
- ♠40〜150cm
- ◆多年草 ✿8〜10月
- ★花の穂は白い花がびっしり集まっています。花には短い柄があり、穂の下から穂先に向かって咲き上っていきます。若葉をゆで、水でさらして食べたのでついた名前です。

▼ミスミソウ（ユキワリソウ）
三角草
キンポウゲ目キンポウゲ科
- ♠10〜15cm ◆多年草 ✿3〜4月
- ★花には花弁がなく、がく片が6〜10枚の花弁のように見えます。おしべはたくさんあります。

豆うしき ヤマトリカブトは全草が有毒ですが、特に根がもっとも毒性が強いといわれています。

174

▶ **ミヤマキケマン**
深山黄華鬘
キンポウゲ目ケシ科
- ♠ 30〜50cm ◆ 一年草 ✿ 4〜5月
- ★「ミヤマ」という名のついた植物は、山奥や高山に育つものが多いのですが、ミヤマキケマンは近畿地方以東の本州の山地にふつうに見られます。全草が有毒です。茎は1株から多数出て大きな株になります。

◀ **ヤマブキソウ**
山吹草
キンポウゲ目ケシ科
Japanese poppy
- ♠ 30〜40cm ◆ 多年草 ✿ 4〜6月
- ★ 葉や茎を切るとオレンジ色の液が出ます。花の色がヤマブキに似ているのでついた名前です。全草が有毒です。

▶ **ルイヨウボタン**
類葉牡丹
キンポウゲ目メギ科
- ♠ 40〜70cm
- ◆ 多年草 ✿ 5〜7月
- ★ 葉の形がボタンに似ていますが、花は黄緑色で小さく、ボタンには似ていません。

▶ **コマクサ** 駒草
キンポウゲ目ケシ科
- ♠ 5〜15cm
- ◆ 多年草 ✿ 7〜8月
- ★ 全草が粉をかぶったように白っぽく見えます。咲く前の花が駒(馬のこと)の顔に似ています。天然記念物に指定されている高山チョウのウスバキチョウの幼虫が食べます。

▲ **サンカヨウ** 山荷葉
キンポウゲ目メギ科
- ♠ 30〜60cm ◆ 多年草 ✿ 6〜7月
- ★ 深い山の林などに育ちます。こい青色の果実はあまく、食用になります。

果実

▶ **イカリソウ** 錨草
キンポウゲ目メギ科
barrenwort
- ♠ 20〜40cm
- ◆ 多年草 ✿ 4〜5月
- ★ 花が船のいかりの形に似ているのでついた名前です。

発見 とう明になるサンカヨウの花
サンカヨウの花は、朝つゆや雨などの水分を吸うと半とう明に変化します。一度とう明になったあとも、かんそうするともとの白い花にもどります。

3本の枝に分かれる

花

豆ちしき　コマクサは、高山でもほかの植物が成長しにくい砂礫地に育ちます。また「高山植物の女王」と呼ばれています。

もっと！知りたい

- ♠ 高さ ♦ 生活のすがた
- ♥ 原産地 ★ 特徴など

タケ・ササ

タケやササは、イネ科の植物です。たけのこのころにある皮が、成長すると落ちるものをタケ、何年もついたままのものをササといっています。タケは草のようにある程度まで大きくなると成長が止まります。タケやササは地下茎でつながっていて、全体では何十年も生きます。

節

枝や葉のつく部分です。植物は成長点という部分で細胞をふやして大きくなります。ふつうの植物の成長点は茎の先にしかありませんが、タケにはたくさんの節ごとに成長点があるので、とても早く成長することができます。

たけのこの断面（左）と成長したタケの断面（右）

タケの成長

タケの成長はとても早く、1か月ほどで数メートルから十数メートルになります。たけのこのころにある皮は、成長の途中で落ちていきます。

出たばかりのたけのこ

6日後

10日後

20日後
皮が落ちているのがわかります

タケの花

タケにも花が咲き、果実をつけます。ただし花が咲くのは60年～120年に一度といわれていて、花が咲くとかれてしまうタケもあります。花が咲く周期や、かれてしまうかどうかは、タケの種類によってちがっています。

ハチクの花

タケ
モウソウチク（カラタケ） 孟宗竹
イネ目イネ科
moso bamboo
- ♠ 10～12m
- ♦ 常緑多年生
- ♥ 中国
- ★ 枝はそれぞれの節から2本ずつ出ます。茎の上部の節の輪は2つですが、下部にある節の輪は1つになっています。たけのこは食用にします。

タケ
ハチク（クレタケ） 淡竹
イネ目イネ科
henon bamboo
- ♠ 10～16m
- ♦ 常緑多年生
- ♥ 中国
- ★ 茎の質が良いので、細工物の原料として利用されます。たけのこはモウソウチクよりも約1か月ほどおそく出てきますが、良質なので、食用にします。

タケ
マダケ 真竹
イネ目イネ科
Japanese timber bamboo
- ♠ 15～20m
- ♦ 常緑多年生
- ♥ 中国
- ★ 葉がモウソウチクより大きく、枝はそれぞれの節から2本ずつ出ます。竹の皮は、表面に毛がなく、昔から羊羹や鯖寿司などの食品の包装用に利用されてきました。

豆ちしき　タケの皮は葉の一種で、節から出ます。節が成長する際に重要な役割を果たす器官です。

タケ
シホウチク（シカクダケ）四方竹
イネ目イネ科
- ♠ 3〜5m ◆ 常緑多年生
- ♥ 中国
- ★ 茎の中は空どうで、断面が四角形をしています。日本では観賞用に庭園などに植えられていますが、たけのこは食用にします。

タケ
キンメイモウソウチク
金明孟宗竹
イネ目イネ科
- ♠ 8〜18m ◆ 常緑多年生
- ★ モウソウチクから突然変異で生まれました。茎に黄色の縦じまがありますが、数年たつと色があせてしまいます。

タケ
クロチク
黒竹　イネ目イネ科　black bamboo
- ♠ 3〜5m ◆ 常緑多年生
- ♥ 中国
- ★ 4〜5月にたけのこが出ます。茎ははじめ緑色をしていますが、翌年から黒くなり始め、3年目には全体が黒くなります。

タケ
オカメザサ
阿亀笹
イネ目イネ科
- ♠ 1〜2m ◆ 常緑多年生
- ★ 名まえからササのなかまのように見えますが、小形のタケのなかまです。

タケ
マチク
麻竹
イネ目イネ科
- ♠ 15〜20m ◆ 常緑多年生
- ♥ ミャンマー
- ★ 日本でもよく食べられる中華食材のメンマは、マチクのたけのこが原料として使われます。

ササ
ミヤコザサ（イトザサ）
都笹
イネ目イネ科
- ♠ 50〜100cm ◆ 常緑多年生
- ★ 冬に葉のへりが白くなりかれることがありますが、夏には生えかわります。節は球状にふくらみます。

ササ
カンチク　寒竹
イネ目イネ科　marbled bamboo
- ♠ 2〜6m ◆ 常緑多年生
- ★ たけのこが秋から初冬に出るので「寒竹」と呼ばれます。のびたたけのこは、その年には枝を出しませんが、翌年の夏に枝を出します。

ササ
スズタケ（スズ）
篶竹
イネ目イネ科
- ♠ 1〜2m ◆ 常緑多年生
- ★ 葉は枝の先に2〜3枚ずつつきます。

ササ
メダケ　女竹
イネ目イネ科　simon bamboo
- ♠ 4〜6m ◆ 常緑多年生
- ★ 葉の先はとがっていて、ややたれ下がります。

ササ
アズマネザサ
東根笹
イネ目イネ科
- ♠ 1〜4m ◆ 常緑多年生
- ★ 株立ちすることはありません。茎やさやには毛がありません。

ササ
クマザサ
隈笹
イネ目イネ科　kuma bamboo grass
- ♠ 50〜200cm ◆ 常緑多年生
- ★ 冬に葉のふちが白くなり、隈取りされたようになります。

ササ
チシマザサ　千島笹
イネ目イネ科
- ♠ 1〜3m ◆ 常緑多年生
- ★ 根元が曲がってななめ上にのびることからネマガリダケとも呼ばれます。初夏に出てくるたけのこは、山菜として食べられます。

ススキノキ科・キジカクシ科・ラン科
アヤメ科・カヤツリグサ科

イネのなかま

♠高さ ◆生活のすがた ✿花の咲く時期 ♥原産地 ★特徴など 🍎実のなる時期

果実 綿菅

▶ナルコユリ 鳴子百合
キジカクシ目キジカクシ科
naruko lily
- ♠50〜100cm ◆多年草 ✿5〜6月
- ★葉はササの葉のような形をしています。葉のつけ根からたれ下がって咲く花の様子が、田で鳥を追いはらうために設置する鳴子に似ているのでついた名前です。

▶ワタスゲ（スズメノケヤリ）綿菅
イネ目カヤツリグサ科
cotton-grass
- ♠20〜50cm
- ◆多年草 🍎6〜8月
- ★果実の穂から白い毛が綿毛状にのびています。

花

▶カンスゲ
寒菅
イネ目カヤツリグサ科
morrow sedge
- ♠20〜40cm ◆多年草
- ✿3〜5月
- ★冬の寒いころでも緑色の葉をつけています。茎の先にお花の穂がつき、その下にめ花の穂がつきます。

▶ニッコウキスゲ（ゼンテイカ）日光黄菅
キジカクシ目ススキノキ科
broad dwarf day-lily
- ♠60〜80cm ◆多年草 ✿7〜8月
- ★花序は2本に枝分かれします。花は朝に咲き夕方にしぼむ一日花です。

▶スズラン
鈴蘭
キジカクシ目キジカクシ科
lily of the valley
- ♠20〜35cm ◆多年草 ✿4〜6月
- ★葉は根元から2枚出て、裏側が白っぽく見えます。地下茎が横に長くのび、果実は赤く熟します。全草に毒があります。

◀ヤブカンゾウ
藪萱草
キジカクシ目ススキノキ科
double tawny day-lily
- ♠50〜100cm ◆多年草 ✿7〜8月
- ★花は八重咲きで朝開いて、午後にはしぼみます。花が咲いても種子はできません。

▶ノカンゾウ 野萱草
キジカクシ目ススキノキ科 day lily
- ♠50〜70cm ◆多年草 ✿7〜8月
- ★花は下部がつつ状で一重咲きです。朝開いて午後にはしぼみます。

◀マイヅルソウ
舞鶴草
キジカクシ目キジカクシ科
- ♠10〜25cm
- ◆多年草 ✿5〜7月
- ★葉はハート形で、茎の上に花が20個ほど集まってつきます。

◀オオバジャノヒゲ
大葉蛇鬚
キジカクシ目キジカクシ科
day lily
- ♠20〜30cm ◆多年草 ✿7〜8月
- ★花は下向きに咲きます。地中に長いランナーを出し、根のところどころにふくらみができます。種子はくすんだ青色に熟します。

豆ちしき　フランスでは5月1日は「スズランの日」と呼ばれ、大切な人にスズランをおくる慣習があります。

▶ **アツモリソウ**
敦盛草
キジカクシ目ラン科
♠ 20〜40cm
◆ 多年草　❋ 5〜7月
★ 花弁の一部を、平敦盛の母衣※に見立ててついた名前です。絶滅危惧種です。

◀ **キエビネ**　黄海老根
キジカクシ目ラン科
♠ 40〜60cm　◆ 多年草　❋ 4〜5月
★ エビネに似ていますが花は黄色で大きく、株全体も大型です。自生地では、エビネなどと雑種を作ることがあります。絶滅危惧種です。

▶ **エビネ**　海老根
キジカクシ目ラン科
♠ 20〜40cm　◆ 多年草　❋ 4〜5月
★ 地下茎が連なっている形がエビに似ているのでついた名前です。

▶ **ハクサンチドリ**
白山千鳥
キジカクシ目ラン科
♠ 10〜40cm　◆ 多年草
❋ 6〜8月
★ 葉の元は茎を包み込んでいます。下部の葉の先は丸く、上部の葉の先はとがっています。

▼ **キンラン**　金蘭
キジカクシ目ラン科
♠ 30〜70cm
◆ 多年草　❋ 4〜6月
★ 茎が太く、花には短い距があります。花の色は黄色で横向きに咲きます。

葉が2列にたがいちがい（互生）につき、下部の葉は茎をだく

▶ **ギンラン**　銀蘭
キジカクシ目ラン科
♠ 10〜30cm
◆ 多年草　❋ 5〜6月
★ 茎が細く、花には短い距があります。花の色は白く、花弁は完全には開きません。

▲ **クマガイソウ**　熊谷草
キジカクシ目ラン科　Japanese lady's slipper
♠ 20〜40cm　◆ 多年草　❋ 4〜5月
★ 扇形の葉が2枚向かい合ってついているように見えますが、上下にずれています。花弁の一部分の形を熊谷直実の母衣※に見立てて名づけられました。絶滅危惧種です。

※母衣…昔の武者が流れ矢をよけるために背中につけた、長い布をぬいあわせたものです。

発見 クマガイソウの受粉

クマガイソウはとてもかわった形の花をつけます。この花の受粉は少しかわっています。花の中央に穴があり、マルハナバチなどの昆虫はそこから花の中に入ります。しかし、入った穴からは出られないつくりになっていて、出口を見つけて外に出るまでの間に、体に花粉がつくというわけです。

花は横向きに開き、中心に赤紫色の斑点があります

▶ **シュンラン**　春蘭
キジカクシ目ラン科
hardy cymbidium orchid
♠ 10〜25cm　◆ 多年草　❋ 3〜4月
★ 太めの花茎の先に黄緑色の花が1個つきます。葉は根元から多数出ます。

花は朝開いて夕方にはしぼむ

▶ **シャガ**
射干
キジカクシ目アヤメ科
♠ 30〜70cm
◆ 多年草
❋ 4〜5月
★ 葉はややあつくつやがあり、多数の花がつきます。花は咲いても種子はできず、ランナーを出してふえます。

もっと！知りたい

ユリ

ユリは多くの園芸品種がつくられている、とても美しい花を咲かせる植物です。美しい花を見て楽しむ以外にも、鱗茎をユリ根と呼んで食用にしている品種もあります。

♠高さ ◆生活のすがた ✿花の咲く時期
♥原産地 ★特徴など ●花言葉

ユリの花のつくり

めしべ
めしべの先は粘液でおおわれていて、花粉がつきやすくなっています。

おしべ
おしべは6本あり、先にはTの字形にやくがついています。やくからは花粉がたくさん出ます。

花弁
花弁は6枚あるように見えますが、そのうちの3枚は、花弁にとてもよく似たがくです。

がく・花弁

オニユリ 鬼百合
ユリ目ユリ科
tiger lily
♠1～1.7m ◆多年草
✿7～8月 ♥東アジア
★葉のつけ根にむかごをつけます。これが地面に落ちると芽を出してふえていきます。よく似たコオニユリにはむかごができません。
●「賢者」「陽気」など

ササユリ 笹百合
ユリ目ユリ科
Japanese pink lily
♠50～100cm ◆多年草
✿6～7月 ★葉がササに似ています。花はよいかおりがします。
●「清浄」「上品」など

ヤマユリ 山百合
ユリ目ユリ科
Japanese lily
♠1～1.5m
◆多年草 ✿7～8月
★花は横向きに開き、花弁に朱色の斑点があります。鱗茎という茎の変化した地下茎があります。
●「荘厳」「純潔」など

コオニユリ（スゲユリ）小鬼百合
ユリ目ユリ科
Maximowicz's lily
♠70～200cm ◆多年草
✿7～9月 ★果実ができます。オニユリのようにむかごはつきません。花はななめ下に向いて咲きます。
●「情熱」など

テッポウユリ（サツマユリ）鉄砲百合
ユリ目ユリ科
Easter lily
♠50～100cm ◆多年草
✿5～8月 ★花の形が昔の鉄砲の先に似ていることからテッポウユリという名がつきました。タカサゴユリなどと交配していろいろな園芸品種が作られています。
●「純潔」など

見てみよう ユリ

ユリのふやしかた

▲鱗茎（上）とはがした鱗片（下）

ユリは、鱗片ざしという方法でふやすことができます。ユリの鱗茎の鱗片をはがしてあさくうめると、根が出てきます。これが成長すると大きな鱗茎になります。こうして生まれたユリは、親と同じ性質をもちます。

スカシユリ（イワトユリ）透百合
ユリ目ユリ科
Thunberg lily
- ♠20～80cm ◆多年草
- ✿6～8月 ★原種は花弁のあいだにすき間があるのでスカシユリと呼ばれます。赤、オレンジ、黄色などさまざまな色の品種が作られています。
- ◉「注目をあびる」「かざらない美」など

カサブランカ
ユリ目ユリ科
- ♠1～2m ◆多年草
- ✿6～8月 ♥オランダ ★園芸品種です。白く美しい大きな花を咲かせ「ユリの女王」とも呼ばれます。
- ◉「威厳」「高貴」など

ヒメユリ 姫百合
ユリ目ユリ科
star lily
- ♠30～80cm ◆多年草
- ✿6～7月 ★オレンジがかった赤色の花びらに赤褐色の斑点があります。
- ◉「強いから美しい」「誇り」など

クルマユリ 車百合
ユリ目ユリ科
wheel lily
- ♠30～100cm ◆多年草
- ✿7～8月 ★葉は茎の真ん中に輪生します。花は茎の先に1～6個つきます。
- ◉「多才な人」など

カノコユリ 鹿子百合
ユリ目ユリ科　brilliant lily
- ♠100～150cm ◆多年草 ✿7～9月
- ★美しい花が下向きに開き、花被片（花弁とがくを合わせた呼び名）は後方に反り返ります。花色はこいピンクや白色。
- ◉「慈悲深さ」など

チゴユリ 稚児百合
ユリ目イヌサフラン科
- ♠15～30cm ◆多年草
- ✿4～5月 ★茎の先に下向きに花が咲きます。地中にランナーを出します。チゴユリ属です。
- ◉「はずかしがりや」など

ウバユリ 姥百合
ユリ目ユリ科
heart-leaf lily
- ♠60～100cm ◆多年草
- ✿7～8月 ★花は横向きに咲きます。花が咲くころには茎の下のほうの葉がかれてしまいます。ウバユリ属です。
- ◉「威厳」「無垢」など

クロユリ 黒百合
ユリ目ユリ科
Kamchatka fritillary
- ♠10～50cm ◆多年草
- ✿6～8月 ★花には、くさいにおいがあります。暑さに弱く平地では夏をこせません。バイモ属です。
- ◉「恋」など

ユリ科・シュロソウ科
ヤマノイモ科・サトイモ科など

イネのなかま

- ♠ 高さ（長さ）
- ❋ 花の咲く時期
- 🍎 実のなる時期
- ✤ 生活のすがた
- ♥ 原産地
- ★ 特徴など

花は開くと花弁がそり返る

◀カタクリ
片栗
ユリ目ユリ科　dog's tooth-violet
- ♠ 10～20cm
- ◆ 多年草　❋ 4～6月
- ★ 葉にまだら模様があるものが多いですが、ないものもあります。むかしは鱗茎からでんぷんをとり、片栗粉をつくりましたが、現在はジャガイモのでんぷんでつくっています。種子はアリによって運ばれます。

見てみよう　カタクリの開花

▶カタクリの鱗茎のようす

←鱗茎

◀コシノコバイモ（コバイモ）
越小貝母
ユリ目ユリ科
- ♠ 10～20cm
- ◆ 多年草　❋ 3～4月
- ★ 茎の先につりがね形の花が1個下向きに咲きます。

▶ホトトギス
杜鵑草
ユリ目ユリ科　toad lily
- ♠ 40～80cm
- ◆ 多年草　❋ 8～10月
- ★ 葉のつけ根に柄の短い花が上向きにつきます。花弁とがくに鳥のホトトギスに似た、まだら模様があるのでついた名前です。

▲シオデ（ヤマアスパラ）
牛尾菜
ユリ目サルトリイバラ科
- ♠ つる性　◆ 多年草　❋ 7～8月
- ★ 茎は長くのびて枝を多数出し、巻きひげがあります。つるの先は食用になり、山のアスパラガスと呼ばれる山菜です。

果実

花

◀エンレイソウ
延齢草
ユリ目シュロソウ科　trillium
- ♠ 20～40cm　◆ 多年草　❋ 4～5月
- ★ 長い茎の先に3枚の葉が輪生し、花が1個つきます。花の色は緑色から赤紫色までいろいろです。

▶サルトリイバラ
猿捕茨
ユリ目サルトリイバラ科　China smilax
- ♠ つる性　◆ 落葉低木　❋ 4～5月
- ★ 葉柄のつけ根に巻きひげがあり、ほかのものに巻きつきます。果実は赤く熟します。若葉は、カシワの葉のように、餅を包んだりします。茎は木化し、とげがあります。

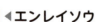
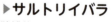

▲シロバナエンレイソウ（ミヤマエンレイソウ）　白花延齢草
ユリ目シュロソウ科
- ♠ 20～40cm　◆ 多年草　❋ 4～5月
- ★ 葉は茎の先に3枚輪生します。

◀コバイケイソウ
小梅蕙草
ユリ目シュロソウ科
- ♠ 50～100cm
- ◆ 多年草　❋ 6～8月
- ★ 葉には葉柄がなく、茎をだくようにつきます。

果実

豆ちしき　カタクリは一年をほとんど地中ですごし、春の短い間だけ花を咲かせることから「スプリング・エフェメラル」（春の妖精）とも呼ばれます。

モクレン科・クスノキ科・マツブサ科 ウマノスズクサ科・センリョウ科

モクレンのなかま

▲高さ（長さ）　◆生活のすがた
❀花の咲く時期　♥原産地
🍎実のなる時期　★特徴など

葉をアオスジアゲハ（チョウ）の幼虫が食べます。

クスノキ（クス）楠
クスノキ目クスノキ科
camphor tree

▲10〜30m　◆常緑高木
❀5〜6月　🍎10〜11月
★葉や枝は、折ったりすると特有のかおりがあります。大きくなると幹の直径が2m以上にもなります。衣類の防虫剤に使われる樟脳がとれます。

鹿児島県の蒲生八幡神社にあるクスノキ。日本でもっとも大きい樹木で、高さが約30m、幹の直径が約8mもあり、樹齢は1500年ほどだとされています。

◤ダンコウバイ（ウコンバナ） 檀香梅
クスノキ目クスノキ科
Japanese spice bush
- ♠ 2〜6m　◆ 落葉低木　✽ 3〜4月　🍎 9〜10月
- ★ 花は葉が出る前に咲きます。果実は秋に赤くなりやがて黒紫色に熟します。葉は秋にあざやかに黄葉します。材にはいいかおりがあり、つまようじなどに利用されます。

▶ クロモジのつまようじ

▲ クロモジ 黒文字
クスノキ目クスノキ科
- ♠ 2〜5m　◆ 落葉低木　✽ 4月　🍎 9〜10月
- ★ 花は小枝の節に集まって咲きます。果実は秋に黒く熟します。材はよいかおりがするので、高級なつまようじなどに使われます。

花

果実

◀ タブノキ 椨木
クスノキ目クスノキ科
- ♠ 15〜25m　◆ 常緑高木　✽ 4〜5月　🍎 7〜8月
- ★ 小枝は緑色をしています。葉はあつく、少しつやがあります。果実は黒く熟します。クスノキに似ていますが、樟脳成分をふくまず、かおりがありません。樹脂は染料にされます。

▶ シキミ 樒
アウストロバイレイヤ目マツブサ科
Japanese anise
- ♠ 2〜10m　◆ 常緑高木　✽ 3〜4月　🍎 9〜10月
- ★ 小枝の葉のつけ根に花がつきます。果実は星形で、割れてオレンジ色の種子が出ます。

果実

▲ アブラチャン 油瀝青
クスノキ目クスノキ科
- ♠ 2〜5m　◆ 落葉低木　✽ 3〜4月　🍎 9〜10月
- ★ 花は早春の葉が芽ぶく前に咲きます。かつて種子や種皮からとった油はあかり用に用いられました。

果実と種子

◀ コブシ 辛夷
モクレン目モクレン科
kobushi magnolia
- ♠ 5〜15m　◆ 落葉高木　✽ 4月　🍎 10月
- ★ 小枝の先に花弁が6枚の白い花をつけます。花の下に1枚の小さな葉があります。

▶ サネカズラ（ビナンカズラ） 実葛
アウストロバイレイヤ目マツブサ科
- ♠ つる性　◆ 常緑つる性木本　✽ 8〜9月　🍎 10〜12月
- ★ 茎に粘液があり、昔はこれを整髪料として利用したといわれています。

果実

◀ ホオノキ 朴木
モクレン目モクレン科
Japanese white bark magnolia
- ♠ 10〜30m　◆ 落葉高木　✽ 5〜6月
- ★ 葉の長さは20〜40cmくらいあり、裏面に白っぽい毛があります。また、葉にはかおりがあり殺菌作用もあるので、食材を包むのにも利用されます。

◀ カンアオイ 寒葵
コショウ目ウマノスズクサ科
- ♠ 15〜20cm　◆ 多年草　✽ 10〜（翌年）2月
- ★ 葉は冬でもかれることなく緑色です。花弁のように見えるのははく片で、つけ根の部分はつつ状ですが先の部分は3枚に切れこんで開いています。

▲ ヒトリシズカ 一人静
センリョウ目センリョウ科
- ♠ 15〜30cm　◆ 多年草　✽ 4〜5月
- ★ 花は花弁もがくもなく白いおしべが目立ちます。花の穂が1個つくことからついた名前です。

▶ フタリシズカ 二人静
センリョウ目センリョウ科
- ♠ 30〜60cm　◆ 多年草　✽ 5月
- ★ 花は花弁もがくもなく、おしべがめしべを包んでいます。花の穂が2個つくことが多い（3〜4個つくこともあります）ことからついた名前です。

豆ちしき タブノキの葉や枝には粘着性があり、線香などの材料にされます。

紅葉図鑑

秋、気温が下がり、日照時間が短くなると、落葉樹の葉が赤や黄色に色づきます。赤くなるのはアントシアンという赤い色素、黄色くなるのはカロテノイドという黄色の色素によるものです。紅葉は、北や山地ほど早く、しだいに南や平地に移動してきます。

▲ツタ

▲シマサルスベリ

▼ソメイヨシノ

▲カキノキ

▲モミジバフウ

▶ハウチワカエデ

▲コナラ

▲マユミ

▲ラクウショウ

▲ミズキ

▶ソメイヨシノ

▲ハゼノキ

▲ヤマモミジ

▶イロハモミジ

▶トウカエデ

▶ヤマウルシ

紅葉のひみつ

落葉樹が落葉の準備をはじめると、緑色の色素クロロフィルが生産されなくなり、分解されていきます。一方葉でつくられた糖分は枝に流れず、これも分解されるとアントシアンという赤色の色素ができてきます。

1

葉の中には、クロロフィルと、黄色の色素カロテノイドがあります。

2

クロロフィルが分解され、赤色の色素アントシアンがつくられるようになります。

3

アントシアンが多くなると、葉の色も赤くなります。

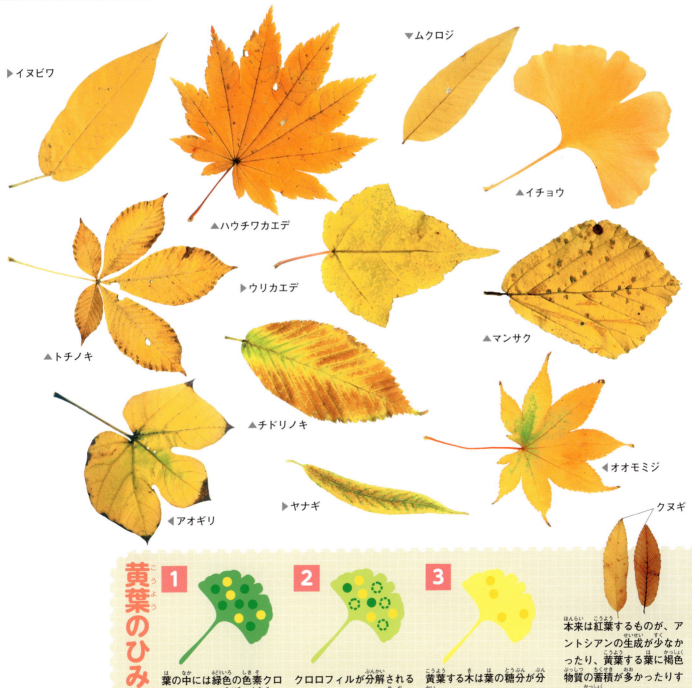

▶イヌビワ
▲ハウチワカエデ
▼ムクロジ
▲イチョウ
▲トチノキ
▶ウリカエデ
▲マンサク
▲チドリノキ
◀アオギリ
▶ヤナギ
◀オオモミジ
クヌギ

黄葉のひみつ

1 葉の中には緑色の色素クロロフィルと、黄色の色素カロテノイドがあります。

2 クロロフィルが分解されると、カロテノイドが目立つようになります。

3 黄葉する木は葉の糖分が分解されてもアントシアンはできないので、赤くなりません。

本来は紅葉するものが、アントシアンの生成が少なかったり、黄葉する葉に褐色物質の蓄積が多かったりすると褐色になります。

マツ科・ヒノキ科 コウヤマキ科・イチイ科

マツのなかま

- 高さ（長さ）
- 生活のすがた
- 花の咲く時期
- 原産地
- 実のなる時期
- 特徴など

▶スギ　杉・椙
ヒノキ目ヒノキ科
Japanese cedar
- 30～50m
- 常緑高木
- 3～4月
- 10～11月
- ★お花は黄色っぽく、め花は緑色です。お花から放出される花粉は、花粉症の原因のひとつです。建築材としての利用が多く、日本ではもっとも多く植えられています。

お花

め花

発見　スギと花粉症
顕微鏡で拡大して見たスギの花粉

スギは、25～30年たつと花粉をつくり出します。日本は戦後、多くのスギを植林しました。そのスギが成長して花粉を作るようになり、多量の花粉が放出されるようになったのではないかといわれています。

球果

▶ヒノキ　檜
ヒノキ目ヒノキ科
hinoki cypress
- 約30m
- 常緑高木
- 3～5月
- 10～11月
- ★樹皮が赤褐色で、球果も赤褐色に熟します。材は建築材として価値が高く、スギと同様に各地で植えられています。

葉の先はとがらない。

▼サワラ　椹
ヒノキ目ヒノキ科
sawara cypress
- 20～30m
- 常緑高木
- 4月
- 10月
- ★葉の裏面が白っぽく見えます。球果は黄褐色に熟します。

▼コウヤマキ　高野槇
ヒノキ目コウヤマキ科
Japanese umbrella pine
- 30～40m
- 常緑高木
- 3～4月
- （翌年）10～11月
- ★葉は2枚の葉がくっついたものです。和歌山県高野山（和歌山県）に多いのでこの名がつきました。

▼アスナロ（ヒバ）
翌檜
ヒノキ目ヒノキ科
hiba arborvitae
- 10～30m
- 常緑高木
- 5月
- 10～11月
- ★葉の裏面の中心に白い線があります。ヒバと呼ばれることもあります。

花

松ぼっくりってなに？

針葉樹の果実のようなものを球果といいます。松ぼっくり（松かさ）も球果で、たくさんの鱗片が種子を守っています。鱗片の間に翼のついた種子があります。

▲まだ熟していない青い球果（左）と、熟して開いた球果（右）

▲開いた球果と、中に入っていた種子

◀カラマツ　唐松
マツ目マツ科　Japanese larch
- 20〜30m　◆落葉高木　❋4〜5月
- 🌰9〜10月
- ★葉は秋に黄色くなり落葉します。日本に自生する針葉樹で落葉するのはカラマツだけです。

お花　め花

見てみよう　開く　松ぼっくり

球果

▶ハイマツ　這松
マツ目マツ科　Japanese stone pine
- 1〜2m
- ◆常緑低木
- ❋6〜7月　🌰（翌年）秋
- ★高山に育ちます。枝はふつう横にのびますが、風の弱い場所では直立することもあります。

▲アカマツ　赤松
マツ目マツ科　Japanese red pine
- 30〜40m　◆常緑高木　❋4〜5月
- 🌰（翌年）の10月
- ★樹皮の色が赤褐色なのでついた名前です。樹皮にカメのこうらの模様に似た割れ目ができます。建築材として利用されるほか、松やにからはテレピン油という油がつくられます。

若い枝には褐色の毛が生える

▶ゴヨウマツ　五葉松
マツ目マツ科　Japanese white pine
- 20〜30m　◆常緑高木
- ❋5〜6月　🌰（翌年）10月
- ★葉は5本がたばになっています。庭木や盆栽などとして栽培されます。

球果

球果

▲コメツガ　米栂
マツ目マツ科　northern Japanese hemlock
- 20〜25m　◆常緑高木　❋6月　🌰10月
- ★葉は線形でひとつの枝につく葉はほぼ同じくらいの長さです。球果は黄褐色に熟します。

▼シラビソ（シラベ）　白檜曽
マツ目マツ科　veitch's silver fir
- 約25m　◆常緑高木　❋5〜6月　🌰9〜10月
- ★若い枝は灰白色で、褐色の毛が生えています。樹皮は白っぽく見えます。花は幹の上のほうの枝につきます。球果は紫色に熟します。

▼オオシラビソ（アオモリトドマツ）　大白檜曽
マツ目マツ科　maries fir
- 25〜30m　◆常緑高木　❋6月　🌰9月
- ★お花もめ花も小枝の先につきます。球果は紫色に熟し、上向きにつきます。

◀イチイ（アララギ）　一位
ヒノキ目イチイ科　Japanese yew
- 15〜20m
- ◆常緑高木
- ❋3〜5月　🌰10月
- ★種子は有毒で、赤いゼリーのような皮に包まれています。

いろいろな果実と種子

植物の果実や種子には、かわった形のものや、おもしろいしくみをもっているものが世界中にたくさんあります。その中からいくつかを、日本の実やたねとならべてみました。大きさや形のちがいなどを観察してみましょう。

くらべてみよう 世界の果実と種子

本当の大きさです

松ぼっくり

球果と呼ばれる、マツ科の植物の果実です。

コルター・コウン（オオミマツ）
重さが世界最大といわれている松ぼっくりです。

アカマツ（→p.189）
日本にもあるアカマツの松ぼっくりです。

空を飛ぶ種子

風にのって飛んでいくためのまくをもった種子です。

アルソミトラ・マクロカルパ
ウリ科のつる性植物です。種子の両側についたまくで滑空します。グライダーのモデルになったともいわれています。まっすぐ飛ぶものや円をかくように飛ぶものなどがあります。

見てみよう 飛ぶアルソミトラ

イロハモミジ（→p.73）
種子についた翼で風にのって飛んでいきます。

ひっつき虫

とげなどで動物などにくっついて運ばれる果実です。

ライオンゴロシ
ゴマ科の植物で、果実についたかぎづめで動物にくっついて運ばれます。「ライオンの口にくっつくと、ライオンはこの実をとることができず、痛みで食事もできなくなり、やがて死んでしまう」ともいわれることから名づけられました。

マメ

マメ科の植物のさや（果実）や種子にも、さまざまな大きさがあります。

ダイズ（→p.87）
未熟な種子をエダマメとして食べます。

この部分です。

 オオオナモミ（→p.35）
果実についたたくさんのとげで動物や人間の衣服にくっついて運ばれます。

モダマ（→p.87）
世界最大のマメです。日本でも亜熱帯気候の地域で見ることができます。

ライブLIVE情報 寄生植物と腐生植物

ほかの植物から養分をうばって生活する植物を「寄生植物」といいます。
寄生植物には「半寄生植物」と「全寄生植物」があります。
「腐生植物」は、腐植土から養分をとっているように見えますが、実際は根に菌類をつけ、菌類から養分をもらっています。

♠高さ（長さ） ◆生活のすがた ✿花の咲く時期 ♥原産地 🌰実のなる時期 ★特徴など

全寄生植物

緑色の葉がないので光合成ができず、ほかの植物の茎や根から全面的に養分をうばっている植物です。

◀ナンバンギセル
南蛮煙管
シソ目ハマウツボ科
♠20〜30cm
◆一年生寄生植物
✿7〜9月 ★地下にある短い根茎でススキなどの単子葉植物の根を包みこみ、寄生根をくいこませます。花の形が南蛮（ポルトガルやスペインの昔の呼び方）のキセルに似ていることから名づけられました。

花の断面

▶ヤッコソウ 奴草
ツツジ目ヤッコソウ科
♠5〜7cm
◆多年生寄生植物
✿10〜11月
★高知県で発見された日本固有の植物です。シイの根などに寄生します。

▲ネナシカズラ
根無葛
ナス目ヒルガオ科
♠つる性
◆一年生寄生植物
✿8〜10月 ★つるでほかの植物にまきついて寄生します。発芽したばかりのころには根がありますが、まきついたあとはかれてなくなることから、この名前がつきました。

半寄生植物

緑色の葉をもち、光合成をして自分でも養分をつくりますが、水や養分をほかの植物からもとる植物です。

▲ヤドリギ 宿り木
ビャクダン目ビャクダン科
common mistletoe
♠20〜40cm
◆常緑寄生植物
✿2〜3月
🌰秋 ★サクラやケヤキなどの枝に寄生根と呼ばれる根をくいこませます。果実は中身にねばりけがあり、鳥に食べられたあとふんとして出ると、木の幹にくっつきます。

寄生根

ヤドリギの寄生根のようす。枝にくいこんでいるのがわかります。

▼ギンリョウソウ ギンリョウソウの果実
銀竜草
ツツジ目ツツジ科
♠10〜20cm
◆多年生腐生植物
✿4〜8月 ★コナラと共生しているベニタケから養分をとります。

腐生植物

緑色の葉がなく、光合成ができません。そのため、根にすみついた菌類が落ち葉などを分解することでできる養分をもらっています。

◀オニノヤガラ 鬼の矢柄
キジカクシ目ラン科
Tall gastrodia
♠40〜100cm
◆多年生腐生植物 ✿6〜7月
★山地や湿原でナラタケから栄養をとります。地面からまっすぐのびる花茎を矢にたとえて名づけられました。

▶ツチアケビ
土通草
キジカクシ目ラン科
♠50〜100cm ◆多年生腐生植物
✿6〜8月 🌰秋 ★山地の林でナラタケから栄養をとります。アケビ科のアケビとは別のなかまです。

シダ植物の特徴

▲高さ ★特徴など

▼**イヌワラビ** 犬蕨
ウラボシ目メシダ科
♠ 30〜60cm
★日かげや北側の庭などに育ちます。葉はやわらかく、葉柄は赤紫になることが多いです。

スギナやワラビのなかまを、シダ植物といいます。シダ植物は花を咲かせませんし種子もつくりません。そのかわり、胞子をつくって増えます。しかし、種子植物と同じように、からだは根・茎・葉に分かれ、水や養分の通り道の維管束もあり、葉は緑色で光合成をして養分をつくります。
　大昔、地球上には大木のようなシダ植物がたくさん生育していましたが、現在ではほとんどのものが草本です。

シダの生活

胞子のう 葉の裏 胞子のう群

見てみよう 胞子を投げるシダ

胞子を放出 胞子のう 胞子
葉の裏にある胞子のうがさけて、胞子が飛び出します。

前葉体をつくる 若いイヌワラビ 前葉体
胞子は発芽し前葉体をつくります。前葉体では精子や卵がつくられます。前葉体に水がつくと精子は卵まで泳いでいって受精し、受精卵となります。受精卵が発芽すると若いシダに成長します。

◀**スギナ** 杉菜
トクサ目トクサ科 field horsetail
♠ 20〜30cm
★日当たりのよい空き地などに育ちます。「つくし」はスギナの胞子茎のことです。同じ地下茎から栄養茎として出てきたものを「スギナ」と呼びます。

枝　葉　スギナ　つくし

つくしの穂
穂には六角形のものがたくさんついていて、成熟すると広がります。

胞子のうから胞子を放出します。

スギナとツクシは地下茎でつながっています。

豆ちしき　スギナの袴といわれる部分が葉で、葉の根元から出るのは枝です。

シダ植物

ヒカゲノカズラ科・イワヒバ科・トクサ科・ミズニラ科 など

♠ 高さ
★ 特徴など

◀ マツバラン　松葉蘭
マツバラン目マツバラン科
whisk fern
- ♠ 10～40cm
- ★ 山地の木の幹や岩のわれめに育ちます。松葉のような葉が二またに分かれてのびます。昔から園芸品としても栽培されています。

▶ ウラジロ　裏白
ウラジロ目ウラジロ科
- ♠ 1～2m
- ★ 山地の林やがけなどに育ちます。葉の裏が白いことから名づけられました。葉がよくしげってめでたいので正月かざりに使われます。

◀ トクサ　木賊
トクサ目トクサ科　scouringrush
- ♠ 30～80cm
- ★ 谷間や川のへりなどに育ちます。枝分かれせず、節が目立ちます。茎は中空。胞子のうは、茎の先につきます。

◀ イワヒバ　岩檜葉
イワヒバ目イワヒバ科
- ♠ 5～15cm
- ★ しめった岩につき、かわくと葉を内側に巻きこみます。ヒバ（ヒノキ）に似ていて岩につくことから、イワヒバと名づけられました。

▲ ゼンマイ　薇
ゼンマイ目ゼンマイ科　Japanise royal fern
- ♠ 50～100cm
- ★ 山地の林や道ばたなどに育ちます。若い芽を山菜として食べます（148ページ）。時計などのゼンマイはこれから名づけられたといわれています。

▶ ヒカゲノカズラ　日陰蔓
ヒカゲノカズラ目ヒカゲノカズラ科
- ♠ 5～15cm
- ★ 名前とちがい、日当たりのよいがけや道ばたに育ちます。はう茎と直立する茎があり、直立した茎の先に円柱形の胞子のうの穂をつけます。

豆ちしき　ゼンマイは、若芽が巻いた様子が小銭に似ていることから「銭巻き」と呼ばれるようになったという説があります。

◀ **デンジソウ** 田字草
サンショウモ目デンジソウ科
★池や水田などに育ちます。四つ葉のクローバーのような葉の形が田の字に似ているので「田字草」と名づけられました。

◀ **サンショウモ** 山椒藻
サンショウモ目サンショウモ科
★池や水田などに浮かんでいます。葉のつき方が木のサンショウに似ているので名づけられました。水中にも根のような葉があります。

▶ **ミズニラ** 水韭
ミズニラ目ミズニラ科
★池のまわりや水田に育ち、葉がニラに似ています。葉の根元に胞子のうがあります。

◀ **カニクサ** 蟹草
フサシダ目フサシダ科
★林のふちや道ばたなどに育ちます。葉がつるのようになってからまりながらのびます。これでカニをつったので名づけられたといわれています。

胞子葉 →

◀ **コヒロハハナヤスリ**
小広葉花鑢
ハナヤスリ目ハナヤスリ科
♠10～15cm
★林や寺院などに育ちます。葉の元からのびる胞子葉が花のように、また胞子のうの穂がやすりのように見えるので名づけられました。

← 栄養葉

▲ **イノモトソウ** 井許草
ウラボシ目イノモトソウ科
♠20～30cm
★家の近くの石がきや道ばたなどに育ちます。石積みの井戸の近くで見られ、「井のもと草」という意味で名づけられました。

◀ **ホラシノブ**
ウラボシ目ホングウシダ科
♠20～40cm
★日当たりのよいがけなどに育ちます。秋になると茶色や赤色に紅葉するので目立ちます。葉は大きいもので60cmくらいになります。

◀ **ヘゴ** 桫欏
ヘゴ目ヘゴ科
♠3～4m
★亜熱帯地方に育つ常緑の大型木生シダです。大きなものはヤシのようにも見えます。茎のまわりから不定根がのびて太くなります。

▶ **ワラビ** 蕨
ウラボシ目コバノイシカグマ科
western bracken fern
♠40～150cm
★日当たりのよい草地や道ばたなどに育ちます。冬は葉がかれますが、春先に出る若い芽は山菜として食べます(148ページ)。

豆ちしき　シダ植物では、胞子のうをつける葉を胞子葉、つけない葉を栄養葉といいます。

シダ植物

♠高さ ★特徴など

◀ **シノブ** 忍
ウラボシ目シノブ科
ball fern
♠20〜30cm
★岩の上や木の幹で見られます。根茎をまきつけ「しのぶ玉」として観賞したり、風りんをつるして楽しんだりします。冬には葉はかれます。

▶ **クサソテツ** 草蘇鉄
ウラボシ目コウヤワラビ科
ostrich fern
♠40〜80cm
★日当たりのよい草地や湿地などに育ちます。春先に出る若い芽は「コゴミ」とよばれ、山菜として食べます（148ページ）。庭にも植えられます。

▲ **オシダ** 雄羊歯
ウラボシ目オシダ科
♠50〜80cm
★林のしめったところなどに円形に広がって育ちます。

◀ **ベニシダ** 紅羊歯
ウラボシ目オシダ科
Japanese shield fern
♠40〜70cm
★林のふちや道ばたなどに育ちます。新しい葉が赤みがかったり、若い胞子のうが紅色なので名づけられました。庭にも植えられます。

▶ **イノデ** 猪の手
ウラボシ目オシダ科
Japanes tassel fern
♠40〜80cm
★山野の林に育ちます。東北地方より南で見られます。
鱗片がびっしりついている

▲ **ノキシノブ** 軒忍
ウラボシ目ウラボシ科　weeping fern
♠5〜10cm
★しめった木の幹や岩の上などに育ちます。葉は細長く、裏に胞子のうがあります。わらぶき屋根の軒下でよく見られることから名づけられました。

新しい葉

▲ **マメヅタ** 豆蔦
ウラボシ目ウラボシ科
green penny fern
★しめった木の幹や岩の上などをはうようにして育ちます。葉は円形で肉あつですが、胞子葉はへらのような形です。

◀ **ヤブソテツ** 藪蘇鉄
ウラボシ目オシダ科
Asian netvein hollyfern
♠30〜60cm
★林のふちや道ばたのほか、人家の近くで見られることもあります。葉に細かい切れこみはありません。

▶ **ゲジゲジシダ**
ウラボシ目ヒメシダ科
♠30〜60cm
★林のふちやがけ下などに育ちます。葉のぎざぎざを虫のゲジゲジのあしに見立てて名づけられました。冬には葉はかれます。

豆ちしき　イノデは鱗片におおわれた葉柄をイノシシのあしに見立てたとされます。

コケ植物の特徴

♠高さ ★特徴など

コケ植物はセンタイ類ともいい、コスギゴケなどのセン類、ゼニゴケなどのタイ類、ニワツノゴケなどのツノゴケ類に分類されます。コケ植物は、シダ植物と同じように胞子をつくって増えます。セン類のからだは茎と葉からなり（茎葉体）、タイ類は茎葉体のほかに茎と葉の区別がない葉状体を持つものもあります。ツノゴケ類はすべて葉状体になります。根はなく、仮根でからだをささえています。水は体表から吸収します。水や養分の通り道の維管束はありません。からだは緑色で、光合成をして養分をつくります。コケ植物は、もっとも原始的な陸上植物といわれています。

セン類（スギゴケのなかま）の茎葉体

コケ植物の生活

コケ植物のからだを配偶体と呼び、成長すると精子をつくる造精器と卵細胞をつくる造卵器ができます。精子と卵が受精すると受精卵となり、発達するとその中で胞子がつくられます。胞子は成長すると配偶体となります。雌雄異株のものもあります。

タイ類（ゼニゴケのなかま）
葉状体を持つものもあります。

見てみよう
コケ植物のふえ方

め株の雌器托（造卵器があります。）

ゼニゴケのお株とめ株

お株の雄器托（造精器があります。）

胞子が放出されているところ

ゼニゴケの胞子体

杯状体

ゼニゴケの葉状体には杯状体ができ、この中でつくられる無性芽でも増えることができます。

豆ちしき　コケは盆栽や苔玉などとして楽しまれるほか、屋上緑化の植物としても用いられます。

セン類・タイ類 ツノゴケ類

コケのなかま

🔺高さ ★特徴など

セン類

▲クロゴケ
クロゴケ目クロゴケ科
★高山の日当たりのよい岩の上に育ちます。名前の通り、赤っぽい黒色をしています。雌雄異株。

▶オオミズゴケ
ミズゴケ目ミズゴケ科
blunt-leaved bog-moss
★山地の湿地に育ちます。緑色ですがかわくと白くなります。水をよく吸うので、ランのはち植えなどにも使われています。雌雄異株。

▲ナンジャモンジャゴケ
ナンジャモンジャゴケ目
ナンジャモンジャゴケ科
★高山の岩の上やすきまなどにかたまっています。葉は棒状でもろく、すぐ落ちます。発見したとき、どのなかまかよくわからなかったのでこの名になりました。

◀ヒカリゴケ
シッポゴケ目ヒカリゴケ科
luminous moss
★山地のどうくつや岩かげなどに育ちます。黄緑色に光って見えるので名づけられましたが、自分で光っているのではありません。からだの一部の原糸体に光が反射して光ります。

▲ギンゴケ
マゴケ目ハリガネゴケ科
silver moss
★地面やコンクリートの上に育ちます。かわくと白っぽく見えることからギンゴケとなりました。雌雄異株。

▲アリノオヤリ
ヨツバゴケ目ヨツバゴケ科
★山地のくさった木や大木の根元などに育ちます。葉は細長く、先はするどくとがっています。雌雄同株。

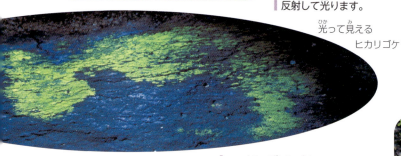

光って見える
ヒカリゴケ

▼ヤノウエノアカゴケ
シッポゴケ目キンシゴケ科
fire moss
★地面やわらぶきの屋根の上で見られます。朔柄があるときは、群落が赤く見えます。雌雄異株。

▼イシヅチゴケ
イシヅチゴケ目イシヅチゴケ科
★高山の岩のすきまなどで見られます。葉はさじ形でやわらかく、灰色っぽい緑色をしています。絶滅危惧種。雌雄同株。

▲ハマキゴケ
センボンゴケ目センボンゴケ科
★日当たりのよいコンクリートや石がきの上に育ちます。やや茶色に見えます。葉はかわくとまくのでこの名になりました。雌雄異株。

▲コスギゴケ
スギゴケ目スギゴケ科
★土手や土がむき出しになっているところに育ちます。スギの小枝に似ているので名づけられました。かわくと葉がちぢれます。雌雄異株。

豆ちしき　コケ植物では胞子のうのことを朔といい、朔のつく柄を朔柄といいます。

▲タマゴケ
タマゴケ目タマゴケ科　common apple moss
♠ 4〜8cm
★山地の地面や岩の上などにかたまっています。茶色の仮根が目立ちます。雌雄同株。朔が球形なのでタマゴケと名づけられました。

▲ハイゴケ
ハイゴケ目ハイゴケ科
★日当たりのよい地面や岩の上などに大きな群落をつくります。横にはうのでハイゴケです。葉は黄緑色。雌雄異株。

▲キヨスミイトゴケ
ハイゴケ目ハイヒモゴケ科
★しめった山の木の枝などから、糸状に長くたれ下がります。雌雄異株。

タイ類

▲コマチゴケ
コマチゴケ目コマチゴケ科
★山地のしめったがけやくさった木などに育ちます。茎は半地下をはうものと、立ち上がるものがあります。雌雄異株。

▲ヒメトロイブゴケ
トロイブゴケ目トロイブゴケ科
★亜高山帯の地面や岩の上に育ちます。葉状体はあざやかな緑色で、先で二またに分かれます。葉に白い斑点があります。雌雄同株。

▲ヒメジャゴケ
ゼニゴケ目ジャゴケ科
★家の近くのしめった地面などにはりつくように育ちます。ジャゴケより小さく、ヘビのうろこに似ています。秋に赤みをおびます。

▲イチョウウキゴケ
ゼニゴケ目ウキゴケ科
purple fringed riccia
★ふつうは水田や池の水面に浮かんでいますが、しめった地面に育つこともあります。イチョウの葉の形をしているので名づけられました。雌雄同株。

◀ゼニゴケ
ゼニゴケ目ゼニゴケ科
common liverwort
★家の近くのしめった地面などにはりつくように育ちます。お株からは円ばん状の雄器托、め株からはヤシの木のような雌器托が出ます。

◀ムクムクゴケ
ウロコゴケ目ムクムクゴケ科
★山地のがけや岩やかれ木などに、ふわっとしたマットのようなかたまりで見られます。雌雄異株。

ツノゴケ類

◀ニワツノゴケ
ツノゴケモドキ目
ツノゴケモドキ科
carolina phaeoceros
★庭や畑などの日当たりのよい地面に育ちます。牛のつののような胞子体の朔があります。胞子は黄色。雌雄同株。

豆ちしき　密集しているコケの間には、クマムシがすんでいることもあります。

キノコの特徴

▲高さ ★特徴など

キノコは植物ではなく菌類のなかまで、花粉ではなく胞子でふえます。ふだんキノコと呼んでいるのは、子実体という胞子をつくる部分です。本体は糸のように細長い細胞でつながった菌糸の集まりで、木や土の中にあります。菌類の中でもおもに担子菌類と子嚢菌類の子実体が、キノコと呼ばれます。植物のように光合成はせず、動物の死がい、かれ木や落ち葉などを分解して養分をとります。

キノコの生活

胞子をまく

キノコはなかまをふやすために胞子を飛ばします。まかれた胞子が風などによって飛んで行き、たどり着いた先で発芽し、成長していきます。胞子のまきかたは、シイタケのようにかさを開いてまいたり、ツチグリのように袋のようになった先端から放出したりと、キノコの種類によっていろいろです。

見てみよう
胞子をまく
ツチグリ

胞子をまくシイタケ（上）とツチグリ（下）。

かさ

ひだ
胞子をつくるところ

つば
キノコのひだなどを保護していたまくが成長の際にやぶれ、くっついたまま残ったもの

柄
かさの下についている、かさを支える部分

つぼ
キノコをつつんで保護していたまくが成長の際にやぶれ、くっついたまま残ったもの

胞子が成長する

地面などにたどり着き発芽した胞子は「一次菌糸」になります。一次菌糸には性別のようなものがあり、異なる性別の一次菌糸どうしがくっつくことで「二次菌糸」になります。この二次菌糸が成長した姿がキノコ（子実体）で、成長していくにつれて大きくなります。成長しきると、かさを開くなどして胞子をまきます。

◀**ベニテングタケ**
ハラタケ目テングタケ科
▲10〜24cm
★夏から秋に広葉樹や針葉樹林の地面に生えます。オレンジがかった赤に白いぼつぼつで目立ちます。有毒です。

豆ちしき　キノコは、木から生えている様子から「木の子ども」という意味でキノコと呼ばれるようになったという説があります。

▲ **カエンタケ** 子嚢菌
ボタンタケ目ボタンタケ科
♠3～8cm
★夏から秋にかれ木や地面に生えます。円柱型で赤色です。強い毒があります。

▶ **セイヨウショウロ**
子嚢菌
チャワンタケ目セイヨウショウロ科
★黒トリュフと白トリュフが有名で、フランスやイタリアで栽培されている高級食材です。

◀ **アミガサタケ** 子嚢菌
チャワンタケ目アミガサタケ科
♠8～15cm
★春、林や草原、道ばたに生えます。網目状の形は目立ちます。生で食べると毒です。

▲ **キクラゲ**
キクラゲ目キクラゲ科
★春から秋に広葉樹に生えます。ゼラチン質で食べられます。栽培してかんそうしたものが売られています。

▲ **カゴタケ**
スッポンタケ目アカカゴタケ科
★直径2～4cmのたまごのようなものが地中にでき、中から白い管でできたかごのようなキノコが現れます。

▲ **キヌガサタケ**
スッポンタケ目スッポンタケ科
★つゆと秋に、タケ林に出てきます。朝地上に顔を出し2～3時間で15cmほどになります。そのとき、レースのようなものを広げます。食べられます。

▲ **マイタケ**
タマチョレイタケ目トンビマイタケ科
★秋、ブナの木の根元にひだの多いかたまりになって生えます。売られているのはほとんど栽培されたものです。

◀ **ムラサキヤマドリタケ**
イグチ目ツチグリ科
♠3～4cm
★夏～秋。コナラやクヌギ林に生えます。柄もかさも紫色です。食用になります。

しめっているとき　　かわいているとき

◀ **ツチグリ**
イグチ目ツチグリ科
★夏から秋にマツ林のがけなどに生えます。出てきたばかりのものはクリのような形をしていますが、しめっているときはヒトデのような皮を広げます。

▲ **オサムシタケ** 子嚢菌
ボタンタケ目オフィオコルジケプス科
♠3～7cm
★冬虫夏草の一種です。オサムシの成虫や幼虫に寄生します。

冬虫夏草

キノコのなかまには、オサムシタケのように昆虫から生えるものがあります。宿主となる昆虫が生きている間に菌糸を寄生させ、宿主が死んだあとに地上にキノコの形が現れるのです。これらのキノコは、冬は虫で夏は草になるという意味で「冬虫夏草」とよばれます。

◀トンボのなかまに寄生するヤンマタケ

◀カメムシのなかまに寄生するカメムシタケ

▲チョウやガのなかまのさなぎに寄生するハナサナギタケ

豆ちしき　野生のトリュフをとる時は、めすのブタや訓練したイヌに探してもらいます。

キノコのなかま

🔺高さ ★特徴など

◀ シロソウメンタケ
ハラタケ目シロソウメンタケ科
🔺3〜12cm
★秋に広葉樹林の地面に生えます。白くて細長いので名づけられました。もろくて、すぐ折れます。食べられます。

▶ タマゴタケ
ハラタケ目テングタケ科
🔺10〜20cm
★夏から秋に森林の中の地面に生えます。はじめは白い卵形ですが、しだいに赤いかさがのびてきます。食べられます。

◀ ブナシメジ
ハラタケ目シメジ科
🔺3〜10cm
★秋にブナ科のかれ木に生えます。売られているのはほとんど栽培されたものです。

▶ スエヒロタケ
ハラタケ目スエヒロタケ科
★秋に広葉樹のかれた木に生えます。おうぎ形なのでスエヒロタケといいます。表面は綿のような毛におおわれ、ビロード状です。

◀ ホンシメジ
ハラタケ目シメジ科
🔺3〜11cm
★秋にコナラやアカマツ林の地面に生えます。人工栽培がむずかしいキノコです。

◀ マッシュルーム
ハラタケ目ハラタケ科
🔺4〜8cm
★栽培品種。ホワイト種やブラウン種などがあります。かさは、最初はほぼ球形ですが、育つと平らになります。

キツネノチャブクロ（ホコリタケ）
ハラタケ目ハラタケ科
🔺4〜6cm
★つゆ〜秋、林や道ばた、畑に生えます。けむり(ほこり)のように胞子を噴出します。若いものは食べられます。

胞子が出たあと

▶ オニフスベ
ハラタケ目ハラタケ科
🔺直径20〜50cm
★夏から秋に果樹園や公園に生えます。白いバレーボールのように大きくなるものもあります。若いものは食べられます。

▼ シイタケ
ハラタケ目シイタケ科
🔺3〜4cm
★自然ではあまりなく、ほとんどが栽培されたものです。クヌギなどの原木に菌を植えつけて育てます。

▼ エノキタケ
ハラタケ目キシメジ科 🔺2〜10cm
★秋から春にかけて、林の中のかれ木や切り株に生えます。しめるとぬめりが出ます。栽培されたものは光を当てないので白っぽくなります。

栽培もの

▼ マツタケ
ハラタケ目キシメジ科 🔺6〜10cm
★秋の味覚として人気があります。栽培はできないので高価です。アカマツ林に生えます。

◀ ワライタケ
ハラタケ目オキナタケ科
♠ 8〜15cm
★ 春から秋にたいひの入った畑などに生えます。柄は細長く、ひだは黒。有毒で、食べた人が笑いだしたなど、名前の由来にはいろいろな説があります。

◀ ヒラタケ
ハラタケ目ヒラタケ科
★ 秋から春に広葉樹や針葉樹林のかれ木などに生えます。栽培もされています。

見てみよう　光るツキヨタケ

▶ エリンギ
ハラタケ目ヒラタケ科
♠ 10〜12cm
★ 栽培品種。南ヨーロッパ原産。セリ科のエリンギウムという植物の根に寄生することから名づけられました。歯ごたえがよく人気があります。

▼昼　夜▶

▲ コフキサルノコシカケ
タマチョレイタケ目
タマチョレイタケ科
★ 広葉樹のかれた木に半円形に生えます。多年生でかたく、大きなものは50cmをこえるものもあります。薬用になります。

▲ ナメコ
ハラタケ目モエギタケ科
♠ 4〜6cm
★ 秋に広葉樹のかれた木に生えます。ぬるぬるした表面が特徴です。売られているものはほとんど栽培したものです。

ツキヨタケ
ハラタケ目ツキヨタケ科
★ 夏から秋にブナやカエデなどのかれ木に生えます。暗くなると、ひだが光ります。有毒です。

地衣類

ウメの古い木などに、緑色や灰色をしたウメノキゴケがよく見られます。コケという名前がついていてもコケ植物ではなく、地衣類というなかまです。地衣類は、菌類と藻類がひとつになった生き物です。菌類は藻類に安定したすみかと生活に必要な水分をあたえるかわりに、藻類がつくる養分をもらって生活しています。このような関係を「共生」といいます。

▲ ヒメジョウゴゴケ
チャシブゴケ目ハナゴケ科
♠ 1〜3cm
★ かれ木や地面に生えます。先がじょうごの口のように開いています。

▲ コアカミゴケ
チャシブゴケ目ハナゴケ科
♠ 3〜4cm
★ 山地のかれ木や地面に生えます。先端が赤いのが特徴です。

▲ ウメノキゴケ
チャシブゴケ目ウメノキゴケ科
★ 木の幹や岩の上に生えます。ほぼ円形に広がります。

◀ ナガサルオガセ
チャシブゴケ目
ウメノキゴケ科
★ 針葉樹などの枝から、細長いひものようにたれさがります。

▶ ダイダイゴケ
ダイダイゴケ目
ダイダイゴケ科
★ コンクリートや岩の上に見られます。オレンジ色なのでダイダイゴケと名づけられました。

豆ちしき　ツキヨタケが光るしくみは、まだ解明されていません。

種子の運ばれ方

種子植物は、子孫を残すために種子をつくります。そして、育つ場所を広げるには、種子を遠くまで運ばなければなりません。そのために、植物はいろいろなくふうをしています。

風散布

風の力で遠くまで運ばれる種子に、カエデ科のものがあります。また、キク科のタンポポやイネ科のススキのように毛を利用して遠くまで飛んでいくものもたくさんあります。ユリやヤマノイモなどの種子にはうすい羽のようなまくや翼があって風に運ばれます。ケヤキはかれ葉のついた枝ごと風で運ばれます。

羽のようなまくがあるヤマノイモの種子

ケヤキはこの枝ごと飛んでいきます

種子を飛ばすウバユリ

セイヨウカジカエデの種子が落下する様子

果実を飛ばすススキ

水散布

ヤシやハマユウなどの海辺の植物の種子は、海流に乗って遠くまで運ばれます。カキツバタやオニバスなど多くの水辺の植物の種子も、水で運ばれます。野山にあるヤマネコノメソウやハルリンドウなどは、雨水の水滴で種子が飛び散るので、水滴散布ということがあります。

ヤマネコノメソウの種子。ここに水滴が落ちると飛び散ります

水上に咲くカキツバタ。種子は水で運ばれます

流れ着いた浜で発芽するヤシの果実

重力散布

クリやシラカシなどのどんぐりは、そのまま木の近くに落ちるので、重力散布といわれます。

地面に落ちたクリ（上）と発芽するクリ（左）

自分ではじける

はじけるホウセンカ

ホウセンカやカタバミ、スミレなどは自分ではじけて、その勢いで種子を飛ばします。

動物散布

動物によって運ばれるものにはいくつかのパターンがあります。オオオナモミのようにとげでくっつくもの、メナモミやオオバコのように粘液を出してくっつくもの、ガマズミやヤドリギのように、動物や鳥に食べられてふんとして運ばれるものなどがあります。

メナモミの果実。粘液を出して動物にくっつきます

ガマズミの果実を食べるニホンザル

イヌにくっついたオオオナモミ

オオオナモミは運ばれた先で発芽します

アリ散布

アリに運ばれるアリアケスミレの種子

スミレ科の植物は種子をはじき飛ばしますが、そのあとアリによって巣まで運ばれることがあります。スミレの種子にエライオソームというアリの好きな物質がついているためです。ムラサキケマンなども同じで、このような散布のしかたを「アリ散布」といいます。

LIVE情報 植物と行事

古くからの行事には植物がよく使われています。どんな理由でどんな植物が使われるようになったのか調べてみましょう。

門松としめ飾り（正月）

マツやタケは冬でもかれないことから、長寿の象徴とされています。しめ飾りのウラジロは「後ろ暗いことがない」、ユズリハやダイダイは「家が代々栄え続く」ことを願っています。

ショウブ、柏餅（端午の節句）

ショウブのかおりは悪いことを追いはらうとされており、根や葉を入れてわかしたショウブ湯に入ります。カシワの葉は、新芽が育つまで落ちないことから、子どもが丈夫に育つことを願っています。

春の七草

セリ、ナズナ、ハハコグサ、ハコベ、ホトケノザ（コオニタビラコ）、カブ、ダイコン。七草がゆは、野菜が少ない時期にきちんと栄養をとることで、病気にならないよう願って食べます。

秋の七草

ハギ、ススキ、クズ、ナデシコ、オミナエシ、フジバカマ、キキョウ。十五夜に七草をかざったりします。ススキは稲穂に見立て、豊作を願っています。

カボチャ、ユズ（冬至）

長期保存ができ、栄養豊富なカボチャを冬に食べます。ユズ湯は、ショウブ湯と同じようにそのかおりで悪いことを追いはらうともされます。

ヒイラギ（節分）

ヒイラギの枝にイワシの頭をさして、魔除けに使います。ヒイラギの葉のとげが鬼の目をさすといわれています。

モミ（クリスマス）

クリスマスツリーに使われるモミの木は冬でも葉を落とさないので、永遠の命の象徴ともされています。

水辺の植物

おもに川や湖沼など淡水の水辺で見られる植物には 水辺 を
おもに海辺の浜や磯で見られる植物には 海辺 をつけています。

ハマナス

キク科・キキョウ科・セリ科・シソ科・トベラ科・オオバコ科

海辺 ▲ハマニガナ 浜苦菜
キク目キク科
- ♠ 5～15cm ◆多年草
- ❋ 4～10月
- ★茎は海岸の砂の中をはい、葉と花茎を砂の上に出します。

発見 ハマニガナの地下茎
地下茎は砂の中を横にのびて葉を出します。花茎は葉のわきから出ます。コウボウムギも地下茎が砂の中をのびています。

海辺 ▶ツワブキ 石蕗
キク目キク科 leopard plant
- ♠ 40～80cm ◆多年草
- ❋ 10～12月
- ★葉につやがあり、フキに似ているのでツワブキと呼ばれるようになりました。庭や公園にも植えられます。

白いふちどりがある

海辺 ▲イソギク 磯菊
キク目キク科
- ♠ 20～40cm ◆多年草
- ❋ 10～11月
- ★磯に多いのでついた名前です。葉はあつく、裏は白い毛におおわれています。

海辺 ◀ハマギク 浜菊
キク目キク科 Nippon daisy
- ♠ 60～100cm ◆落葉低木
- ❋ 9～11月
- ★太平洋側の海岸に多く、公園や庭にも植えられます。茎は太く、下のほうが木化します。

木化した茎

水辺 ▶ミゾカクシ（アゼムシロ）溝隠し
キク目キキョウ科
- ♠ 10～15cm ◆多年草 ❋ 6～10月
- ★みぞやあぜをおおいかくすほどに育つので、ついた名前です。

花

海辺 ▲ウラギク 浦菊
キク目キク科
- ♠ 20～100cm ◆一年草 ❋ 8～11月
- ★海水の入ってくる湿地に多く育ちます。

海辺 ▶ノジギク 野路菊
キク目キク科
- ♠ 50～90cm ◆多年草 ❋ 10～12月
- ★兵庫県の県の花です。地下茎をのばしてよく増えます。

豆ちしき ツワブキの若い葉柄は、フキと同じように食用にするところもあります。

水辺
▲ セリ 芹
セリ目セリ科 water dropwort
- ♠ 20～50cm ◆ 多年草
- ❀ 7～8月
- ★ 水田の水路や湿地などに群生します。春の七草のひとつで、昔から食用にされてきました。

水辺
◀ ドクゼリ 毒芹
セリ目セリ科 Mackenzie's water hemlock
- ♠ 60～100cm ◆ 多年草
- ❀ 6～8月
- ★ 全草に毒があります。セリより大きく、根茎も太いのでセリと区別がつきますが、注意が必要です。

海辺
▲ ハマボウフウ 浜防風
セリ目セリ科 American silver top
- ♠ 5～30cm ◆ 多年草 ❀ 5～7月
- ★ 根をゴボウのように地中深くのばします。新芽を食用にするほか、根は生薬としても用いられます。

海辺
▲ ネコノシタ（ハマグルマ） 猫の舌
キク目キク科
- ♠ 50～80cm ◆ 多年草
- ❀ 7～10月
- ★ 葉があつくざらざらしているのをネコの舌にたとえた名前です。茎は横にはい、節から根をおろします。

へりが裏側にまく

海辺
▶ トベラ 扉
セリ目トベラ科 Japanese cheesewood
- ♠ 2～5m
- ◆ 常緑低木 ❀ 4～6月
- ★ 雌雄異株で秋に赤い果実をつけます。枝にくさみがあり、節分にいわしと同じように「とびら」にはさんで魔除けにしたことから「とびらの木」と呼ばれました。

海辺
▼ ボタンボウフウ 牡丹防風
セリ目セリ科
- ♠ 60～100cm ◆ 多年草 ❀ 7～9月
- ★ 海岸の砂地や磯に育ちます。花は全体に粉をまぶしたように青白く見えます。食用や健康食品として利用されています。

……花は輪のようにつく

海辺
▼ ウンラン 海蘭 シソ目オオバコ科
- ♠ 10～30cm ◆ 多年草 ❀ 8～10月
- ★ 花がランに似ていることから「海ラン」がなまってついた名前です。

水辺
▲ イヌゴマ 犬胡麻
シソ目シソ科
- ♠ 40～70cm ◆ 多年草
- ❀ 7～8月
- ★ 日当たりのよい湿地で育ちます。果実がゴマに似ていますが、食用にはされません。

海辺
▲ ハマゴウ 浜栲
シソ目シソ科
- ♠ 30～70cm ◆ 落葉低木
- ❀ 7～9月
- ★ 海岸の砂地に育ち、砂にうもれてのびます。花はいいかおりがします。

豆ちしき　セリはかたまって競り合うように育つことからセリとなったという説もあります。

ミツガシワ科など

キクのなかま

🔺高さ（長さ） ◆生活のすがた ✼花の咲く時期 ♥原産地 🍎実のなる時期 ★特徴など

花のへりに白い毛がびっしり生える

水辺
🔺**アサザ** 浅沙
キク目ミツガシワ科
fringed water-lily
◆多年草 ✼6〜9月
★地下茎をのばして成長します。花は朝開花して夕方にはしぼみます。最近数が減っています。

水辺
🔺**ガガブタ** 鏡蓋
キク目ミツガシワ科
water snowflake
◆多年草 ✼7〜9月
★葉の形が昔の鏡のふたに似ていることから名前がつきました。葉の直径は、大きいもので20cmくらいになります。

水辺
🔺**ミツガシワ** 三槲
キク目ミツガシワ科
bog-been
🔺20〜40cm ◆多年草
✼6〜8月
★寒冷地や山地の湿地で育ちます。カシワに似た3枚の小葉がつきます。

海辺
🔺**ハマヒルガオ** 浜昼顔
ナス目ヒルガオ科 false bindweed
🔺つる性 ◆多年草 ✼5〜6月
★海岸に育つヒルガオのなかまです。つるをのばして砂の上をはい、ほかのものにさわるとまきつきます。

海辺
◀**ハマボッス** 浜払子
ツツジ目サクラソウ科
🔺10〜40cm ◆多年草 ✼3〜6月
★全体のようすが仏具の「ほっす」に似ていることから名前がつきました。

水辺
▶**クリンソウ** 九輪草
ツツジ目サクラソウ科
Japanese primrose
🔺40〜80cm ◆多年草 ✼6〜8月
★山間部の湿地で育ちます。花が数段について、五重塔の屋根などについている九輪のよう。

海辺
🔺**グンバイヒルガオ**
軍配昼顔
ナス目ヒルガオ科
seaside morninng glory
🔺つる性 ◆多年草
✼4〜8月
★亜熱帯から熱帯の海岸で育ちます。葉がすもうの行司が持つ軍配に似ています。種子は海水に浮くので、潮の流れに乗って広がります。

◀クリンソウ

ヒユ科・タデ科・ハマミズナ科

🔺高さ（長さ）　◆生活のすがた　✿花の咲く時期　♥原産地　🍎実のなる時期　★特徴など

能取湖の
アッケシソウ群落

海辺
◀ **アッケシソウ**
厚岸草
ナデシコ目ヒユ科
common glasswort
- 🔺 10〜30cm　◆一年草
- ✿ 8〜10月
- ★茎は肉あつで節が多く、円柱形です。北海道の厚岸町で最初に発見されました。秋に赤くなるのでサンゴソウとも呼ばれます。

花

海辺
◀ **オカヒジキ（ミルナ）**
陸鹿尾菜
ナデシコ目ヒユ科 soltwort
- 🔺 10〜40cm　◆一年草
- ✿ 7〜10月
- ★肉あつの葉が海藻のヒジキに似ています。若い茎や葉をゆでて食用にします。

葉はあつい

海辺
▶ **ツルナ** 蔓菜
ナデシコ目ハマミズナ科
New Zealand spinach
- 🔺 40〜60cm　◆多年草
- ✿ 4〜11月
- ★茎の元のほうはつるのように地面をはいます。葉は食用になります。

あつく、やわらかい

水辺
▶ **ミゾソバ** 溝蕎麦
ナデシコ目タデ科 water pepper
- 🔺 30〜100cm　◆一年草
- ✿ 7〜11月
- ★草のすがたがソバに似ていてみぞなどでよく育つのでついた名前です。花はコンペイトウのよう。

水辺
▼ **アキノウナギツカミ**
秋の鰻掴み
ナデシコ目タデ科
Japanese fleece-flower
- 🔺 20〜70cm　◆一年草
- ✿ 7〜11月
- ★茎にとげがあり、ウナギがつかめそうだということから名づけられました。葉柄がミゾソバより短く茎をだくようにつきます。

下向きのとげがたくさんある

水辺
◀ **ママコノシリヌグイ**
継子の尻拭い
ナデシコ目タデ科
manyspiny knotweed
- 🔺 30〜80cm　◆一年草
- ✿ 7〜11月
- ★ミゾソバに似ていますが、花はやや小さく、茎のとげはするどいです。

水辺
▶ **ヤナギタデ**
柳蓼
ナデシコ目タデ科
marshpepper knotweed
- 🔺 40〜80cm　◆一年草
- ✿ 7〜11月
- ★葉はヤナギに似ています。葉はからいので、薬味として使うこともあります。秋に紅葉します。

211

アブラナ科・ミソハギ科 マメ科・バラ科など

バラのなかま

- 🔺 高さ（長さ） ◆ 生活のすがた
- ❀ 花の咲く時期 ♥ 原産地
- 🍊 実のなる時期 ★ 特徴など

花

海辺
▲ハマハタザオ 浜旗竿
アブラナ目アブラナ科
- 🔺 20〜50cm ◆ 一年草
- ❀ 4〜7月
- ★葉はあつく、両面に毛が生えています。下の葉はロゼットのようになり、上の葉は茎をだくようにつきます。

水辺
▲ワサビ 山葵
アブラナ目アブラナ科 wasabi
- 🔺 20〜50cm ◆ 多年草
- ❀ 3〜5月
- ★薬味にするのは地下茎。奈良時代から食用や薬用にしていました。

海辺
▲ハマダイコン 浜大根
アブラナ目アブラナ科
Japanese wild radish
- 🔺 40〜60cm ◆ 一年草
- ❀ 4〜6月
- ★ダイコンが野生化したものと考えられています。全体にあらい毛があり、ざらざらしています。根は、かたくてからいので食用には向きません。

水辺
▲オランダガラシ（クレソン）
阿蘭陀芥子
アブラナ目アブラナ科 watercress
- 🔺 30〜50cm ◆ 多年草
- ❀ 5〜6月 ♥ ヨーロッパ
- ★水田や小川などの岸に育ちます。食用に栽培されていたものが、野生化して全国に広がっています。

水辺
▼ヒシ 菱
フトモモ目ミソハギ科
- ◆ 一年草 ❀ 7〜9月
- ★根は水底にあり、葉は水面にロゼットのように広がります。果実はひし形で、その種子をゆでたりむしたりして食べます。

種子

水辺
▶ミソハギ 禊萩
フトモモ目ミソハギ科
- 🔺 60〜120cm ◆ 多年草
- ❀ 7〜9月
- ★「ぼん花」といわれ、おぼんのおそなえの花としてよく使われます。茎の根元は木質化してかたくなります。

花は葉の付け根につく

▲ カワラケツメイ 河原決明
マメ目マメ科
- 30〜60cm ◆ 一年草
- 8〜10月
★ 昔から薬草として用いられ、葉や茎はお茶としても利用されています。

▲ ハマエンドウ 浜豌豆
マメ目マメ科 beach pea
- 20〜60cm ◆ 多年草
- 4〜7月
★ 葉や茎は粉をふいたような白みがかった緑色をしています。

果実

▲ ツボスミレ 壺菫
キントラノオ目スミレ科
- 5〜25cm ◆ 多年草
- 5〜8月
★ 湿地や水路のそばに育ちます。葉はハート形、白く小さな花で下の花弁に紫色のすじがあります。ニョイスミレとも呼ばれます。

▲ イソスミレ 磯菫
キントラノオ目スミレ科
- 5〜10cm ◆ 多年草
- 5〜7月
★ 日本海側の砂地にむれになって育ちます。絶滅危惧種。

◀ クサネム 草合歓
マメ目マメ科 Indian jointvetch
- 40〜100cm ◆ 一年草
- 7〜10月
★ 水田のわきなどによく育ちます。葉がネムノキによく似ています。

▶ ネコヤナギ 猫柳
キントラノオ目ヤナギ科
- 1〜3m ◆ 落葉低木
- 3〜4月
★ 水ぎわで育ちます。雌雄異株。銀白色の花の穂がネコのしっぽに似ているのでついた名前です。

花穂

▼ ハマボウ 浜朴
アオイ目アオイ科
- 1〜5m ◆ 落葉低木
- 7〜8月
★ 海水がつかるようなところに育ち、「半マングローブ植物」といわれます。花はハイビスカスやムクゲに似ています。

果実

中に花がある

▲ イヌビワ 犬枇杷
バラ目クワ科 ficus evecta
- 2〜4m ◆ 落葉低木
- 4〜5月
★ 雌雄異株。名前に「ビワ」とありますが「イチジク」のなかまです。果実は食べられます。イヌビワコバチが花粉を運びます。秋に黄葉します。

▲ ハマナス 浜茄子
バラ目バラ科 ramanas rose
- 1〜2m ◆ 落葉低木
- 6〜7月
★ 公園などにも植えられます。果実の味がナシに似ているので「ハマナシ」ともいいます。茎にびっしりととげが生えています。

とげがびっしり

▲ シャリンバイ（マルバシャリンバイ）
車輪梅
バラ目バラ科 yeddo hawthorn
- 1〜4m ◆ 常緑低木
- 4〜5月
★ 庭や公園にも植えられます。葉や枝が車輪のようにつき、花がウメに似ているので「車輪梅」と名づけられました。

豆ちしき ハマナスは北海道の花に指定されています。果実はローズヒップとして食用にされます。

キンポウゲ科・ハス科・ケシ科 アリノトウグサ科 など

🔺高さ（長さ） ◆生活のすがた
❇花の咲く時期 ♥原産地
🍎実のなる時期 ★特徴など

キンポウゲのなかま

▶バイカモ 梅花藻
キンポウゲ目キンポウゲ科
◆多年草 ❇6〜7月
★ふつうは水中で生活をしていますが、水が少なくなっても生きられます。花の形がウメのようなので梅花藻。日本固有種。

▶タガラシ 田芥子
キンポウゲ目キンポウゲ科
celery-leaved buttercup
🔺20〜60cm
◆多年草 ❇3〜5月
★水田やみぞで育ちます。群れになって育つことも多いです。

▲リュウキンカ 立金花
キンポウゲ目キンポウゲ科
🔺15〜50cm ◆多年草
❇5〜7月
★直立した茎の先に黄色の花を2個つけます。ミズバショウと同じようなところに、いっしょに花を咲かせることもあります。

▶キケマン 黄華鬘
キンポウゲ目ケシ科
🔺40〜60cm
◆多年草 ❇3〜5月
★茎が太いのが特徴で、全体に水分が多く、折るとくさいにおいがします。

花は3日間咲く

発見 ハスの茎と果実
地下茎や葉柄の中には空気の通り道があります。果実はハチの巣のようなのて「ハス」になったという説もあります。

果実
葉柄の断面
地下茎（レンコン）の断面

▲ハス 蓮
ヤマモガシ目ハス科 lotus
🔺50〜100cm
◆多年草
❇7〜8月 ♥南アジア
★レンコンをとるための田を「ハス田」といいます。地下茎の節から葉柄がのびて、葉が水面の上に出ます。

ユキノシタのなかま

▼ホザキノフサモ 穂先房藻
ユキノシタ目アリノトウグサ科
◆多年草 ❇5〜10月
★「金魚藻」と呼ばれる水草のひとつです。花は水面上に出て咲きます。2mくらいに成長することもあります。

▲タイトゴメ 大唐米
ユキノシタ目ベンケイソウ科
🔺5〜15cm ◆多年草
❇5〜7月
★葉や茎は多肉質です。「大唐米」とは赤米のことで、葉がしばしば赤くなることから名づけられました。

あつい葉

豆ちしき ハスはインドやスリランカの国花になっています。

マツモ科・イネ科 カヤツリグサ科

- 🔺 高さ（長さ） ◆ 生活のすがた
- ❀ 花の咲く時期 ❤ 原産地
- 🍎 実のなる時期 ★ 特徴など

単子葉植物

海辺
◀ **コウボウムギ** 弘法麦
イネ目カヤツリグサ科　Japanese sedge
- 🔺 10〜20cm ◆ 多年草
- ❀ 4〜6月
- ★ 海岸の砂地で見られます。果実はムギの穂に似ています。また、茎をほぐしたもので筆を作っていたこともあるのでフデグサとも呼ばれます。

花

苞　お花

果実

水辺
▶ **ジュズダマ** 数珠玉
イネ目イネ科　Job's teas
- 🔺 1〜1.5m ◆ 多年草
- ❀ 7〜11月 ❤ 南〜東南アジア
- ★ 果実のように見えるのは苞が変形したもので、中にめ花の小穂が入っています。果実をつないで数珠にしたことから名づけられました。

海辺
▶ **コウボウシバ** 弘法芝
イネ目カヤツリグサ科　sand sedge
- 🔺 10〜20cm ◆ 多年草 ❀ 4〜7月
- ★ 海岸の砂地で見られます。葉や茎はシバに似て、穂はコウボウムギに似ています。

水辺
◀ **サンカクイ** 三角藺
イネ目カヤツリグサ科　streambank bulrush
- 🔺 50〜100cm ◆ 多年草
- ❀ 7〜10月
- ★ 葉は退化してさや状です。イグサに似ていて、茎の断面が三角形なのでサンカクイ。

水辺
▼ **マコモ** 真菰
イネ目イネ科　Manchurian wild rice
- 🔺 1〜2m ◆ 多年草
- ❀ 7〜10月 ❤ 南〜東南アジア
- ★ ススキのような細長い葉を根元から出し、茎の先に円すい形の穂を出します。新芽（マコモタケ）は食用。果実もワイルドライスとして食べられます。

果実（ワイルドライス）

水辺
▶ **オギ** 荻
イネ目イネ科　amur silver grass
- 🔺 1〜3m
- ◆ 多年草
- ❀ 9〜10月
- ★ 沼や川の近くに育ちます。ススキに似ていますが、ススキのように茎がむらがらないで一本立ちし、葉をにぎっても手が切れません。

水辺
▲ **ヨシ（アシ）** 葦
イネ目イネ科　common reed
- 🔺 1.5〜3m ◆ 多年草
- ❀ 8〜9月
- ★ 地下茎が横に長くのび、節から茎を立て群生します。「青し」から「アシ」と名づけられましたが、「悪し」につながるということで「ヨシ」となったとされます。

マツモのなかま

▶ **マツモ** 松藻　水辺
マツモ目マツモ科　rigid hornwort
- 🔺 20〜120cm ◆ 多年草 ❀ 5〜9月
- ★ 沼や川で見られます。根はなく、水中でただよっています。「金魚藻」とよばれる水草のひとつで、葉がマツに似ていることから名づけられました。

お花とめ花が同じ茎の別の節につきます。写真はお花です。

ミズアオイ科・ユリ科
サトイモ科・ガマ科 など

イネのなかま

凡例：
- 🔺高さ（長さ）
- ◆生活のすがた
- ❋花の咲く時期
- ♥原産地
- 🍎実のなる時期
- ★特徴など

▶ホテイアオイ　布袋葵
ツユクサ目ミズアオイ科
common water hyacinth
- 🔺20〜80cm　◆多年草
- ❋6〜11月　♥南アメリカ
- ★水面に浮かんで育ちます。まるくふくらんだ葉柄を「ほてい様」のおなかに見立てて名づけられました。繁殖力が強いので、水面をおおいつくすことがあり、被害が出ることもあります。

発見　葉柄の断面
スポンジのようになって空気をふくむので、よく浮きます。

◀ミズアオイ　水葵
ツユクサ目ミズアオイ科
- 🔺20〜50cm　◆一年草
- ❋8〜10月
- ★昔は水葱と呼ばれ、万葉集にも詠まれた花です。水田のあぜなどでよく見られましたが、今では少なくなりました。

…苞
…花

◀イグサ　藺草
イネ目イグサ科　rush
- 🔺40〜120cm　◆多年草
- ❋5〜9月　♥東アジア
- ★茎は円柱形で、たたみやござをつくるのに使われています。花の上に茎のように見えるのは、苞です。

◀ハマオモト（ハマユウ）　浜万年青
キジカクシ目ヒガンバナ科
crinum
- 🔺50〜120cm　◆多年草
- ❋7〜9月　♥東アジア〜南アジア
- ★1年中葉が緑色の「万年青」の葉と似ています。茎に見えるものは葉が筒状に重なったもの。白い花には強いかおりがあります。

花はサギが飛んでいるところに似ている

▶コバギボウシ　小葉擬宝珠
キジカクシ目キジカクシ科
lotus
- 🔺30〜60cm　◆多年草
- ❋7〜9月
- ★しめった草地に群生します。葉は根元から出ています。オオバギボウシより小型です。

◀ショウジョウバカマ　猩々袴
ユリ目ユリ科
Japanese hyacinth
- 🔺10〜30cm　◆多年草
- ❋4〜5月
- ★海岸から高山の湿地まで広く分布しています。花の赤紫色をショウジョウ（架空の生きもの）の顔の色に、葉をはかまに見立てた名前です。

見てみよう　サギソウの開花

▲サギソウ　鷺草
キジカクシ目ラン科　eagret flower
- 🔺15〜50cm　◆多年草　❋7〜9月
- ★日当たりのよい湿原に育ちます。江戸時代には栽培されていたという記録もありますが、野生のものは少なくなり、絶滅危惧種です。

豆ちしき　ホテイアオイは、浅いところでは水底に根をはることもあり、1m以上に成長します。

水辺 ◁ウキクサ 浮草
オモダカ目サトイモ科　great duckweed
- ♠5〜8mm（径）　◆多年草　❋7〜8月
- ★水田や沼などに浮かんでいることから名づけられました。葉の裏は紫色で、根がたばになってぶらさがるようについています。

水辺 ◁アオウキクサ 青浮草
オモダカ目サトイモ科　minute duckweed
- ♠3〜5mm（径）　◆多年草　❋8〜10月
- ★ウキクサより小型で、葉の裏は緑色。根は1本です。

水辺 ◁ミジンコウキクサ 微塵子浮草
オモダカ目サトイモ科　rootless duckweed
- ♠0.3〜0.8mm（径）　◆多年草　❋7〜10月　♥ヨーロッパ
- ★世界最小の花をつけます。根はありません。

見てみよう　ウキクサ

水辺 ▷ヒメガマ 姫蒲
イネ目ガマ科　southern cattail
- ♠80〜130cm　◆多年草　❋7〜8月
- ★ガマに似ていますが、全体に小型で、葉も細く、穂もガマより細長いです。

水辺 ▽コガマ 小蒲
イネ目ガマ科　bulrush
- ♠90〜150cm　◆多年草　❋7〜8月
- ★ガマに似ていますが、全体に小型で、葉も細く、穂も短いです。

水辺 ◁ミズバショウ
水芭蕉
オモダカ目サトイモ科　Asian skunk cabbage
- ♠40〜80cm　◆多年草　❋4〜7月　♥東アジア
- ★山地の湿地に育ちます。葉がバショウ（バナナのなかま）に似ています。全草に毒があります。

水辺 ▲ミクリ 実栗
イネ目ガマ科　bur reed
- ♠70〜100cm　◆多年草　❋6〜9月
- ★ススキのような細長い葉をつけます。茎の断面は三角形。果実は栗のようにとげのある球体をしています。数が減っています。

見てみよう　ガマの種子

水辺 ▷ザゼンソウ
座禅草
オモダカ目サトイモ科　eastern skunk cabbage
- ♠20〜30cm　◆多年草　❋2〜4月
- ★山地の湿地に育ち、花が先に咲きます。まわりの仏炎苞が日光を集めるので、苞の中は外気よりも数度暖かくなります。僧が座禅をする姿に似ていることから名づけられました。

発見　ガマの種子
ガマの種子は秋〜冬に熟すと白い毛がふくらんで穂からはなれ、飛んでいきます。

水辺 ▷ガマ 蒲
イネ目ガマ科　reed mace
- ♠1〜2m　◆多年草　❋7〜8月
- ★花粉に薬効があり、いなばの白ウサギが傷の手当てに使ったものとされています。昔の蒲ぼこは棒にすり身をつけていて、その形に似ています。

豆ちしき　ミズバショウの種子は水に浮き、流れに乗って広がります。

トチカガミ科など

海辺
▶ **アマモ** 甘藻
オモダカ目トチカガミ科 eel grass
♠50〜100cm ◆多年草 ❋5〜9月
★海の底の砂の中に地下茎をはって育ちます。群落はアマモ場（藻場）と呼ばれ、魚類などの産卵場所やかくれ場所になります。リュウグウノオトヒメノモトユイノキリハズシ（竜宮の乙姫の元結いの切り外し）という別名も。

水辺
▶ **セキショウモ** 石菖藻
オモダカ目トチカガミ科
♠10〜80cm ◆多年草
❋8〜10月
★湖沼や川の中に育つ水草です。雌雄異株で、お花は花茎から離れて水面に浮かびたくさんの花粉をつくります。花粉が水面で咲いているめ花につくと受粉します。

水辺
◁ **オオカナダモ**
オモダカ目トチカガミ科
large flowered waterweed
♠30〜80cm ◆多年草
❋5〜10月 ♥南アメリカ
★日本ではお株だけが見られます。茎の一部が切れ、それから根が出てどんどんふえる（栄養繁殖）ので、要注意外来生物に指定されています。葉は4〜5枚輪になるようにつきます。小型のコカナダモは3枚。

水辺
◁ **ハゴロモモ**
（**フサジュンサイ**）羽衣藻
オモダカ目トチカガミ科
Carolina fanwort
♠30〜80cm ◆多年草
❋8〜10月 ★花びらは6枚。
「金魚藻」として売られていることもあります。糸状の葉がてのひらのように広がります。

水辺
▶ **クロモ** 黒藻
オモダカ目トチカガミ科
esthwaite waterweed
♠30〜60cm ◆多年草
❋6〜10月
★湖沼や川の中に育つ水草です。オオカナダモに似ています。葉は3〜8枚輪生し、やや黒っぽく見えることから名づけられました。

水辺
◁ **ミズオオバコ** 水大葉子
オモダカ目トチカガミ科
ducklettuce
♠20〜40cm ◆一年草
❋8〜10月
★オオバコの葉に似て水中に育つことからついた名前です。葉はふつう水の中で、花は花茎をのばして水上で咲きます。絶滅危惧種。

水辺
▶ **トチカガミ** 鼈鏡
オモダカ目トチカガミ科
frog bit
◆多年草
❋8〜12月
★湖沼などに浮かんでいます。トチ（鼈）はスッポンのことで、つやのある円い葉をスッポンに見立てたといわれています。お花とめ花があります。

水辺
▶ **オモダカ** 面高
オモダカ目オモダカ科
arrowheed
♠20〜80cm ◆多年草
❋7〜10月
★水田や湿地に多く、上部にお花、下部にめ花がつきます。葉が人の顔（面）のようで、高い位置につくことから名づけられました。

花

水辺
◁ **ショウブ** 菖蒲
ショウブ目ショウブ科
sweet flag
♠40〜100cm ◆多年草
❋5〜7月 ♥東アジア
★葉のように見える苞のわきに細長い花の穂がつきます。葉や地下茎に薬用成分があり、古くから生薬として用いられてきました。端午の節句（5月5日）にはおふろにショウブの葉や地下茎を入れた菖蒲湯に入る習慣があります。

ドクダミ科・スイレン科・マツ科 ヒノキ科・ソテツ科

🔷 高さ（長さ）　◆ 生活のすがた
✳ 花の咲く時期　❤ 原産地
🍎 実のなる時期　★ 特徴など

モクレンのなかま

スイレンのなかま

▶ コウホネ
スイレン目スイレン科
Japanese spatterdock
🔷 20〜60cm　◆ 多年草
✳ 6〜9月　★ 長い花茎を水面までのばして花が咲きます。根茎が白いので骨に見立てて「川の骨」からこう呼ばれるようになりました。

水辺

▲ ハンゲショウ
半夏生
コショウ目ドクダミ科
🔷 50〜100cm　◆ 多年草
✳ 6〜8月　★ 夏至から11日目を半夏生といい、そのころに花が咲くからという説と、上の方の葉の半分が白くなるからという説があります。葉は花が終わるころ、緑色にもどります。

水辺

▲ ヒツジグサ 羊草
スイレン目スイレン科　pygmy waterlily
◆ 多年草　✳ 6〜11月　★ 水面に浮かぶ葉は切れこみのあるだ円形。花が、午後（昔の時刻の表し方で未のころ）に咲くのでついた名前です。

▶ ジュンサイ 蓴菜
スイレン目スイレン科
water shield
◆ 多年草　✳ 6〜8月
★ ゼリー状のものにおおわれた新芽を食用にします。秋田県が栽培量日本一です。

◀ オニバス 鬼蓮
スイレン目スイレン科
gorgon plant
◆ 一年草　✳ 8〜9月　★ 葉は大きいもので直径2mほどにもなります。全体にするどいとげが多いのでオニバスとなったとされます。つぼみにもとげがあるので、葉をつきぬくこともあります。

水辺

マツのなかま

海辺

▼ ソテツ 蘇鉄
ソテツ目ソテツ科　fern palm
🔷 1〜5m　◆ 常緑低木
✳ 6〜8月　★ 海岸の岩場に育ちます。公園などにも植えられています。木ですが年輪はできません。雌雄異株。幹や種子には毒があります。

お花

め花

海辺

▼ クロマツ
マツ目マツ科　Japanese black pine
🔷 30〜40m　◆ 常緑高木
✳ 5月　★ 海岸や公園に植えられます。樹皮の色に黒みがあることから名づけられました。枝の先にめ花、下部にお花がつきます。砂浜の松林はクロマツのことが多いです。

め花

お花

海辺

▼ イブキ 伊吹
ヒノキ目ヒノキ科　Chinese juniper
🔷 15〜20m　◆ 常緑高木
✳ 4月　★ 海岸の岩場に多く見られ、庭や公園などにも植えられます。幹がねじれているものもあります。葉にはうろこのような鱗片葉と針葉があります。

発見

クロマツの芽ばえ
単子葉植物の子葉は1枚、双子葉植物は2枚のことが多いのですが、裸子植物の場合はさまざまです。クロマツは6〜8枚です。

219

LIVE情報

亜熱帯の植物

気温も湿度も高い、熱帯に近い気候帯のことを亜熱帯といいます。日本では、奄美大島より南の南西諸島や小笠原諸島が亜熱帯気候にふくまれています。亜熱帯の地域ではマングローブ植物などの独特の植物たちを見ることができます。

果実

◀ **オヒルギ** 雄蛭木
キントラノオ目ヒルギ科
♠ 8〜10m ♦ 常緑高木
✽ 5〜7月 ★ 奄美大島以南に分布するマングローブ植物です。メヒルギより葉が大きく、種子は果実の中で発芽し、太いです。木の周りに膝根という呼吸根を多数出します。

▶ **タコノキ** 蛸の木
タコノキ目タコノキ科
♠ 10m ♦ 常緑高木
✽ 5〜7月
★ 気根が支柱のように幹をとりかこみ、タコの足のように見えることから名づけられました。

◀ **サキシマスオウ** 先島蘇芳
アオイ目アオイ科
♠ 5〜15m ♦ 常緑高木
✽ 5〜7月 ★ 奄美大島以南に分布。マングローブ林の内陸の湿地に育ちます。幹の根元に大きな板根が発達します。

果実

板根の様子

▲ **アダン** 阿檀
タコノキ目タコノキ科
♠ 3〜5m ♦ 常緑低木
✽ 6〜8月 ★ トカラ列島以南のマングローブ林の内陸や海岸に育ちます。葉にはするどいとげがあります。パイナップルのような果実をつけます。

果実

マングローブ

マングローブとは、熱帯や亜熱帯の河口付近の、真水と海水が混じりあう場所に広がる常緑樹林のことです。マングローブを構成する植物をマングローブ植物といい、オヒルギやメヒルギなどがあります。写真は西表島のマングローブの様子です。

花

◀ メヒルギ 雌蛭木
キントラノオ目ヒルギ科
♠ 4〜7m ◆常緑高木
❋ 5〜7月
★九州南部以南に分布するマングローブ植物です。種子は果実の中で発芽して海流で散布されます。幹の下に板根が発達します。

▶ ヤエヤマヒルギ
八重山蛭木
キントラノオ目ヒルギ科
♠ 2〜10m ◆常緑高木
❋ 5〜7月 ★八重山諸島以南に分布するマングローブ植物です。種子は果実の中で発芽して海流で散布されます。支柱根や呼吸根が発達します。

▶ サガリバナ 下がり花
ツツジ目サガリバナ科
❋ 6〜9月 ★奄美大島以南に分布します。マングローブ林の湿地に育ちます。花がたれさがるので名づけられました。花は夜に咲き、あまいかおりがします。

▲ ガジュマル 榕樹
バラ目クワ科
♠ 10〜20m ◆常緑高木
★屋久島以南に分布。鳥に運ばれた種子がほかの木の上で発芽します。気根をたらし、枝葉をのばして元の木をからしてしまうので「絞め殺しの木」とも呼ばれます。

ガジュマルの気根

ヒカゲヘゴ 日陰桫欏 ヘゴ目ヘゴ科
♠ 約8m ◆木生シダ
★亜熱帯気候の琉球諸島に分布する日本最大のシダ植物です。

ヒカゲヘゴの新芽。食用になります。

ライブLIVE情報 食虫植物

♠高さ（長さ） ◆生活のすがた ❋花の咲く時期
♥原産地 🍎実のなる時期 ★特徴など

虫をとらえてその養分を吸いとる植物を「食虫植物」といいます。食虫植物の虫のとらえかたには、いろいろな方法があります。

くっつけ式

モウセンゴケやムシトリスミレの葉には、ねばねばした「せん毛」があり、これにくっついた虫はにげられなくなります。そのあと、くっついた虫の体をとかして養分を吸収します。

……せん毛

▲ムシトリスミレ
虫取菫
シソ目タヌキモ科
California butterwort
♠5～15cm ◆多年草
❋7～8月 ★スミレに似ていますが、ちがうなかまです。葉にくっついた虫を養分にします。

▲モウセンゴケ 毛氈苔
ナデシコ目モウセンゴケ科
sundew
♠10～15cm ◆多年草
❋6月 ★湿地に育ちます。せん毛の赤色がひな祭りのもうせんに似ているので名づけられました。

花

▲昆虫をとらえたモウセンゴケ

わな式

葉が二枚貝のようになっていて、虫がくるとすばやく閉じてとらえます。ハエトリソウやムジナモのなかまがあります。

▼ハエトリソウ（ハエジゴク）
蠅捕草
ナデシコ目モウセンゴケ科
venus flytrap
♠15～20cm ◆多年草
❋5～6月 ♥北アメリカ ★虫が葉の内側にある毛に2回ふれると、すばやく葉を閉じて虫をとらえます。

見てみよう
モウセンゴケ／ハエトリソウ

▼ムジナモ 狢藻
ナデシコ目モウセンゴケ科
waterwheel plant
♠10～30cm ◆多年草 ❋7～8月
★沼などに浮いていて、先が二枚貝のような形をした葉でえものをとらえます。絶滅危惧種

葉

おとしあな式

葉やつるにふくろの形をした捕虫のうがあり、落ちた虫などを消化します。ウツボカズラやサラセニアなどのなかまがあります。

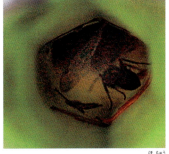

▲サラセニア・レウコフィラの捕虫のうの中。虫が入っています

▶ウツボカズラ 靫葛
ナデシコ目ウツボカズラ科
♠つる性 ◆多年草
❀7〜9月 ♥東南アジア〜オーストラリア
★ふくろの内側はすべりやすくなっていて、落ちた虫は上がれません。底にある消化液で、落ちてきた虫をとかしてしまいます。

◀サラセニア・レウコフィラ（アミメヘイシソウ）
ツツジ目サラセニア科　white top pitcher plant
♠30〜100cm ◆多年草
❀3〜5月 ♥北アメリカ
★捕虫のうは、下がつぼんだつつの形になっています。捕虫のうのふたの裏側にはみつを出すところがあり、虫をさそいこみます。

すいこみ式

葉や地下茎などにふくろの形をした捕虫のうがあり、ふくろに吸いこんだ虫などを消化します。水中でえものをとらえるタイプと、地上や地中でえものをとらえるタイプがあります。

▶ウサギゴケ 兎苔
シソ目タヌキモ科
bladderwort
♠2〜4cm ◆多年草
❀通年（品種によりさまざま）
♥アフリカ
★花の形がウサギのように見えることから名前がつきました。地下茎についた捕虫のうで土の中の虫やプランクトンなどをとらえます。

花

◀ミミカキグサ 耳掻き草
シソ目タヌキモ科
common yellow bladderwort
♠5〜15cm ◆一年草
❀8〜10月 ★おもに湿地に育ちます。どろの中に地下茎をのばし、地下茎についた捕虫のうでプランクトンなどをとらえます。

◀タヌキモ 狸藻
シソ目タヌキモ科
common bladderwort
♠20〜50cm
◆多年草 ❀7〜9月
★池や沼、水田に浮かんでいます。葉についたたくさんの捕虫のうで水中の虫をとらえます。

海藻、淡水藻

🔹高さ ★特徴など

おもに水中で生活し、光合成をする生き物を藻類と呼びます。藻類には根・茎・葉の区別はありません。花は咲かせず、胞子でふえます。海水で生活するものが海藻で、褐藻、紅藻、緑藻に分けられます。淡水で生活するものもいます。

褐藻のなかま

体の色が褐色です。藻類の中でも大型になる種が多いグループです。

◀ **ワカメ**
コンブ目チガイソ科
🔹1～2m
★養殖がさかんに行われています。みそしるやあえ物などで食べます。

◀ **マコンブ**
コンブ目コンブ科
🔹2～6m
★北の冷たい海に生え、だしをとったり料理したりします。

▶ **アカモク**
ヒバマタ目ホンダワラ科
🔹約5m
★日本ではほぼ全国の浅い海で見られます。若い葉や茎を食用にします。

◀ **クロメ**
コンブ目コンブ科
🔹約60cm
★アラメやカジメに似ていますが、表面にしわが多いです。環境によって食感や味がことなります。

▲ **モズク** ナガマツモ目モズク科
🔹約30cm
★ほかの海藻に付くことから「藻付く」と名付けられたという説があります。糸状でやわらかくぬめりがあり、食用にされます。

▲ **アラメ**
コンブ目コンブ科
🔹約2m
★岩などにつく大型の褐藻で、海中に海藻の林をつくります。食用になり、ワカメよりあつくてかたいのが特徴です。

◀ **カジメ**
コンブ目コンブ科
🔹約2m
★水深20mくらいまでの海に生えます。茎が長くのび、海中で林をつくります。

▼ **ホンダワラ**
ヒバマタ目ホンダワラ科
🔹約1m
★果実のような浮き玉がたくさんついているのをたわらに見立てて名づけられました。秋に寿命がくると切れて、流れ藻となって海をただよいます。

▶ **ヒジキ**
ヒバマタ目ホンダワラ科
🔹20～100cm
★円柱状のからだで、葉が少しふくらんでいます。にものなどにして食べます。

▲岩場に生えるヒジキ

◀流れ藻になったホンダワラ。流れ藻は海の表層にすむ生き物たちのすみかになります。

紅藻のなかま

からだの色は紅色です。比較的深いところまで生息します。

▶アサクサノリ
ウシケノリ目ウシケノリ科
♠5〜15cm
★形がササの葉に似ています。すいてかんそうさせたものを保存します。かつては東京湾で生育していましたが、今では絶滅危惧種です。

▲マクサ（テングサ）
テングサ目テングサ科
♠10〜30cm
★に汁からとれるところてんや寒天は、お菓子や料理などに使われます。

▶スサビノリ
ウシケノリ目ウシケノリ科
♠5〜25cm
★食用ノリの代表で、全国で養殖されています。

▼トサカノリ
スギノリ目ミリン科
♠20〜30cm
★次々ふたまたに分かれ、先がとがっています。ニワトリのとさかに似ているので名づけられました。海藻サラダとして食べます。

◀コトジツノマタ
スギノリ目スギノリ科
♠約30cm
★形が琴の糸を支える琴柱に似ていることから名づけられました。産地ではサラダやコンニャクなどに利用されます。

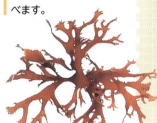

くらしのなかの海藻

日本はまわりが海なので、たくさんの海藻がとれます。そのため、日本人は昔から世界に類がないほどさまざまな海藻を食べてきました。多くの料理に海藻が使われています。

▲かんそうのり
▲海藻サラダ
▲ヒジキのにもの
▲だし用コンブ
▲ワカメの入ったみそ汁

▲アナアオサ
アオサ目アオサ科
♠20〜30cm
★成長するにつれ、からだに大小のあながあきます。

▲ヒトエグサ
アオサ目ヒトエグサ科
♠4〜10cm
★かんそうのりやつくだににして食べます。

緑藻のなかま

からだは緑色です。比較的浅いところに生息するものが多いといわれています。

◀ミル
ミル目ミル科
♠10〜30cm
★規則正しくふたまたに分かれます。みそ汁やあえ物などで食べます。

◀マリモ
シオグサ目シオグサ科
♠25〜30cm
★湖に育つ淡水生の藻類です。細い繊維が集まって球状の集合体をつくっています。

▲北海道の阿寒湖のマリモは、国の特別天然記念物に指定されています。

淡水藻のなかま

海だけではなく、田んぼや川、沼、湖などの淡水にも光合成を行う藻類がたくさん生息しています。

▶シャジクモ
シャジクモ目シャジクモ科
♠10〜30cm
★水田や池などに育つ淡水生の藻類です。陸上植物にもっとも近い藻類といわれています。

微小藻

♠大きさ μm（マイクロメートル）…1μmは1mmの1000分の1です。 ★特徴など

微小藻は、池や川、湖、海などの中にすむ、人間の肉眼では見えない、とても小さな藻類です。光合成をして栄養と酸素をつくり出すほか、水生生物の食べ物になっています。

▲ミカヅキモ
ミカヅキモ科
♠170～450μm
★水田や池などで見られます。三日月型をしています。

▶クンショウモ
アミミドロ科
♠群体の直径約60～100μm
★湖などで見られます。4、8、16、32、64個の決まった数の細胞が集まって群体をつくっています。勲章に似ているので名づけられました。

見てみよう
クンショウモの分裂

▲ボルボックス
ボルボックス科
♠群体の直径約500μm
★湖や池などにすみます。たくさんの細胞がボールのような群体をつくっています。

▲クチビルケイソウ
クチビルケイソウ科
♠30～200μm
★くちびるの形に似たケイソウです。いろいろな大きさのものがあります。

▶ツヅミモ
ツヅミモ科
♠4～10μm
★体の中央にくびれがあり、2つの細胞がくっついたように見えますが、細胞はひとつです。

▶ハネケイソウ
ハネケイソウ科
♠100～200μm
★ケイソウはガラスの成分のケイ酸からできています。

◀ツノモ
ケラチウム科
♠約200μm
★海水にも淡水にもすみます。かたいからと角状の突起があります。からだの横と後ろに1本ずつあるべん毛で、うずを巻くようにして泳ぎます。

▶イカダモ
イカダモ科
♠群体長約20～40μm
★4つ～8つほどの細胞がいかだのようにつらなって群体をつくります。

光を感じるところ（眼点）
べん毛

▲ミドリムシ
ユーグレナ科
♠約60μm
★池や水田などにすみます。赤い眼点で光を感じとります。

▼クモノスケイソウ
クモノスケイソウ科
♠120～300μm
★海にすみ、多くが沿岸の海藻などに付いて育ちます。

▶アオミドロ
ホシミドロ科
♠太さ約30μm
★水田や沼などで見られます。糸状の細胞がたくさん集まり緑色に見えます。さわるとぬるぬるします。

発見 地球を救う？ミドリムシ
ミドリムシはべん毛を使って動物のように動きまわります。燃料や食料として利用する研究も進められています。

LIVE情報 — 都道府県の花

日本の各都道府県では、それぞれを代表する花が選ばれています。名産であったり、一番いい季節に咲く花であったりと、どれもその都道府県にとって親しみ深い花です。自分が住んでいる都道府県の花と、土地の関わりを調べてみるのもおもしろいですよ。

サクラ
サクラはいくつかの都道府県で県の花とされているだけでなく、国を代表する花としてあつかわれることも多い花です。百円硬貨の表にもえがかれています。

百円硬貨の表　　五百円硬貨の表

キリ
岩手県の県花でもあるキリは、いろいろな道具の材料になるなど、生活に身近な植物です。現在五百円硬貨の表にえがかれています。

都道府県の花の一覧

	県の花	掲載ページ
北海道	ハマナス	213
青森県	リンゴ	65
岩手県	キリ	43
宮城県	ミヤギノハギ	86
秋田県	フキノトウ	29
山形県	ベニバナ	119
福島県	ネモトシャクナゲ	
茨城県	バラ	62
栃木県	ヤシオツツジ	
群馬県	レンゲツツジ	153
埼玉県	サクラソウ	112
千葉県	ナノハナ	70
東京都	ソメイヨシノ	66
神奈川県	ヤマユリ	180
新潟県	チューリップ	118
富山県	チューリップ	118
石川県	クロユリ	181
福井県	スイセン	101
山梨県	フジザクラ	
長野県	リンドウ	151
岐阜県	レンゲソウ	83
静岡県	ツツジ	53
愛知県	カキツバタ	117
三重県	ハナショウブ	98
滋賀県	シャクナゲ	53
京都府	シダレザクラ	66
大阪府	サクラソウ・ウメ	112・65
兵庫県	ノジギク	208
奈良県	ナラノヤエザクラ	
和歌山県	ウメ	65
鳥取県	二十世紀ナシ	
島根県	ボタン	115
岡山県	モモ	68
広島県	モミジ	73
山口県	夏ミカン	
徳島県	スダチ	
香川県	オリーブ	42
愛媛県	ミカン	75
高知県	ヤマモモ	82
福岡県	ウメ	65
佐賀県	クスノキ	184
長崎県	ウンゼンツツジ	
熊本県	リンドウ	151
大分県	ブンゴウメ	
宮崎県	ハマユウ	217
鹿児島県	ミヤマキリシマ	153
沖縄県	デイゴ	

熱帯雨林の植物

熱帯雨林とは、1年中高温多雨の熱帯地方に分布する、ほとんどが常緑広葉樹からなる森林です。

東南アジア、ニューギニア、アマゾン川流域、アフリカ中部など一年中高温が続く地域に分布しています。熱帯雨林の湿度は80～90％と高く、たくさんの種類の植物が見られます。1本の木にも、着生植物やつる植物などちがう種類の植物が多く見られます。

熱帯雨林の様子

超高木
熱帯雨林は、高さ60ｍ以上の超高木があり、その下に、30～40ｍの木、さらにその下にはもっと低い木があるというように、何層にもなっています。

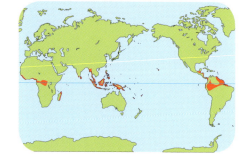

林冠
熱帯雨林の上部は林冠と呼ばれ、太陽の光が多く当たり、多くの生き物がすんでいます。

林床
熱帯雨林の地面の部分は林床と呼ばれます。太陽の光がほとんど当たらず、いつもしめっています。

着生植物

ほかの植物に根をはって生きる植物です。寄生植物とちがい、着いている植物から栄養をとるわけではありません。高い木に着くことで、光がたくさん当たります。

アリ植物

アリ植物は、自分のからだの中にアリをすまわせる植物です。アリに巣を提供するかわりに、アリの排泄物や食べ残しなどを養分として利用します。また、アリ植物を食べようとするほかの昆虫などを、アリが追いはらってくれます。

アリ植物（ツーベローサ）

アリ植物の断面
中がアリの巣になっています。

つる植物

ほかの植物にまきついて成長する植物です。高木が多い熱帯雨林で日光を得るために、背の高いほかの植物をささえにすることで、自分も高くまで成長します。なかには、ささえにしていた植物より大きく成長して、その植物をかれさせてしまう「絞め殺し植物」と呼ばれるものもあります。

幹生果

植物の幹に直接花や果実がつくものを、幹生花（果）といいます。花や果実が枝ではなく幹につくことで、細い枝に登れない動物が果実などをとりやすくなります。

カカオの果実

229

LIVE ライブ情報 — 砂ばくの植物

降水量が非常に少なく、砂や岩石におおわれたところは砂ばくと呼ばれ、植物はほとんど生育できません。砂ばくの多くは大陸の内部に分布しています。

砂ばくの植物で有名なのはサボテンですが、ほかにもかんそうにたえるからだのしくみをもった植物が生きています。

ウチワサボテン

玉サボテン

サボテン

サボテンは、中南米の砂ばくに生育しています。水分の蒸発を少なくするために、葉はありません。からだも水分をたくわえられるようにあつくなっていきました。このような植物を多肉植物といいます。

サボテンの花

裸子植物

ウェルウィッチア（奇想天外）

アフリカのナミブ砂ばくに生育しています。マツなどと同じ裸子植物ですが、葉は一生に2枚しか出ません。根は地中深くまでのび、地面の下の水を吸い上げ1000年以上も生きるといわれています。

レンズ植物

リトープス

葉のほとんどを地中にうめています。地上に出ているわずかな葉の先がレンズの役割りをして、光を集めることができます。

リトープスの断面

マメ科植物

クリアントス・フォルモスス（デザート・ピー）

砂ばくに育つマメ科の植物です。デザート・ピーとは「砂ばくのマメ」という意味です。

単子葉植物

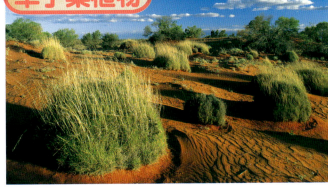

スピニフェックス

イネ科の植物です。荒れ地に育ち、かたくするどい葉をつけます。根元は小動物のかくれがにもなります。

短命植物

雨期の1ヶ月ほどの短い間に、発芽して花を咲かせ、種子をつくります。降水量の少ない時期は、種子の状態でじっと次の雨期を待っています。

ライブ LIVE 情報

寒帯の植物

世界でも特に寒い気候帯を寒帯といいます。寒くきびしい環境にも適応した植物が生きています。

■ ツンドラ
■ タイガ
■ 南極

タイガの植物

冬が長く夏が短いので、季節による気温の差が大きい気候です。一年を通して気温が低く雨もほとんど降りませんが、夏の間の気温は高く、雨も降ります。トウヒなどの針葉樹の林が広がります。

ツンドラの植物

北極圏などの寒帯に分布し、地下には永久凍土といわれる層があります。低木と草本はわずかに見られるだけで、多くはコケ植物や地衣類です。

ツンドラの地衣類
地衣類は低温やかんそうに強いため、ツンドラのきびしい環境でも生きることができます。

南極の植物

陸地が氷でおおわれていて、ふつうの植物はほとんど育ちません。藻類やコケ植物、地衣類が見られます。

高山の植物

ヒマラヤなどの高山は気温が低いので、寒さに適応した植物が見られます。

苞葉の中

◀ **セイタカダイオウ（レウム・ノビレ）**
花を包む半とう明の葉（苞葉）が中を温室のようにして、寒さや紫外線から花を守っています。高さは1〜2mほどになります。

▶ **メコノプシス・ホリドゥラ**
標高4000m以上の高山地帯に見られるケシ科の植物です。青い花を咲かせます。

 草原の植物

世界にはサバンナとステップと呼ばれる草原があります。ここではその様子を紹介します。

サバンナの植物

熱帯から亜熱帯にかけて、雨が降る雨季と、ほとんど降らない乾季に分けられる地域に分布しています。イネ科を中心にした草原とアカシアなどの低木林が見られ、キリンやライオンなどがすんでいます。

アカシアのなかま
アカシアのなかまはサバンナで特に多く見られる低木で、かんそうに強い植物です。枝には長くするどいとげがついていて、草食動物から食べられにくくなっています。

イネ科の植物の広がる草原（マサイマラ国立公園）
水分の少ないサバンナでは、かんそうした環境に強いイネ科の植物が多く見られます。

ステップの植物

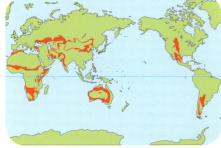

温帯の内陸部に分布する草原で、モンゴルなどの内陸アジアや、北アメリカに見られます。雨はあまり降らず、生育するのはほとんどがイネ科の植物です。

モンゴルのステップ草原
雨があまり降らないため、高い木が育ちません。

ステップのお花畑
イネ科以外の植物がお花畑をつくる場所もあります。

LIVE情報 植物園へ行こう

日本には、たくさんの植物園があります。大学や博物館の付属植物園のような研究が目的のものから、公園のような施設まで、いろいろあります。

自分のすんでいる近くの植物園を探して、行ってみましょう。きっと新しい発見がありますよ。

世界各地の植物が見られる

温室があるところでは、熱帯雨林やサバンナなどの、日本では見られない世界のおもしろい植物や美しい植物が展示してあります。見て楽しんだら、気候と植物の関係について調べてみるのもおもしろいですよ。

自然に近い状態で観察できる

水辺や雑木林など、自然に近い環境で植物を観察することができます。身近にそういった環境がない人でも、どんな場所にどんな植物が育っているのかを、実際に体験することができます。

日本のめずらしい植物（絶滅危惧種など）が観察できる

オキナグサ

キンラン　　クマガイソウ

コチャルメルソウ

昔から日本に生育してきた植物のなかには、絶滅しそうになっているものもたくさんあります。植物園ではそういっためずらしい植物も観察することができます。

実物を見て名前を覚えよう

植物園では植物に名札がついているので知りたい植物の大きさや色、形などの特徴を知ることができます。

季節によって企画展をやっています

植物園によっては、その季節にあわせた、いろいろな企画展をやっていることがあります。広報誌やホームページなどで、ときどきチェックしておきましょう。

画像提供：国立科学博物館（筑波実験植物園）

さくいん INDEX

この本に出てくる植物、藻類、菌類などの名前がアイウエオ順にならんでいます。名前の下にあるのは学名で、ラテン語で表された世界共通の名前です。
※種の解説があるページは、太字で表しています。

ア

アーモンド ─── 68・139
Prunus dulcis

アイコ ─── 148

アイスランドポピー ─── 115
Papaver nudicaule

アイビー ─── 130
Hedera helix

アオイスミレ ─── 96

アオウキクサ ─── 217
Lemna perpusilla

アオカビ ─── 107

アオキ ─── 46
Aucuba japonica

アオギリ ─── 162
Firmiana simplex

アオミドロ ─── 226

アオモリトドマツ ─── 189
Abies mariesii

アカガシ ─── 82・168
Quercus acuta

アカザ ─── 61
Chenopodium album

アカショウマ ─── 171
Astilbe thunbergii

アカソ ─── 69
Boehmeria silvestrii

アカツメクサ ─── 83
Trifolium pratense

アカネ ─── 48
Rubia argyi

アガパンサス ─── 124
Agapanthus africanus

アカマツ ─── 189・190
Pinus densiflora

アカメガシワ ─── 165
Mallotus japonicus

アカメモチ ─── 63
Photinia glabra

アカモク ─── 224
Sargassum horneri

アカンサス ─── 119
Acanthus mollis

アキグミ ─── 158
Elaeagnus umbellata

アキノウナギツカミ ─── 211
Truellum sieboldii

アキノエノコログサ ─── 94
Setaria faberi

アキノキリンソウ ─── 144
Solidago virgaurea

秋の七草 ─── 206

アキノノゲシ ─── 29
Pterocypsela indica

アケビ ─── 172
Akebia quinata

アケボノスミレ ─── 79
Viola rossii

アゲラータム ─── 119
Ageratum houstonianum

アサ ─── 69
Cannabis sativa

アサガオ ─── 49・57・104
Ipomoea nil

アサクサノリ ─── 225
Pyropia tenera

アサザ ─── 210
Nymphoides peltata

アサヒカエデ ─── 163
Acer pictum

アザレア ─── 112

アシ ─── 215
Phragmites australis

アジサイ ─── 56・105
Hydrangea macrophylla

アシタバ ─── 146
Angelica keiskei

アシビ ─── 152
Pieris japonica

アジュガ ─── 111

アズキ ─── 138・170
Arachis hypogaea

アスター ─── 119
Callistephus chinensis

アスチルベ ─── 123

アスナロ ─── 188
Thujopsis dolabrata

アスパラガス ─── 133

アズマイチゲ ─── 90
Anemone raddeana

アズマシャクナゲ ─── 53
Rhododendron degronianum

アズマネザサ ─── 177
Pleioblastus chino

アセビ ─── 152
Pieris japonica

アゼムシロ ─── 208
Lobelia chinensis

アダン ─── 220
Pandanus odoratissimus

アッケシソウ ─── 211
Salicornia europaea

アッツザクラ ─── 117
Rhodohypoxis baueri

アツバキミガヨラン ─── 118
Yucca gloriosa

アツバチトセラン ─── 130

アツモリソウ ─── 179
Cypripedium macranthos

アナアオサ ─── 225
Ulva pertusa

アネモネ ─── 116
Anemone coronaria

アブチロン ─── 128

アブラチャン ─── 185
Lindera praecox

アブラナ ─── 70
Brassica rapa

アベマキ ─── 166・168
Quercus variabilis

アベリア ─── 119・146

アボカド ─── 142

アマ ─── 79
Linum usitatissimum

アマチャ ─── 56
Hydrangea serrata

アマチャヅル ─── 81
Gynostemma pentaphyllum

アマトウガラシ ─── 51
Capsicum annuum

アマドコロ ─── 99
Polygonatum odoratum

アマモ ─── 218
Zostera marina

アマランサス ─── 138

アマリリス ─── 117
Hippeastrum hybridum

アミガサタケ ─── 201
Morchella esculenta

アミガサユリ ─── 118
Fritillaria verticillata

アミメヘイシソウ ─── 223
Sarracenia leucophylla

アメフリバナ ─── 50
Calystegia pubescens

アメリカシャクナゲ ─── 53
Kalmia latifolia

アメリカセンダングサ ─── 35
Bidens frondosa

アメリカデイゴ ─── 85
Erythrina crista-galli

アメリカフウ ─── 89
Liquidambar styraciflua

アメリカフウロ *Geranium carolinianum*	80
アメリカフヨウ *Hibiscus moscheutos*	122
アヤメ *Iris sanguinea*	98
アラカシ *Quercus glauca*	167・168
アラメ *Eisenia bicyclis*	224
アララギ *Taxus cuspidata*	189
アリアケスミレ *Viola betonicifolia*	205
アリウム・ギガンテウム *Allium giganteum*	118
アリ植物(しょくぶつ)	229
アリタソウ *Dysphania ambrosioides*	61
アリノオヤリ *Tetraphis geniculata*	198
アルストロメリア	118
アルソミトラ・マクロカルパ *Alsomitra macrocarpa*	23・191
アルピニア	123
アルメリア	113
アレカヤシ *Chrysalidocarpus lutescens*	131
アレチウリ *Sicyos angulatus*	161
アレチギシギシ *Rumex conglomeratus*	59
アレチノギク *Conyza bonariensis*	32
アレチハナガサ *Verbena brasiliensis*	43
アワ *Setaria italica*	92・138
アンズ *Prunus armeniaca*	68
アンスリウム *Anthurium andreanum*	129

イ

イイギリ *Idesia polycarpa*	79
イカダモ	226
イカリソウ *Epimedium grandiflorum*	175
イグサ *Juncus decipiens*	216
イクソラ *Ixora chinensis*	128
イシヅチゴケ *Oedipodium griffithianum*	198
イシミカワ *Persicaria perfoliata*	59
イソギク *Chrysanthemum pacificum*	208
イソスミレ *Viola senamiensis*	213
イタドリ *Fallopia japonica*	59
イタヤカエデ *Acer pictum*	163
イチイ *Taxus cuspidata*	189
イチイガシ *Quercus gilva*	167・168
イチゴ	64・141
イチジク *Ficus carica*	68・141
イチハツ *Iris tectorum*	117
イチヤクソウ *Pyrola japonica*	152
イチョウ *Ginkgo biloba*	106
イチョウウキゴケ *Ricciocarpus natans*	199
イチリンソウ *Anemone nikoensis*	172
イヌガラシ *Rorippa indica*	70
イヌゴマ *Stachys aspera*	209
イヌサフラン *Colchicum autumnale*	126
イヌシデ *Carpinus tschonoskii*	170
イヌタデ *Persicaria longiseta*	59
イヌツゲ *Ilex crenata*	45
イヌナズナ *Draba nemorosa*	71
イヌノフグリ *Veronica polita*	40
イヌビエ *Echinochloa crus-galli*	95
イヌビワ *Ficus erecta*	213
イヌブナ *Fagus japonica*	168
イヌホオズキ *Solanum nigrum*	50
イヌムギ *Bromus catharticus*	95
イヌリンゴ *Malus prunifolia*	65
イヌワラビ *Anisocampium niponicum*	193
イネ *Oryza sativa*	92
イノコヅチ *Achyranthes bidentata*	61
イノデ *Polystichum polyblepharon*	196
イノモトソウ *Pteris multifida*	195
イブキ *Malus prunifolia*	219
イモカタバミ *Oxalis articulata*	80
イヨカン	140
イラクサ *Urtica thunbergiana*	158
イロハモミジ *Acer palmatum*	73・191
イワイチョウ *Nephrophyllidium crista-galli*	147
イワウメ *Diapensia lapponica*	152
イワカガミ *Schizocodon soldanelloides*	152
イワギキョウ *Campanula lasiocarpa*	144
イワタバコ *Conandron ramondioides*	149
イワトユリ *Lilium maculatum*	181
イワニガナ *Ixeris stolonifera*	28
イワヒバ *Selaginella tamariscina*	194
インゲンマメ *Phaseolus vulgaris*	87・138
インドゴムノキ *Ficus elastica*	130
インパチェンス	121

ウ

ウェルウィッチア *Welwitschia mirabilis*	231
ウォーターレタス *Pistia stratiotes*	161

ウキクサ ― 217
Spirodela polyrhiza

ウグイスカグラ ― 146
Lonicera gracilipes

ウコンバナ ― 185
Lindera obtusiloba

ウサギギク ― 145
Arnica unalaschcensis

ウサギゴケ ― 223
Utricularia sandersonii

ウサギノオ ― 117
Hare's-tail grass

ウシハコベ ― 58
Stellaria aquatica

ウスベニアオイ ― 122
Malva sylvestris

ウチワサボテン ― 127・230
Opuntia ficus-indica

ウツギ ― 155
Deutzia crenata

ウツボカズラ ― 223
Nepenthes rafflesiana

ウツボグサ ― 41
Prunella vulgaris

ウツボホコリ ― 107
Arcyria denudata

ウド ― 146・148
Aralia cordata

ウノハナ ― 155
Deutzia crenata

ウバメガシ ― 166・168
Quercus phillyreoides

ウバユリ ― 181・204
Cardiocrinum cordatum

ウマノアシガタ ― 90
Ranunculus japonicus

ウマノスズクサ ― 102
Aristolochia debilis

ウメ ― 65
Prunus mume

ウメノキゴケ ― 203
Parmotrema tinctorum

ウメバチソウ ― 165
Parnassia palustris

ウメモドキ ― 45
Ilex serrata

ウモウゲイトウ ― 121
Celosia cristata

ウラギク ― 208
Tripolium pannonicum

ウラシマソウ ― 183
Arisaema thunbergii

ウラジロ ― 194
Diplopterygium glaucum

ウラジロガシ ― 167・168
Quercus salicina

ウラジロチチコグサ ― 32
Gamochaeta coarctata

ウリクサ ― 40
Lindernia crustacea

ウリハダカエデ ― 163
Acer rufinerve

ウルシ ― 162
Toxicodendron vernicifluum

ウワミズザクラ ― 159
Padus grayana

ウンシュウミカン ― 75・140
Citrus unshiu

ウンラン ― 209
Linaria japonica

エ

エイザンスミレ ― 164
Viola eizanensis

エーデルワイス ― 110
Leontopodium alpinum

エキザカム ― 121
Exacum affine

エゴノキ ― 152
Styrax japonica

エダマメ ― 134

エドヒガン(サクラ) ― 67
Cerasus spachiana

エニシダ ― 84
Cytisus scoparius

エノキ ― 69
Celtis sinensis

エノキグサ ― 78
Acalypha australis

エノキタケ ― 202
Flammulina velutipes

エノコログサ ― 94
Setaria viridis

エビネ ― 179
Calanthe discolor

エライオソーム ― 96

エリンギ ― 203
Pleurotus eryngii

エルム ― 69
Ulmus davidiana

エンジェルオーキッド ― 23

エンジェルストランペット ― 120
Brugmansia suaveolens

エンジュ ― 85
Styphonolobium japonicum

エンドウ ― 138

エンバク ― 92・138
Avena sativa

エンレイソウ ― 182
Trillium apetalon

オ

オウギバショウ ― 22
Ravenala madagascariensis

オオアラセイトウ ― 70
Orychophragmus violaceus

オオアレチノギク ― 33
Conyza sumatrensis

オオイヌタデ ― 60
Persicaria lapathifolia

オオイヌノフグリ ― 40・104
Veronica persica

オオウキモ ― 21
Macrocsytis pyrifera

オオオナモミ ― 35・191・205
Xanthium orientale

オオオニバス ― 23
Victoria amazonica

オオカナダモ ― 218
Egeria densa

オオカメノキ ― 147
Viburnum furcatum

オオキンケイギク ― 161
Coreopsis lanceolat

オオケタデ ― 59
Persicaria orientalis

オオジシバリ ― 28
Ixeris japonica

オオシマザクラ ― 67
Cerasus speciosa

オオシラビソ ― 189
Abies mariesii

オーチャードグラス ― 94
Dactylis glomerata

オオデマリ ― 111
Viburnum plicatum

オオバギボウシ ― 99
Hosta sieboldiana

オオバコ ― 40
Plantago asiatica

オオバジャノヒゲ ― 178
Ophiopogon planiscapus

オオハンゴンソウ ― 161
Rudbeckia laciniata

オオフサモ ― 161
Myriophyllum aquaticum

オオブタクサ ― 33
Ambrosia trifida

オオベンケイソウ ― 123
Hylotelephium spectabile

和名	学名	ページ
オオマツヨイグサ	Oenothera glazioviana	74・104
オオミズゴケ	Sphagnum palustre	198
オオミマツ		190
オオムギ		138
オオムラサキツツジ	Rhododendron pulchrum	53
オオヤマザクラ	Cerasus sargentii	67
オカトラノオ	Lysimachia clethroides	53
オカヒジキ	Salsola komarovi	211
オカメザサ	Shibataea kumasaca	177
オガルカヤ	Cymbopogon tortilis	93
オギ	Miscanthus sacchariflorus	215
オキザリス	Oxalis flava	126
オキナグサ	Pulsatilla cernua	172
オキナワウラジロガシ	Quercus miyagii	169
オギョウ	Pseudognaphalium affine	32
オクラ	Abelmoschus esculentus	72・134
オケラ	Atractylodes ovata	145
オサムシタケ	Tilachlidiopsis nigra	201
オジギソウ	Mimosa pudica	108・123
オシダ	Dryopteris crassirhizoma	196
オシロイバナ	Mirabilis jalapa	61
オタカラコウ	Ligularia fischeri	144
オダマキ		116
オッタチカタバミ	Oxalis dillenii	80
オトギリソウ	Hypericum erectum	165
オトコエシ	Patrinia triloba	45
オドリコソウ	Lamium album	41
オナモミ	Xanthium strumarium	35
オニグルミ	Juglans mandshurica	105・170
オニゲシ	Papaver orientale	115
オニタビラコ	Youngia japonica	28
オニドコロ	Dioscorea tokoro	183
オニナスビ	Solanum carolinense	51
オニノゲシ	Sonchus asper	29・104
オニノヤガラ	Gastrodia elata	192
オニバス	Euryale ferox	219
オニフスベ	Calvatia nipponica	202
オニユリ	Lilium lancifolium	180
オヒシバ	Eleusine indica	94
オヒルギ	Bruguiera gymnorhiza	220
オヘビイチゴ	Potentilla anemonifolia	64
オミナエシ	Patrinia scabiosifolia	45
オモダカ	Sagittaria trifolia	218
オモチャカボチャ	Cucurbita pepo	123
オモト	Rohdea japonica	130
オヤブジラミ	Torilis scabra	47
オランダイチゴ		64
オランダガラシ	Nasturtium officinale	212
オランダミミナグサ	Cerastium glomeratum	58
オリーブ	Olea europaea	42
オリエンタルポピー	Papaver orientale	115
オリヅルラン	Chlorophytum comosum	130
オレンジ		140
オンシジウム		129

カ

和名	学名	ページ
カーネーション	Dianthus caryophyllus	113
ガーベラ	Gerbera jamesonii	111
カイコウズ	Erythrina crista-galli	85
海藻（かいそう）		224
カイヅカイブキ	Juniperus chinensis	106
カイワレダイコン		132
カエデ		73
カエンタケ	Hypocrea cornu-damae	201
ガガイモ	Metaplexis japonica	48
カカオ	Theobroma cacao	128・139・229
ガガブタ	Nymphoides indica	210
カキ	Diospyros kaki	140
カキツバタ	Iris laevigata	98・117・205
カキドオシ	Glechoma hederacea	41
カキノキ	Diospyros kaki	53
ガクアジサイ	Hydrangea macrophylla	56
カクレミノ	Dendropanax trifidus	46
カゲツ	Crassula portulacea	127
カゴタケ	Ileodictyon gracile	201
ガザニア		119
カサブランカ		181
カジイチゴ	Rubus trifidus	160
カジメ	Ecklonia cava	224
カシューナッツ		139
ガジュマル	Ficus microcarpa	221
カシワ	Quercus dentata	167・168
カシワバアジサイ	Hydrangea quercifolia	56

カズノコグサ Beckmannia syzigachne	93
カスミザクラ Cerasus leveilleana	67
カスミソウ Gypsophila elegans	113
カゼクサ Eragrostis ferruginea	95
カタクリ Erythronium japonicum	182
カタバミ Oxalis corniculata	80・108
カツラ Cercidiphyllum japonicum	171
カテンソウ Nanocnide japonica	158
カトレア	129
カナムグラ Humulus scandens	69
カナメモチ Photinia glabra	63
カナリーヤシ Phoenix canariensis	97
カニクサ Lygodium japonicum	195
カノコユリ Lilium speciosum	181
カビ	107
カブ Brassica rapa	71・135
カボス	140
カボチャ Cucurbita moschata	82・134
ガマ Typha latifolia	217
ガマズミ Viburnum dilatatum	105・147・205
カミガヤツリ Cyperus papyrus	131
カメムシタケ	201
カモガヤ Dactylis glomerata	94
カモジグサ Elymus tsukushiensis	95
カヤツリグサ Cyperus microiria	96
カラー	118
カラジウム Caladium bicolor	130
カラスウリ Trichosanthes cucumeroides	81・108
カラスザンショウ Zanthoxylum ailanthoides	105
カラスノエンドウ Vicia sativa	83
カラスビシャク Pinellia ternata	101
カラスムギ Avena fatua	95
カラタケ Phyllostachys edulis	176
カラタチ Citrus trifoliata	75
カラタチバナ Ardisia crispa	53
カラマツ Larix kaempferi	189
カラマツソウ Thalictrum aquilegiifolium	172
カラムシ Boehmeria nivea	69
カランコエ Kalanchoe blossfeldiana cv.	127
カリフォルニアポピー Eschscholzia californica	115
カリフラワー Brassica oleracea	132
カリン Chaenomeles sinensis	68
カルミア Kalmia latifolia	53
カワヅザクラ	66
カワラケツメイ Chamaecrista nomame	213
カワラナデシコ Dianthus superbus	59
カンアオイ Asarum nipponicum	185
ガンコウラン Empetrum nigrum	153
カンザン(サクラ)	66
ガンジツソウ Adonis ramosa	173
カンショ Ipomoea batatas	50
カンスゲ Carex morrowii	178
カンチク Chimonobambusa marmorea	177
カンツバキ Camellia sasanqua	54・105
カントウタンポポ Taraxacum platycarpum	26
カントウヨメナ Aster yomena	37
カンナ	123
カンパニュラ Campanula medium	111
ガンピ Diplomorpha sikokiana	73
カンヒザクラ Cerasus campanulata	67

キ

キウイフルーツ	142
キエビネ Calanthe striata	179
キカラスウリ Trichosanthes kirilowii	81
キキョウ Platycodon grandiflorus	39
キキョウソウ Triodanis perfoliata	39
キク Chrysanthemum morifolium	36
キクイモ Helianthus tuberosus	31
キクラゲ Auricularia auricula-judae	201
キケマン	214
ギシギシ Rumex japonicus	59
キジムシロ Potentilla fragarioides	63
寄生植物	192
キスミレ Viola orientalis	164
奇想天外 Welwitschia mirabilis	231
キダチアロエ Aloe arborescens	126
キヅタ Hedera rhombea	57・146
キツネアザミ Hemistepta lyrata	34
キツネノカミソリ Lycoris sanguinea	101
キツネノチャブクロ Lycoperdon perlatum	202
キツネノテブクロ Digitalis purpurea	112
キツネノボタン Ranunculus silerifolius	90
キツリフネ Impatiens noli-tangere	154

キヌガサソウ 183 Kinugasa japonica	ギンモクセイ 42 Osmanthus fragrans	クマツヅラ 43 Verbena officinalis
キヌガサタケ 201 Phallus indusiaus	ギンヨウアカシア 86 Acacia baileyana	クモノスケイソウ 226
キノア 138	キンラン 179 Cephalanthera falcata	グラジオラス 124 Gladiolus hybridus
キノコ 200	ギンラン 179 Cephalanthera erecta	クリ 139・**167**・169・205 Castanea crenata
キバナアキギリ 149 Salvia nipponica	ギンリョウソウ 192 Monotropastrum humile	クリアントス・フォルモスス 231
キバナコスモス 38 Cosmos sulphureu	キンレンカ 122 Tropaeolum majus	クリスマスローズ 116 Helleborus orientalis
キビ 138		クリンソウ 210 Primula japonica
キブシ 163 Stachyurus praecox	**ク**	クルクマ 129 Curcuma alismatifolia
キャベツ 71・132 Brassica oleracea	クガイソウ 149 Veronicastrum japonicum	クルマバソウ 151 Galium odoratum
球根ベゴニア 114 Begonia tuberhybrida	クコ 50 Lycium chinense	クルマユリ 181 Lilium medeoloides
キュウリ 57・**82**・134 Cucumis sativus	クサギ 149 Clerodendrum trichotomum	クルミ 139
キュウリグサ 47 Trigonotis peduncularis	クサソテツ 196 Matteuccia struthiopteris	クルメツツジ 53 Rhododendron obtusum
ギョイコウ（サクラ） 66	クサネム 213 Aeschynomene indica	グレープフルーツ 140
キョウチクトウ 48 Nerium oleander	クサノオウ 91 Chelidonium majus	クレソン 132・**212** Nasturium officinale
キヨスミイトゴケ 199 Barbella flagellifera	クサフジ 85 Vicia cracca	クレタケ 176 Phyllostachys nigra
キランソウ 41 Ajuga decumbens	クサフヨウ 122 Hibiscus moscheutos	クレマチス 116
キリ 43 Paulownia tomentosa	クサボケ 63 Chaenomeles japonica	クローバー 83 Trifolium repens
キンエノコロ 94 Setaria pumila	クサボタン 174 Clematis stans	クロガネモチ 45 Ilex rotunda
キンカン 140	クジャクサボテン 127 Epiphyllum hybrids	クロゴケ 198 Andreaea rupestris
キンギョソウ 112 Antirrhinum majus	クス 184 Cinnamomum camphora	クロタネソウ 116 Nigella damascena
ギンゴケ 198 Bryum argenteum	クズ 84 Pueraria lobata	クロチク 177 Phyllostachys nigra
キンシバイ 78 Hypericum patulum	クスダマツメクサ 83 Trifolium campestre	クロッカス 116 Crocus vernus
キンセンカ 110 Calendula officinalis	クスノキ 184 Cinnamomum camphora	クロトン 131 Codiaeum variegatum
ギンナン 139	クチナシ 48 Gardenia jasminoides	クロマツ 219 Pinus thunbergii
キンポウゲ 90 Ranunculus japonicus	クチビルケイソウ 226	クロメ 224 Ecklonia kurome
キンミズヒキ 159 Persicaria filiformis	クヌギ 166・169 Quercus acutissima	クロモ 218 Hydrilla verticillata
キンメイモウソウチク 177 Phyllostachys pubescens	クマガイソウ 179 Cypripedium japonicum	クロモジ 185 Lindera umbellata
キンモクセイ 42 Osmanthus fragrans	クマザサ 177 Sasa veitchii	クロユリ 181 Fritillaria camschatcensis

グロリオサ — 124	コウゾリナ — 28 *Picris hieracioides*	コチョウラン — 129 *Phalaenopsis aphrodite*
クワ — 158 *Morus australis*	ゴウダソウ — 113 *Lunaria annua*	ゴデチア — 114 *Clarkia amoena*
クワクサ — 68 *Fatoua villosa*	コウテイダリア — 125 *Dahlia imperialis*	コデマリ — 114 *Spiraea cantoniensis*
クワズイモ — 131 *Alocasia odora*	コウフクノキ — 130 *Dracaena fragrans*	コトジツノマタ — 225 *Chondrus elatus*
クワモドキ — 33 *Ambrosia trifida*	コウボウシバ — 215 *Carex pumila*	コナラ — 166・168 *Quercus serrata*
クンショウモ — 226	コウボウムギ — 215 *Carex kobomugi*	コニシキソウ — 78 *Euphorbia maculata*
クンシラン — 129 *Clivia miniata*	コウホネ — 219 *Nuphar japonica*	コノテガシワ — 106 *Biota orientalis*
グンバイヒルガオ — 210 *Ipomoea pes-caprae*	コウヤマキ — 188 *Sciadopitys verticillata*	コバイケイソウ — 182 *Veratrum stamineum*
	こうよう こうよう 紅葉、黄葉 — 186	コバイモ — 182 *Fritillaria japonica*

ケ

	コエビソウ — 119 *Beloperone guttata*	コバギボウシ — 216 *Hosta sieboldii*
ケイトウ — 121 *Celosia cristata*	コオニタビラコ — 28 *Lapsanastrum apogonoides*	コハコベ — 58 *Stellaria media*
ケキツネノボタン — 90 *Ranunculus cantoniensis*	コオニユリ — 180 *Lilium leichtlinii*	コバンソウ — 117 *Briza maxima*
ゲジゲジシダ — 196 *Thelypteris decursivepinnata*	コーヒーノキ — 128・139 *Coffea arabica*	コヒルガオ — 50 *Calystegia hederacea*
ゲッカビジン — 108・127 *Epiphyllum oxypetalum*	ゴーヤ — 82 *Momordica charantia*	コヒロハハナヤスリ — 195 *Ophioglossum petiolatum*
ゲッケイジュ — 102 *Laurus nobilis*	コガマ — 217 *Typha orientalis*	コフキサルノコシカケ — 203 *Ganoderma applanayum*
ケナフ — 122 *Hibiscus cannabinus*	ゴギョウ — 32 *Pseudognaphalium affine*	コブシ — 103・185 *Magnolia kobus*
ケマンソウ — 115 *Dicentra spectabilis*	しょくぶつ コケ植物 — 197	ゴボウ — 34・135 *Arctium lappa*
ケヤキ — 69・204 *Zelkova serrata*	コケモモ — 153 *Vaccinium vitis-idaea*	ゴマ — 43 *Sesamum orientale*
ゲンゲ — 83 *Astragalus sinicus*	コゴミ — 148	コマクサ — 175 *Dicentra peregrina*
ゲンノショウコ — 80 *Geranium thunbergii*	コシアブラ — 148	コマチゴケ — 199 *Haplomitrium mnioides*
ゲンペイカズラ — 111 *Clerodendrum thomsoniae*	ゴシキトウガラシ — 120 *Capsicum annuum*	コマツナ — 70・132 *Brassica rapa*
ケンポナシ — 158 *Hovenia dulcis*	コシノコバイモ — 182 *Fritillaria koidzumiana*	コマツナギ — 85 *Indigofera pseudotinctoria*
	コショウ — 102 *Piper nigrum*	コマツヨイグサ — 74 *Oenothera laciniata*

コ

	コスギゴケ — 198 *Pogonatum inflexum*	ゴマナ — 144 *Aster glehnii*
コアカミゴケ — 203 *Cladonia macilenta*	コスモス — 38 *Cosmos bipinnatus*	コミカンソウ — 79 *Phyllanthus lepidocarpus*
コアジサイ — 56 *Hydrangea hirta*	ゴゼンタチバナ — 155 *Cornus canadensis*	コムギ — 92・138 *Triticum aestivum*
コウジカビ — 107	コセンダングサ — 35 *Bidens pilosa*	コムラサキ — 150 *Callicarpa dichotoma*
コウゾ — 158 *Broussonetia kazinoki*	コチャルメソウ — 171 *Typha orientalis*	コメツガ — 189 *Tsuga diversifolia*

コメツブウマゴヤシ ——— 83
Medicago lupulina

コメツブツメクサ ——— 83
Trifolium dubium

コモチマンネングサ ——— 89
Sedum bulbiferum

コヤブタバコ ——— 144
Carpesium cernuum

ゴヨウマツ ——— 189
Pinus parviflora

コリウス ——— 120
Coleus blumei

コルター・コウン ——— 190

コルチカム ——— 126
Colchicum autumnale

コンブ ——— 224

コンニャク ——— 101
Amorphophalus rivieri

根粒（こんりゅう） ——— 83

サ

サイネリア ——— 125
Senecio cruenta

サカキ ——— 55
Cleyera japonica

サガリバナ ——— 221
Barringtonia racemosa

サキシマスオウ ——— 220
Heritiera littoralis

サギソウ ——— 216
Pecteilis radiata

サクラ ——— **66**・105

桜島大根（さくらじまだいこん） ——— 136

サクランボ ——— **66**・141

サクラソウ ——— 112
Primula sieboldi

ザクロ ——— 74
Punica granatum

ササ ——— 176

ササゲ ——— 87・138
Vigna unguiculata

ササユリ ——— 180
Lilium japonicum

サザンカ ——— 54
Camellia sasanqua

ザゼンソウ ——— 217
Symplocarpus renifoliu

サツキ ——— 54
Rhododendron indicum

サツマイモ ——— 50・135
Ipomoea batatas

サツマユリ ——— 180
Lilium longiflorum

サトイモ ——— 51・**101**・135
Colocasia esculenta

サトウキビ ——— 139

サネカズラ ——— 185
Kadsura japonica

サフラン ——— 126
Crocus sativus

サフランモドキ ——— 124
Zephyranthes carinata

サボテン ——— 127・230

サヤインゲン ——— 87・134

サラサドウダン ——— 153
Enkianthus campanulatus

サラシナショウマ ——— 174
Cimicifuga simplex

サラセニア・レウコフィラ ——— 223
Sarracenia leucophylla

サルスベリ ——— 74
Lagerstroemia indica

サルトリイバラ ——— 182
Smilax china

サルビア ——— 120
Salvia splendens

サワギキョウ ——— 144
Lobelia sessilifolia

サワフタギ ——— 154
Symplocos sawafutagi

サワラ ——— 188
Chamaecyparis pisifera

サンカクイ ——— 215
Schoenoplectus triqueter

サンカヨウ ——— 175
Diphylleia cymosa

サンゴジュ ——— 45
Viburnum odoratissimum

サンシキスミレ ——— 114
Viola tricolor

サンシュユ ——— 55
Cornus officinalis

サンショウ ——— 162
Zanthoxylum piperitum

サンショウバラ ——— 160
Rosa hirtula

サンショウモ ——— 195
Salvinia natans

サンセベリア ——— 130

サンダーソニア ——— 118
Sandersonia aurantiaca

サンタンカ ——— 128
Ixora chinensis

シ

シークァーサー ——— 140

シイタケ ——— 200・202
Lentinula edodes

シェフレラ ——— 130
Schefflera arboricola

シオデ ——— 182
Smilax riparia

シオン ——— 125
Aster tataricus

シカクダケ ——— 177
Tetragonocalamus angulatus

シキザキベゴニア ——— 126
Begonia semperflorens

ジギタリス ——— 112
Digitalis purpurea

シキミ ——— 185
Illicium anisatum

シクラメン ——— 125
Cyclamen persicum

シコンノボタン ——— 123
Tibouchina urvilleana

シシウド ——— 146
Angelica pubescens

シシトウ ——— 134

ジシバリ ——— 28
Ixeris stolonifera

シジミバナ ——— 115
Spiraea prunifolia

シソ ——— 41・133
Perilla frutescens

シダ植物（しょくぶつ） ——— 193

シダレザクラ ——— 66

シダレヤナギ ——— 79
Salix babylonica

シデコブシ ——— 103
Magnolia stellata

シナノキンバイ ——— 174
Trollius japonicus

シネラリア ——— 125
Senecio cruenta

ジネンジョ ——— 183
Dioscorea japonica

シノブ ——— 196
Davallia mariesii

シバ	Zoysia japonica	93
シバザクラ	Phlox subulata	113
シホウチク	Tetragonocalamus angulatus	177
シマスズメノヒエ	Paspalum dilatatum	93
シマトネリコ	Fraxinus griffithii	42
シモクレン	Magnolia quinquepeta	103
シモツケ	Spiraea japonica	64
シモツケソウ	Filipendula multijuga	159
シモバシラ	Keiskea japonica	149
ジャーマンアイリス		117
シャーマン将軍の木		21
ジャイアントケルプ	Macrocsytis pyrifera	21
シャガ	Iris japonica	179
ジャガイモ	Solanum tuberosum	51・135
シャクナゲ	Rhododendron degronianum	53
シャクヤク	Paeonia lactiflora	115
ジャケツイバラ	Caesalpinia decapetala	86
シャコバサボテン	Zygocactus hybrida	127
シャジクモ	Chara braunii	225
シャスターデージー		110
ジャノヒゲ	Ophiopogon japonicus	99
ジャノメエリカ	Erica canaliculata	125
シャリンバイ	Rhaphiolepis indica	213
シュウカイドウ	Begonia evansiana	126
ジュウガツザクラ	Cerasus subhirtella	66
ジュウニヒトエ	Ajuga nipponensis	150
シュウメイギク	Anemone hupehensis	126
ジュズダマ	Coix lacryma-job	215
シュロ	Trachycarpus fortunei	97
シュンギク	Xanthophthalmum coronarium	37・132
ジュンサイ	Brasenia schreber	219
シュンラン	Cymbidium goeringii	179
ショウガ	Zingiber officinale	96・135
ショウジョウバカマ	Helonias orientalis	216
ショウブ	Acorus calamus	218
縄文杉		23
ショカツサイ	Orychophragmus violaceus	70
ショクダイオオコンニャク	Amorphophallus titanum	20
食虫植物		222
食用ギク		36
除虫ギク		36
シラー		118
シラカシ	Quercus myrsinifolia	167・168
シラカバ	Betula platyphylla	170
シラカンバ	Betula platyphylla	170
シラネアオイ	Glaucidium palmatum	173
シラビソ	Abies veitchii	189
シラベ	Abies veitchii	189
シラヤマギク	Aster scaber	145
シラン	Bletilla striata	118
シリブカガシ	Lithocarpus glaber	168
シロザ	Chenopodium album	61
シロソウメンタケ	Clavaria vermicularis	202
シロタエギク	Senecio cineraria	125
シロツメクサ	Trifolium repens	83
シロバナエンレイソウ	Trillium tschonoskii	182
シロバナタンポポ	Taraxacum albidum	26
シロバナマンジュシャゲ		99
ジロボウエンゴサク	Corydalis decumbens	91
シロヤマブキ	Rhodotypos scandens	63
シロヨメナ	Aster ageratoides	37
ジンジャー	Hedychium coronarium	123
ジンチョウゲ	Daphne odora	73
シンビジウム		129

ス

スイートアリッサム	Lobularia maritima	125
スイートピー	Lathyrus odoratus	115
スイカ	Citrullus lanatus	82・142
スイカズラ	Lonicera japonica	45
スイセン	Narcissus tazetta	101
スイセンノウ	Lychnis coronaria	113
スイバ	Rumex acetosa	60
スイフヨウ	Hibiscus mutabilis	122
スエヒロタケ	Schizophyllum commune	202
スカシタゴボウ	Rorippa palustris	71
スカシユリ	Lilium maculatum	181
スギ	Cryptomeria japonica	188
スギナ	Equisetum arvense	193
スゲユリ	Lilium leichtlinii	180
スサビノリ	Pyropia yezoensis	225
スズ	Sasa borealis	177
スズカケノキ	Platanus orientalis	91
ススキ	Miscanthus sinensis	95・204

スズタケ — 177

ススホコリ — 107
Fuligo septica

スズメノエンドウ — 83
Vicia hirsuta

スズメノカタビラ — 93
Poa annua

スズメノケヤリ — 178
Eriophorum vaginatum

スズメノテッポウ — 95
Alopecurus aequalis

スズメノヒエ — 95
Paspalum thunbergii

スズメノヤリ — 96
Luzula capitata

スズラン — 178
Convallaria majalis

スズランズイセン — 117
Leucojum aestivum

スターチス — 113
Limonium sinuatum

スダジイ — 167・168
Castanopsis sieboldii

スダチ — 140

ストック — 113

ストレリチア — 128
Strelitzia reginae

スナップエンドウ — 87・134

スノードロップ — 117
Galanthus nivalis

スノーフレーク — 117
Leucojum aestivum

スパティフィラム — 131

スピニフェックス — 231

スベリヒユ — 61
Portulaca oleracea

ズミ — 159
Malus toringo

スミレ — 164
Viola mandshurica

スミレサイシン — 164
Viola vaginata

スモークツリー — 114
Cotinus coggygria

スモモ — 68・141
Prunus salicina

セ

セイタカアワダチソウ — 33
Solidago altissima

セイタカダイオウ — 232
Rheum nobile

セイタカタウコギ — 35
Bidens frondosa

セイバンモロコシ — 93
Sorghum halepense

セイヨウアブラナ — 70
Brassica napus

セイヨウウスユキソウ — 110
Leontopodium alpinum

セイヨウオダマキ — 116
Aquilegia vulgaris

セイヨウカジカエデ — 204
Acer pseudoplatanus

セイヨウキヅタ — 130
Hedera helix

セイヨウシャクナゲ — 113

セイヨウショウロ — 201
Tuber spp

セイヨウタンポポ — 26・104
Taraxacum officinale

セイヨウトチノキ — 75
Aesculus hippocastanum

セイヨウナシ — 65・141
Pyrus communis

セイヨウミザクラ — 66
Cerasus avium

セキショウモ — 218
Vallisneria natans

セキチク — 113
Dianthus chinensis

セコイアデンドロン — 21
Sequoiadendron giganteum

セツブンソウ — 173
Eranthis pinnatifida

ゼニゴケ — 197・199
Marchantia polymorpha

ゼラニウム — 128

セリ — 132・209
Scandix pecten-veneris

セロリ — 47・133
Apium graveolens

センダン — 73
Melia azedarach

ゼンテイカ — 178
Hemerocallis dumortieri

セントポーリア — 128

センニチコウ — 121
Gomphrena globosa

センニンソウ — 90
Clematis terniflora

センブリ — 151
Swertia japonica

ゼンマイ — 148・194
Osmunda japonica

センリョウ — 103
Sarcandra glabra

ソ

ソアマウス・ブッシュ — 23

藻類(そうるい) — 224

ソシンロウバイ — 102
Chimonanthus praecox

ソテツ — 219
Cycas revoluta

ソバ — 60・138
Fagopyrum esculentum

ソメイヨシノ(サクラ) — 66

ソラマメ — 87・134
Vicia faba

ソルダム — 141

タ

タイアザミ — 34
Cirsium comosum

ダイオウショウ — 106
Pinus palustris

ダイコン — 71・135・137
Raphanus sativus

ダイコンソウ — 35・159
Geum japonicum

タイサンボク — 103
Magnolia grandiflora

ダイズ — 87・138・191
Glycine max

ダイダイゴケ — 203
Caloplaca Flavorubescens

タイトゴメ — 214
Sedum japonicum

ダイモンジソウ — 171
Saxifraga fortunei

ダイヤモンドリリー — 126
Nerine saniensis

タカサブロウ — 31
Eclipta thermalis

タカネザクラ — 67
Cerasus nipponica

タカネスミレ	164
Viola crassa	
タガラシ	214
Ranunculus sceleratus	
ダケカンバ	170
Betula ermanii	
タケニグサ	91
Macleaya cordata	
タケ	176
たけのこ	133
タコノキ	220
Pandanus boninensis	
タチアオイ	122
Althaea rosea	
タチイヌノフグリ	40
Veronica arvensis	
タチツボスミレ	79
Viola grypoceras	
タチバナ	75
Citrus tachibana	
タチフウロ	163
Geranium krameri	
タツナミソウ	41
Scutellaria indica	
多肉植物	127
タヌキモ	223
Utricularia japonica	
タネツケバナ	72
Cardamine scutata	
タビビトノキ	22
Ravenala madagascariensis	
タビラコ	28
Lapsanastrum apogonoides	
タブノキ	185
Machilus thunbergii	
タマゴケ	199
Bartramia pomiformis	
タマゴタケ	202
Amanita hemibapha	
玉サボテン	127・230
タマサンゴ	50
Solanum pseudocapsicum	
タマスダレ	124
Zephyranthes candida	
タマネギ	100・133
Allium cepa	
タムラソウ	34
Serratula coronata	
タラノキ	147
Aralia elata	
タラノメ	147・148

タラヨウ	149
Ilex latifolia	
ダリア	119
Dahlia hybrida	
ダンコウバイ	185
Lindera obtusiloba	
ダンドク	123
Canna indica	
ダンドボロギク	38
Erechtites hieraciifolius	
タンブルウィード	23
タンポポ	26
タンポポモドキ	29
Hypochaeris radicata	

チ

地衣類	203
チェリーセージ	111
Salvia greggii	
チガヤ	95
Imperata cylindrica	
チカラシバ	94
Pennisetum alopecuroides	
チゴユリ	181
Disporum smilacinum	
チシマザサ	148・177
Sasa kurilensis	
チダケサシ	171
Astilbe microphylla	
チチコグサ	32
Euchiton japonicus	
チチコグサモドキ	32
Gamochaeta pensylvanica	
チドメグサ	46
Hydrocotyle sibthorpioides	
チャノキ	54
Camellia sinensis	
チューリップ	118
Tulipa gesneriana	
チョウジザクラ	67
Cerasus apetala	
チョコレートコスモス	39
チランジア	131
チングルマ	159
Sieversia pentapetala	
チンゲンサイ	70・132
Brassica campestris	

ツ

ツガザクラ	154
Phyllodoce nipponica	
ツキヌキニンドウ	111
Lonicera sempervirens	
ツキヨタケ	203
Omphalotus japonicus	
つくし	193
ツクバネガシ	168
Quercus sessilifolia	
ツゲ	91
Buxus microphylla	
ツタ	57・88
Parthenocissus tricuspidata	
ツタバウンラン	41
Cymbalaria muralis	
ツチアケビ	192
Cyrtosia septentrionalis	
ツチグリ	200・201
Astraeus hygrometricus	
ツツジ	53
ツヅミモ	226
ツノナス	121
Solanum mammosum	
ツノホコリ	107
ツノモ	226
ツブラジイ	82・168
Castanopsis cuspidata	
ツボスミレ	213
Viola verecunda	
ツボミオオバコ	40
Plantago virginica	
ツメクサ	58
Sagina japonica	
ツユクサ	97
Commelina communis	
ツリガネニンジン	38
Adenophora triphylla	
ツリバナ	165
Euonymus oxyphyllus	
ツリフネソウ	154
Impatiens textorii	
ツルウメモドキ	165
Celastrus orbiculatus	
つる植物	57・229
ツルナ	211
Tetragonia tetragonoides	
ツルニガナ	28
Ixeris japonica	

ツルニチニチソウ — 112
Vinca major

ツルバミ — 166
Quercus acutissima

ツルボ — 98
Barnardia japonica

ツルレイシ — 82
Momordica charantia

ツワブキ — 104・208
Farfugium japonicum

テ

テイカカズラ — 48
Trachelospermum asiaticum

ディフェンバキア — 131

デザート・ビー — 231

テッポウユリ — 180
Lilium longiflorum

デュランタ — 128
Duranta repens

テリハノイバラ — 63
Rosa luciae

デルフィニウム — 116
Delphinium grandiflorum

テングサ — 225

テングスミレ — 164
Viola rostrata

テンサイ — 139

テンジクアオイ — 128

デンジソウ — 195
Marsilea quadrifolia

デンドロビウム — 129

テンナンショウ — 183
Arisaema japonicum

ト

ドイツアヤメ — 117
Iris germanica

ドイツスズラン — 118
Convallaria majalis

トゥーレの木 — 21

トウカエデ — 73
Acer buergerianum

トウガラシ — 51・134
Capsicum annuum

トウギボウシ — 99
Hosta sieboldiana

トウゴマ — 78
Ricinus communis

トウジュロ — 97
Trachycarpus wagnerianus

トウダイグサ — 78
Euphorbia helioscopia

ドウダンツツジ — 54
Enkianthus perulatus

冬虫夏草 — 201

トウモロコシ — 93・134
Zea mays

トウヤクリンドウ — 151
Gentiana algida

トキソウ — 98
Pogonia japonica

トキワアケビ — 172
Stauntonia hexaphylla

トキワツユクサ — 97
Tradescantia flumiensis

トキワハゼ — 39
Mazus pumilus

ドクウツギ — 165
Coriaria japonica

トクサ — 194
Equisetum hyemale

ドクゼリ — 209
Cicuta virosa

ドクダミ — 102
Houttuynia cordata

トケイソウ — 123
Passiflora caerulea

トコロ — 183
Dioscorea tokoro

トサカノリ — 225
Merisotheca papulosa

トダシバ — 93
Arundinella hirta

トチカガミ — 218
Hydrocharis dubia

トチノキ — 75・105
Aesculus turbinata

トックリラン — 131

トネアザミ — 29・34
Cirsium comosum

トベラ — 209
Pittosporum tobira

トマト — 52・134
Lycopersicon esculentum

トモエソウ — 78
Hypericum ascyron

ドラセナ・コンシンナ — 130
Dracaena concinna

ドラセナ・フレグランス — 130
Dracaena fragrans

ドリアン — 142

トリュフ — 201

トルコギキョウ — 112
Eustoma grandiflorum

トレニア — 119
Torenia fournieri

トロロアオイ — 122
Abelmoschus manihot

どんぐり — 167・168

ナ

ナガイモ — 97・135
Dioscorea polystachya

ナガエツルノゲイトウ — 161
Alternanthera philoxeroides

ナガサルオガセ — 203
Usnea longissima

ナガハシスミレ — 164
Viola rostrata

ナガバノスミレサイシン — 164
Viola bissetii

ナガミヒナゲシ — 91
Papaver dubium

ナギナタコウジュ — 150
Elsholtzia ciliata

ナシ — 65・141
Pyrus pyrifolia

ナス — 51・134
Solanum melongena

ナスタチウム — 122
Tropaeolum majus

ナズナ — 70
Capsella bursa-pastoris

ナタマメ — 87
Canavalia gladiata

ナツグミ — 158
Elaeagnus multiflora

ナツツバキ — 54
Stewartia pseudocamellia

ナツメ — 68
Ziziphus jujuba

ナデシコ — 59
Dianthus superbus

ナナカマド — 160
Sorbus commixta

ナノハナ — 70

ナメコ — 203
Pholiota microspora

ナヨクサフジ	85
Vicia villosa	
ナラガシワ	166・168
Quercus aliena	
ナルコユリ	178
Polygonatum falcatum	
ナルトサワギク	161
Senecio madagascariensis	
ナワシロイチゴ	64
Rubus parvifolius	
ナンキンコザクラ	152
Primula cuneifolia	
ナンキンハゼ	78
Triadica sebifera	
ナンキンマメ	87
Arachis hypogaea	
ナンジャモンジャゴケ	198
Takakia lepidozioides	
ナンジャモンジャ	150
ナンテン	90
Nandina domestica	
ナンテンハギ	85
Vicia unijuga	
ナンバンギセル	192
Aeginetia indica	

ニ

ニオイバンマツリ	120
Brunfelsia australis	
ニガウリ	82・134
Momordica charantia	
ニガナ	28・29
Ixeridium dentatum	
ニシキギ	165
Euonymus alatus	
ニシキソウ	78
Euphorbia humifusa	
ニセアカシア	85・105
Robinia pseudoacacia	
ニチニチソウ	121
Catharanthus roseus	
ニッコウキスゲ	178
Hemerocallis dumortieri	
ニホンカボチャ	82
Cucurbita moschata	
ニホンズイセン	101
Narcissus tazetta	
ニラ	100・133
Allium tuberosum	
ニリンソウ	172
Anemone flaccida	
ニレ	69
Ulmus davidiana	
ニワゼキショウ	98
Sisyrinchium rosulatum	
ニワツノゴケ	199
Phaeoceros carolinianus	
ニワトコ	146
Sambucus racemosa	
ニンジン	47・135
Daucus carota	
ニンニク	100・133
Allium sativum	

ヌ

ヌスビトハギ	170
Hylodesmum podocarpum	
ヌルデ	163
Rhus javanica	

ネ

ネーブル	140
ネギ	100・133
Allium fistulosum	
ネクタリン	141
ネコノシタ	209
Melanthera prostrata	
ネコノメソウ	171
Chrysosplenium grayanum	
ネコヤナギ	213
Salix gracilistyla	
ネジバナ	98
Spiranthes sinensis	
ネズミモチ	42
Ligustrum japonicum	
ネナシカズラ	192
Cuscuta japonica	
ネマガリタケ	148
Sara kurilensis	
ネムノキ	170
Albizia julibrissin	
ネモフィラ	112
ネリネ	126
Nerine saniensis	

ノ

ノアサガオ	49
Ipomoea indica	
ノアザミ	34
Cirsium japonicum	
ノイバラ	160
Rosa multiflora	
ノウゼンカズラ	43
Campsis grandiflora	
ノースポール	110
Chrysanthemum paludosum	
ノカンゾウ	178
Hemerocallis fulva	
ノキシノブ	196
Lepisorus thunbergianus	
ノゲシ	29
Sonchus oleraceus	
ノコンギク	37
Aster microcephalus	
ノザワナ	132
ノジギク	208
Chrysanthemum japonense	
ノジスミレ	79
Viola yedoensis	
ノダフジ	84
Wisteria floribunda	
ノハカタカラクサ	97
Tradescantia flumiensis	
ノバラ	160
Rosa multiflora	
ノハラアザミ	34
Cirsium oligophyllum	
ノビル	100
Allium macrostemon	
ノブキ	35
Adenocaulon himalaicum	
ノブドウ	88
Ampelopsis glandulosa	
ノボロギク	38
Senecio vulgaris	
ノミノツヅリ	58
Arenaria serpyllifolia	
ノミノフスマ	58
Stellaria uliginosa	
ノリウツギ	56
Hydrangea paniculata	

ハ

バーベナ	120
Verbena hybrida	
バイカモ	214
Ranunculus nipponicus	
ハイゴケ	199
Hypnum plumaeforme	
パイナップル	96・142
Ananas comosus	
ハイビスカス	122

ハイマツ — 189	パセリ — 47・133	ハマエンドウ — 213
Pinus pumila	*Petroselinum crispum*	*Lathyrus japonicus*

ハイマツ —— 189
Pinus pumila

バイモ —— 118
Fritillaria verticillata

ハウチワカエデ —— 163
Acer japonicum

ハエジゴク —— 222
Dionaea muscipula

ハエトリソウ —— 222
Dionaea muscipula

バオバブ —— 22
Adansonia digitata

ハギ —— 86
Lespedeza bicolor

ハキダメギク —— 38
Galinsoga quadriradiata

パキラ —— 130
Pachira glabra

ハクウンボク —— 152
Styrax obassia

ハクサイ —— 71・132
Brassica rapa

ハクサンイチゲ —— 173
Anemone narcissiflora

ハクサンコザクラ —— 152
Primula cuneifolia

ハクサンシャクナゲ —— 154
Rhododendron brachycarpum

ハクサンチドリ —— 179
Dactylorhiza aristata

ハクサンフウロ —— 163
Geranium yesoense

ハクサンボウフウ —— 147
Peucedanum multivittatum

ハクモクレン —— 103
Magnolia heptapeta

ハゲイトウ —— 126
Amaranthus tricolor

ハコネウツギ —— 45
Weigela coraeensis

ハコベ —— 58

ハゴロモジャスミン —— 111
Jasminum polyanthum

ハゴロモモ —— 218
Cabomba caroliniana

柱サボテン —— 127

ハシリドコロ —— 151
Scopolia japonica

バジル —— 133

ハス —— 214
Nelumbo nucifera

ハゼノキ —— 162
Toxicodendron succedaneum

パセリ —— 47・133
Petroselinum crispum

ハチク —— 176
Phyllostachys nigra

ハツカダイコン —— 71
Raphanus sativus

ハツユキソウ —— 123
Euphorbia marginata

ハナイカダ —— 149
Helwingia japonica

ハナカイドウ —— 114
Malus halliana

ハナガガシ —— 168

ハナカンナ —— 123

ハナキリン —— 128
Euphorbia milii

ハナサナギタケ —— 201

ハナショウブ —— 98
Iris ensata

ハナズオウ —— 86
Cercis chinensis

ハナタチバナ —— 53
Ardisia crenata

ハナツクバネウツギ —— 146

ハナトラノオ —— 120
Physostegia virginiana

バナナ —— 96・142

ハナニラ —— 117
Ipheion uniflorum

ハナネギ —— 118
Allium giganteum

ハナビシソウ —— 115
Eschscholzia californica

ハナミズキ —— 55
Benthamidia florida

ハナモモ —— 114
Amygdalus persica

バニラ —— 129
Vanilla planifolia

ハネケイソウ —— 226

パパイヤ —— 142
Carica papaya

ハハコグサ —— 32
Pseudognaphalium affine

パピルス —— 131
Cyperus papyrus

パフィオペディルム —— 129

ハボタン —— 125
Brassica oleracea

ハマエンドウ —— 213
Lathyrus japonicus

ハマオモト —— 216
Crinum asiaticum

ハマギク —— 208
Nipponanthemum nipponicum

ハマキゴケ —— 198
Hyophila propagulifera

ハマグルマ —— 209
Melanthera prostrata

ハマゴウ —— 209
Vitex rotundifolia

ハマスゲ —— 96
Cyperus rotundus

ハマダイコン —— 212
Raphanus sativus

ハマナス —— 213
Rosa rugosa

ハマニガナ —— 208
Ixeris repens

ハマハタザオ —— 212
Arabis stelleri

ハマヒルガオ —— 210
Calystegia soldanella

ハマボウ —— 213
Hibiscus hamabo

ハマボウフウ —— 209
Glehnia littoralis

ハマボッス —— 210
Lysimachia mauritiana

ハマユウ —— 216
Crinum asiaticum

バラ —— 62
Rosa hybrida

ハリエンジュ —— 85
Robinia pseudoacacia

ハルジオン —— 32
Erigeron philadelphicus

ハルニレ —— 69
Ulmus davidiana

春の七草 —— 206

ハルノノゲシ —— 29
Sonchus oleraceus

バレイショ —— 51
Solanum tuberosum

ハンカチノキ —— 55
Davidia involucrata

ハンゲショウ —— 219
Saururus chinensis

ハンゴンソウ —— 145
Senecio cannabifolius

パンジー —— 114

ハンショウヅル —— 173
Clematis japonica

バンダ — 129

パンパスグラス — 126
Cortaderia selloana

バンペイユ — 140

ヒ

ヒアシンス — 117
Hyacinthus orientalis

ピーマン — 51・134
Capsicum annuum

ヒイラギ — 42
Osmanthus heterophyllus

ヒイラギナンテン — 90
Berberis japonica

ヒイラギモクセイ — 42

ヒエ — 138

ヒオウギ — 124
Belamcanda chinensis

ビオラ — 114

ヒカゲノイノコヅチ — 61

ヒカゲノカズラ — 194
Lycopodium clavatum

ヒカゲヘゴ — 221
Cyathea lepifera

ヒカリゴケ — 198
Schistostega pennata

ヒガンバナ — 99
Lycoris radiata

ヒサカキ — 55
Eurya japonica

ヒシ — 212
Trapa japonica

ヒジキ — 224
Sargassum fusiforme

微小藻 — 226

ヒスイカズラ — 128
Strongylodon macrobotrys

ヒスイラン — 129

ピスタチオナッツ — 139

ヒツジグサ — 219
Nymphaea tetragona

ひっつきむし — 35・191

ヒトエグサ — 225
Monostroma nitidum

ヒトツバタゴ — 150
Chionanthus retusu

ヒトリシズカ — 185
Chloranthus japonicus

ヒナギク — 110
Bellis perennis

ヒナゲシ — 115
Papaver rhoeas

ヒナタノイノコヅチ — 61
Achyranthes bidentata

ビナンカズラ — 185
Kadsura japonica

ヒノキ — 188
Chamaecyparis obtusa

ヒバ — 188
Thujopsis dolabrata

ヒマラヤスギ — 106
Cedrus deodara

ヒマラヤユキノシタ — 115
Bergenia stracheyi

ヒマワリ — 30
Helianthus annuus

ヒメウツギ — 155
Deutzia gracilis

ヒメオドリコソウ — 41
Lamium purpureum

ヒメガマ — 217
Typha domingensis

ヒメキンギョソウ — 112
Linaria purpurea

ヒメジャゴケ — 199
Conocephalum japonicum

ヒメシャラ — 54
Stewartia monadelpha

ヒメジョウゴゴケ — 203
Cladonia humilis

ヒメジョオン — 32
Erigeron annuus

ヒメスイバ — 60
Rumex acetosella

ヒメツルソバ — 60
Persicaria capitata

ヒメトロイブゴケ — 199
Apotreubia nana

ヒメヒオウギズイセン — 124

ヒメムカシヨモギ — 33
Conyza canadensis

ヒメユリ — 181
Lilium concolor

ヒメリンゴ — 65

ヒャクニチソウ — 119
Zinnia elegans

ヒャクリョウ — 53
Ardisia crispa

ヒョウタン — 81
Lagenaria siceraria

ビヨウヤナギ — 78
Hypericum monogynum

ヒヨコマメ — 138

ヒヨドリジョウゴ — 50
Solanum lyratum

ヒヨドリバナ — 145
Eupatorium makinoi

ピラカンサ — 63
Pyracantha angustifolia

ヒラタケ — 203
Pleurotus ostreatus

ヒルガオ — 50
Calystegia pubescens

ヒルザキツキミソウ — 114
Oenothera speciosa

ヒレアザミ — 34
Carduus crispus

ビワ — 65・141
Eriobotrya japonica

フ

フウ — 89
Liquidambar formosana

ブーゲンビレア — 113

フウセンカズラ — 122
Cardiospermum halicacabum

フウリンツツジ — 153
Enkianthus campanulatus

フェニックス — 97
Phoenix canariensis

フォックスフェイス — 121
Solanum mammosum

フキ — 29・148
Petasites japonicus

フキノトウ — 148

フクシア — 114
Fuchsia hybrida

フクジュソウ — 173
Adonis ramosa

フサジュンサイ — 218
Cabomba caroliniana

フサフジウツギ — 43

フジ — 57・84
Wisteria floribunda

フシグロセンノウ — 155
Silene miqueliana

フシノキ — 163
Rhus javanica

フジバカマ ― 33
Eupatorium japonicum

腐生植物 ― 192

ブタクサ ― 33
Ambrosia artemisiifolia

ブタナ ― 29
Hypochaeris radicata

フタリシズカ ― 185
Chloranthus serratus

ブッドレア ― 43
Buddleja davidii

フデリンドウ ― 47
Gentiana zollingeri

ブドウ ― 88・140

ブナ ― 105・166・168
Fagus crenata

ブナシメジ ― 202
Hypsizygus marmoreus

フユイチゴ ― 160
Rubus buergeri

フユサンゴ ― 50
Solanum pseudocapsicum

フユヅタ ― 146
Hedera rhombea

フヨウ ― 72・122
Hibiscus mutabilis

ブライダルベール ― 124
Gibasis pellucida

ブラシノキ ― 114
Callistemon speciosus

ブラジルチドメグサ ― 161
Hydrocotyle ranunculoides

プラタナス ― 91
Platanus orientalis

プラム ― 68
Prunus salicina

フリージア ― 116
Freesia refracta

フリーセア ― 131

プリムラ・オブコニカ ― 112

プリムラ・ジュリアン ― 112

プリムラ・ポリアンサ ― 112

ブルーサルビア ― 120
Salvia farinacea

ブルーデージー ― 110
Felicia amelloides

ブルーベリー ― 54・142
Vaccinium corymbosum

フロックス ― 121
Phlox drummondii

ブロッコリー ― 70・132
Brassica oleracea

ブンタン ― 140

ヘ

ヘクソカズラ ― 48
Paederia foetida

ヘゴ ― 195
Cyathea spinulosa

ベゴニア ― 126
Begonia semperflorens

ヘチマ ― 81
Luffa cylindrica

ペチュニア ― 120
Petunia hybrida

ベニシダ ― 196
Dryopteris erythrosora

ベニテングタケ ― 200
Amanita muscaria

ベニバナ ― 119
Carthamus tinctorius

ベニバナイチヤクソウ ― 152
Pyrola asarifolia

ベニバナインゲン ― 138

ベニバナトチノキ ― 75

ベニバナボロギク ― 38
Crassocephalum crepidioides

ベニヒモノキ ― 128
Acalypha hispida

ペパーミント ― 133

ヘビイチゴ ― 64
Potentilla hebiichigo

ペポカボチャ ― 123
Cucurbita pepo

ヘメロカリス ― 124

ヘラオオバコ ― 40
Plantago lanceolata

ベリー ― 64

ヘリコニア ― 130
Heliconia

変形菌 ― 107

ベンジャミン ― 130
Ficus benjamina

ペンタス ― 128
Pentas lanceolata

ペンペングサ ― 70
Capsella bursa-pastoris

ホ

ポインセチア ― 125
Euphorbia pulcherrima

ホウセンカ ― 55・205
Impatiens balsamina

ホウチャクソウ ― 183
Disporum sessile

ホウレンソウ ― 61・133
Spinacia oleracea

ホオズキ ― 120
Physalis alkekengi

ポーチュラカ ― 121
Portulaca oleracea

ホオノキ ― 105・185
Magnolia obovata

ボケ ― 63
Chaenomeles speciosa

ホコリ ― 107

ホコリタケ ― 202

ホザキノフサモ ― 214
Myriophyllum spicatum

ホソアオゲイトウ ― 61
Amaranthus hybridus

ホソバオグルマ ― 29
Inula linariifolia

ボダイジュ ― 73
Tilia miqueliana

ホタルカズラ ― 47
Lithospermum zollingeri

ホタルブクロ ― 39
Campanula punctata

ボタン ― 115
Paeonia suffruticosa

ボタンウキクサ ― 161
Pistia stratiotes

ボタンヅル ― 173
Clematis apiifolia

ボタンボウフウ ― 209
Peucedanum japonicum

ポットマム ― 125
Chrysanthemum molifolium

ホップ ― 139

ホテイアオイ ― 216
Eichhornia crassipes

ホトケノザ ― 41
Lamium amplexicaule

ポトス ― 131
Epipremnum aureum

ホトトギス ― 182
Tricyrtis hirta

ポピー ― 115
Papaver rhoeas

ポプラ — 79 *Populus nigra*	マツバラン — 194 *Psilotum nudum*	ミズアオイ — 216 *Monochoria korsakowii*
ホラシノブ — 195 *Odontosoria chinensis*	マツムシソウ — 147 *Scabiosa japonica*	ミズオオバコ — 218 *Ottelia alismoides*
ホルトノキ — 162 *Elaeocarpus zollingeri*	マツモ — 215 *Ceratophyllum demersum*	ミズカビ — 107
ボルボックス — 226	松ぼっくり — 189・190	ミズキ — 155 *Cornus controversa*
ホワイトレースフラワー — 111 *Ammi majus*	マツユキソウ — 117 *Galanthus nivalis*	ミズナ — 132
ポンカン — 140	マツヨイグサ — 74 *Oenothera stricta*	ミズナラ — 166・169 *Quercus crispula*
ホンシメジ — 202 *Lyophyllum shimeji*	マテバシイ — 167・169 *Lithocarpus edulis*	ミズニラ — 195 *Isoetes japonica*
ホンダワラ — 224 *Sargassum fulvellum*	ママコノシリヌグイ — 211 *Persicaria senticosa*	ミズバショウ — 217 *Lysichiton camtschatcense*
	マムシグサ — 183 *Arisaema japonicum*	ミズヒキ — 60 *Persicaria filiformis*

マ

	マメザクラ — 67 *Cerasus incisa*	ミスミソウ — 174 *Hepatica nobilis*
マーガレット — 110 *Chrysanthemum frutescens*	マメヅタ — 196 *Lemmaphyllum microphyllum*	ミセバヤ — 123 *Hylotelephium sieboldii*
マイクロトマト — 52	マユミ — 165 *Euonymus sieboldianus*	ミゾカクシ — 208 *Lobelia chinensis*
マイタケ — 201 *Grifola frondosa*	マリーゴールド — 119	ミゾソバ — 211 *Persicaria thunbergii*
マイヅルソウ — 178 *Maianthemum dilatatum*	マリモ — 225 *Aegagropila linnaei*	ミソハギ — 212 *Lythrum anceps*
マカダミアナッツ — 139	マルバシャリンバイ — 213	ミチタネツケバナ — 72 *Cardamine hirsuta*
マクサ — 225 *Gelidium crinale*	マルバハギ — 86 *Lespedeza cyrtobotrya*	ミチヤナギ — 60 *Polygonum aviculare*
マコモ — 215 *Zizania latifolia*	マロウ — 122 *Malva sylvestris*	ミツガシワ — 210 *Menyanthes trifoliata*
マコンブ — 224 *Saccharina japonica*	マロニエ — 75 *Aesculus hippocastanum*	ミツバ — 133 *Cryptotaenia canadensis*
マサキ — 80 *Euonymus japonicus*	マングローブ — 220	ミツバアケビ — 172 *Akebia trifoliata*
マダケ — 176 *Phyllostachys reticulata*	マンゴー — 140	ミツバツチグリ — 64 *Potentilla freyniana*
マタタビ — 154 *Actinidia polygama*	マンサク — 171 *Hamamelis japonica*	ミツバツツジ — 153 *Rhododendron dilatatum*
マチク — 177 *Sasa borealis var. borealis*	マンジュシャゲ — 99 *Lycoris radiata*	ミツマタ — 73 *Edgeworthia chrysantha*
マツ — 189・219	マンリョウ — 53 *Ardisia crenata*	ミドリハコベ — 58 *Stellaria neglecta*
マツカゼソウ — 162 *Boenninghausenia albiflora*		ミドリムシ — 226

ミ

マッシュルーム — 202 *Agaricus bisporus*	ミカヅキモ — 226	ミニトマト — 52・134
マツタケ — 202 *Tricholoma matsutake*	ミクリ — 217 *Sparganium erectum*	ミミカキグサ — 223 *Utricularia bifida*
マツバギク — 113 *Lampranthus spectabilis*	ミジンコウキクサ — 217 *Wolffia globosa*	ミミガタテンナンショウ — 183 *Arisaema limbatum*
マツバボタン — 121 *Portulaca grandiflora*		ミミナグサ — 58 *Cerastium fontanum*

ミモザ — 86
Acacia baileyana

ミヤギノハギ — 86
Lespedeza thunbergii

ミヤコグサ — 85
Lotus corniculatus

ミヤコザサ — 177
Sasa nipponica

ミヤコワスレ — 110
Miyamayomena savatieri

ミヤマイラクサ — 148

ミヤマウスユキソウ — 144
Leontopodium fauriei

ミヤマエンレイソウ — 182
Trillium tschonoskii

ミヤマキケマン — 175
Corydalis pallida

ミヤマキリシマ — 153
Rhododendron kiusianum

ミヤマキンポウゲ — 174
Ranunculus acris

ミヤマザクラ — 67
Cerasus maximowiczii

ミヤマシオガマ — 150
Pedicularis apodochila

ミヤマリンドウ — 151
Gentiana nipponica

ミョウガ — 96・133
Zingiber mioga

ミル — 225
Codium fragile

ミルクブッシュ — 131
Euphorbia tirucalli

ミルナ — 211
Salsola komarovii

ム

ムクゲ — 72
Hibiscus syriacus

ムクムクゴケ — 199
Trichocolea tomentella

ムクロジ — 73
Sapindus mukorossi

ムシカリ — 147
Viburnum furcatum

ムシトリスミレ — 222
Pinguicula vulgaris

ムシトリナデシコ — 59
Silene armeria

ムジナモ — 222
Aldrovanda vesiculosa

ムスカリ — 118
Muscari armeniacum

ムベ — 172
Stauntonia hexaphylla

ムラサキ — 47
Lithospermum erythrorhizon

ムラサキカタバミ — 80
Oxalis debilis subsp. *corymbosa*

ムラサキクンシラン — 124
Agapanthus africanus

ムラサキケマン — 91
Corydalis incisa

ムラサキゴテン — 124
Setcreasea pallida

ムラサキサギゴケ — 39
Mazus miquelii

ムラサキシキブ — 150
Callicarpa japonica

ムラサキツメクサ — 83
Trifolium pratense

ムラサキツユクサ — 124

ムラサキホコリ — 107

ムラサキヤマドリタケ — 201
Boletus violaceofuscus

メ

メイゲツカエデ — 163
Acer japonicum

メガルカヤ — 93
Themeda triandra

メキシコラクウショウ — 21
Montezuma cypress

メグスリノキ — 163
Acer maximowiczianum

メコノプシス・ホリドゥラ — 232

メダケ — 177
Pleioblastus simonii

メタセコイア — 106
Metasequoia glyptostroboides

メドハギ — 86
Lespedeza cuneata

メナモミ — 35・205
Sigesbeckia pubescens

メハジキ — 150
Leonurus japonicus

メヒシバ — 94
Digitaria ciliaris

メヒルギ — 221
Kandelia obovata

メマツヨイグサ — 74・108
Oenothera biennis

メロン — 142

モ

モウセンゴケ — 222
Drosera rotundifolia

モウソウチク — 176
Phyllostachys edulis

モクレン — 103
Magnolia quinquepeta

モズク — 224
Nemacystus decipiens

モダマ — 87・191
Entada tonkinensis

モチガシワ — 167
Quercus dentata

モチツツジ — 153
Rhododendron macrosepalum

モチノキ — 45
Ilex integra

モッコウバラ — 114
Rosa banksiae

モナルダ — 120

モミジ — 73

モミジアオイ — 122
Hibiscus coccineus

モミジイチゴ — 160
Rubus palmatus

モミジバスズカケノキ — 91

モミジバフウ — 89
Liquidambar styraciflua

モモ — 68・141
Amygdalus persica

モヤシ — 133

モロヘイヤ — 72・132
Corchorus olitorius

モンキーフェイス・オーキッド — 23

モンステラ — 131

ヤ

ヤイトバナ — 48
Paederia foetida

ヤエムグラ — 48・57
Galium spurium

ヤエヤマヒルギ — 221
Rhizophora mucronata

ヤエヤマブキ — 63
Kerria japonica

ヤクシソウ — 145
Crepidiastrum denticulatum

253

ヤグルマギク — 110 Centaurea cyanus	ヤマハギ — 86 Lespedeza bicolor	ユリオプスデージー — 125 Euryops pectinatus
ヤシの実 — 205	ヤマハハコ — 145 Anaphalis margaritacea	ユリズイセン — 118
ヤッコソウ — 192 Mitrastemma yamamotoi	ヤマブキ — 63 Kerria japonica	ユリノキ — 103 Liriodendron tulipifera
ヤツデ — 46 Fatsia japonica	ヤマブキショウマ — 159 Aruncus dioicus	
ヤドリギ — 192 Viscum album	ヤマブキソウ — 175 Hylomecon japonica	**ヨ**
ヤナギタデ — 211 Persicaria hydropiper	ヤマブドウ — 170 Vitis coignetiae	ヨウシュヤマゴボウ — 60 Phytolacca americana
ヤナギハナガサ — 43 Verbena bonariensis	ヤマボウシ — 155 Cornus kousa	ヨーロッパキイチゴ — 64 Rubus idaeus
ヤナギラン — 163 Chamerion angustifolium	ヤマホタルブクロ — 39 Campanula punctata	ヨシ — 215 Phragmites australis
ヤノウエノアカゴケ — 198 Ceratodon purpureus	ヤマモモ — 82 Morella rubra	ヨツバシオガマ — 150 Pedicularis chamissonis
ヤハズソウ — 86 Kummerowia striata	ヤマユリ — 104・180 Lilium auratum	ヨツバヒヨドリ — 145 Eupatorium glehnii
ヤブガラシ — 57・88 Cayratia japonica	ヤマルリソウ — 151 Omphalodes japonica	ヨツバムグラ — 48 Galium trachyspermum
ヤブカンゾウ — 178 Hemerocallis fulva	ヤンマタケ — 201	ヨメナ — 29・37 Aster yomena
ヤブジラミ — 47 Torilis japonica		ヨモギ — 33 Artemisia indica
ヤブソテツ — 196	**ユ**	ヨルガオ — 121 Calonyction aculeatum
ヤブタビラコ — 28 Lapsanastrum humile	ユウガオ — 81 Lagenaria siceraria	
ヤブツバキ — 154 Camellia japonica	ユウガギク — 37 Aster iinumae	**ラ**
ヤブデマリ — 147 Viburnum plicatum	ユーカリ — 74 Eucalyptus globulus	ライオンゴロシ — 191
ヤブマメ — 85 Amphicarpaea bracteata	ユウゲショウ — 74 Oenothera rosea	ライチ — 141
ヤブミョウガ — 97 Pollia japonica	ユキツバキ — 154 Camellia rusticana	ライム — 140
ヤブラン — 99 Liriope muscari	ユキノシタ — 89 Saxifraga stolonifera	ライラック — 111 Syringa vulgaris
ヤブレガサ — 144 Syneilesis palmata	ユキヤナギ — 115 Spiraea thunbergii	ラクウショウ — 106 Taxodium distichum
ヤマアスパラ — 182 Smilax riparia	ユキワリイチゲ — 174 Anemone keiskeana	ラグラス — 117 Hare's-tail grass
ヤマグワ — 158 Morus australis	ユキワリソウ — 174 Hepatica nobilis	ラズベリー — 64
ヤマザクラ — 67 Cerasus jamasakura	ユズ — 75・140 Citrus junos	ラッカセイ — 87・138 Arachis hypogaea
ヤマツツジ — 153 Rhododendron kaempferi	ユスラウメ — 65 Prunus tomentosa	ラッキョウ — 100・101・133 Allium chinense
ヤマトリカブト — 174 Aconitum japonicum	ユズリハ — 89 Daphniphyllum macropodum	ラッパズイセン — 117 Narcissus pseudnarcissus
ヤマネコノメソウ — 171・205 Chrysosplenium japonicum	ユッカ — 118 Yucca gloriosa	ラディッシュ — 71・135・137 Raphanus sativus
ヤマノイモ — 183・204 Dioscorea japonica	ユリ — 180	ラナンキュラス — 116 Ranunculus asiaticus

ラ・フランス ─── 141

ラフレシア・アーノルディ ─── 20
Rafflesia arnoldii

ラベンダー ─── 111

ランタナ ─── 120
Lantana camara

リ

リコリス ─── 124

リトープス ─── 127・231
Lithops

リトカルプス・カルクマニイ ─── 169
Lithocarpus kalkmanii

リナリア ─── 112

リュウキンカ ─── 214
Caltha palustris

リュウケツジュ ─── 22
Dracaena draco

リュウノウギク ─── 37
Chrysanthemum makinoi

リョウブ ─── 55
Clethra barbinervis

リラ ─── 111
Syringa vulgaris

リンゴ ─── 65・105・141
Malus domestica

リンドウ ─── 151
Gentiana scabra

ル

ルイヨウボタン ─── 175
Caulophyllum robustum

ルコウソウ ─── 121
Quamoclit pennata

ルッコラ ─── 132

ルドベキア ─── 119

ルナリア ─── 113
Lunaria annua

ルピナス ─── 115

レ

レインボーユーカリ ─── 22

レウム・ノビレ ─── 232
Rheum nobile

レタス ─── 29・133
Lactuca sativa

レモン ─── 140

レンギョウ ─── 42
Forsythia suspensa

レンゲショウマ ─── 174
Anemonopsis macrophylla

レンゲソウ ─── 83
Astragalus sinicus

レンゲツツジ ─── 153
Rhododendron molle

レンコン ─── 135

レンズ植物 ─── 231

レンズマメ ─── 138

ロ

ロウノキ ─── 162
Toxicodendron succedaneum

ロウバイ ─── 102
Chimonanthus praecox

ローレル ─── 102
Laurus nobilis

ロベリア ─── 111
Lobelia erinus

ワ

ワカメ ─── 224
Undaria pinnatifida

ワサビ ─── 135・212
Eutrema japonicum

ワジュロ ─── 97
Trachycarpus fortunei

ワスレナグサ ─── 112
Myosotis scorpioides

ワタ ─── 72
Gossypium arboreum

ワタスゲ ─── 178
Eriophorum vaginatum

ワビスケ ─── 125
Camellia wabisuke

ワライタケ ─── 203
Panaeolus papilionaceus

ワラビ ─── 148・195
Pteridium aquilinum

ワルナスビ ─── 51
Solanum carolinense

ワレモコウ ─── 159
Sanguisorba officinalis

[監修]
樋口正信（国立科学博物館 植物研究部長）

[協力]
遊川知久

[写真]
亀田龍吉
アーテファクトリー、アマナイメージズ、稲垣博司、猪飼晃、いわさゆうこ、
学研・資料課、環境省、ゲッティイメージズ、国立科学博物館（筑波実験植物園）、小須田進、
鈴木英治（写真家）、田口孝充、田口精男、PPS通信社、樋口正信、フォトライブラリー、
ミュージアムパーク茨城県自然博物館、森一郎、PIXTA、Shutterstock

[イラスト・図版]
入沢宣幸
オフィス・イディオム

[取材・撮影協力]
JAグリーン鹿児島、大野学、加島幹男、国立科学博物館（筑波実験植物園）、
鈴木英治（鹿児島大学）、千葉県立中央博物館

[カバーデザイン・装丁]
FROG KING STUDIO（近藤琢斗／石黒美和／冨岡夏海）

[本文レイアウト]
原みどり

[編集協力]
井尻英男、入沢宣幸、オフィス・イディオム、柴崎その枝、宮崎卓、森一郎

[校正]
タクトシステム

[企画編集]
鈴木一馬、杉田祐樹、志村隆

<DVD映像制作>
[日本語ナレーション]
江原正士、七緒はるひ、新田早規、若林佑

[メニュー画面制作]
村上ゆみ子

[制作協力]
学研教育出版 教育ICT事業部

<見てみよう動画制作>
[動画]
NHKエデュケーショナル、イメージナビ、ゲッティイメージズ
ユニフォトプレス、学研教育出版 教育ICT事業部

[制作協力]
学研教育出版 教育ICT事業部